中国艺术学文库·博导文丛

LIBRARY OF CHINA ARTS · SERIES OF DOCTORAL SUPERVISORS

总主编　仲呈祥

中国建筑艺术集萃

刘　托　著

中国文联出版社

http://www.clapnet.cn

图书在版编目（CIP）数据

中国建筑艺术集萃 / 刘托著 . -- 北京 : 中国文联出版社 , 2014.12

（中国艺术学文库 · 博导文丛）

ISBN 978-7-5059-9546-8

Ⅰ . ①中… Ⅱ . ①刘… Ⅲ . ①建筑艺术—中国—文集

Ⅳ . ① TU-862

中国版本图书馆 CIP 数据核字 (2014) 第 310298 号

中国文学艺术基金会资助项目

中国文联文艺出版精品工程项目

中国建筑艺术集萃

作　　者：刘　托

出 版 人：朱　庆

终 审 人：奚耀华　　复 审 人：邓友女

责任编辑：王小陶　褚雅越　　责任校对：朱为中

封面设计：马庆晓　　责任印制：陈　晨

出版发行：中国文联出版社

地　　址：北京市朝阳区农展馆南里 10 号，100125

电　　话：010-65389682（咨询）65067803（发行）65389150（邮购）

传　　真：010-65933115（总编室），010-65033859（发行部）

网　　址：http://www.clapnet.cn

E - mail：clap@clapnet.cn　　wangxt@clapnet.cn

印　　刷：天津旭丰源印刷有限公司

装　　订：天津旭丰源印刷有限公司

法律顾问：北京市天驰洪范律师事务所徐波律师

本书如有破损、缺页、装订错误，请与本社联系调换

开　　本：710×1000　　1/16

字　　数：340 千字　　印 张：20.25

版　　次：2015 年 10 月第 1 版　　印 次：2023 年 4 月第 3 次印刷

书　　号：ISBN 978-7-5059-9546-8

定　　价：62.00 元

《中国艺术学文库》编辑委员会

《中国艺术学文库》总序

仲呈祥

在艺术教育的实践领域有着诸如中央音乐学院、中国音乐学院、中央美术学院、中国美术学院、北京电影学院、北京舞蹈学院等单科专业院校，有着诸如中国艺术研究院、南京艺术学院、山东艺术学院、吉林艺术学院、云南艺术学院等综合性艺术院校，有着诸如北京大学、北京师范大学、复旦大学、中国传媒大学等综合性大学。我称它们为高等艺术教育的“三支大军”。

而对于整个艺术学学科建设体系来说，除了上述“三支大军”外，尚有诸如《文艺研究》《艺术百家》等重要学术期刊，也有诸如中国文联出版社、中国电影出版社等重要专业出版社。如果说国务院学位委员会架设了中国艺术学学科建设的“中军帐”，那么这些学术期刊和专业出版社就是这些艺术教育“三支大军”的“检阅台”，这些“检阅台”往往展示了我国艺术教育实践的最新的理论成果。

在“艺术学”由从属于“文学”的一级学科升格为我国第13个学科门类3周年之际，中国文联出版社社长兼总编辑朱庆同志到任伊始立下宏愿，拟出版一套既具有时代内涵又具有历史意义的中国艺术学文库，以此集我国高等艺术教育成果之大观。这一出版构想先是得到了文化部原副部长、现中国艺术研究院院长王文章同志和新闻出版广电总局原副局长、现中国图书评论学会会长邬书林同志的大力支持，继而邀请我作为这套文库的总主编。编写这样一套由标志着我国当代较高审美思维水平的教授、博导、青年才俊等汇聚的文库，我本人及各分卷主编均深知责任重大，实有如履薄冰之感。原因有三：

一是因为此事意义深远。中华民族的文明史，其中重要一脉当为具有东方气派、民族风格的艺术史。习近平总书记深刻指出：中国特色社会主义植根于中华文化的沃土。而中华文化的重要组成部分，则是中国艺术。从孔子、老子、庄子到梁启超、王国维、蔡元培，再到朱光潜、宗白华等，都留下了丰富、独特的中华美学遗产；从公元前人类“文明轴心”时期，到秦汉、魏晋、唐宋、明清，从《文心雕龙》到《诗品》再到各领风骚的《诗论》《乐论》《画论》《书论》《印说》等，都记载着一部为人类审美思维做出独特贡献的中国艺术史。中国共产党人不是历史虚无主义者，也不是文化虚无主义者。中国共产党人始终是中国优秀传统文化和艺术的忠实继承者和弘扬者。因此，我们出版这样一套文库，就是为了在实现中华民族伟大复兴的中国梦的历史进程中弘扬优秀传统文化，并密切联系改革开放和现代化建设的伟大实践，以哲学精神为指引，以历史镜鉴为启迪，从而建设有中国特色的艺术学学科体系。艺术的方式把握世界是马克思深刻阐明的人类不可或缺的与经济的方式、政治的方式、历史的方式、哲学的方式、宗教的方式并列的把握世界的方式，因此艺术学理论建设和学科建设是人类自由而全面发展的必须。艺术学文库应运而生，实出必然。

二是因为丛书量大体周。就“量大”而言，我国艺术学门类下现拥有艺术学理论、音乐与舞蹈学、戏剧与影视学、美术学、设计学五个“一级学科”博士生导师数百名，即使出版他们每人一本自己最为得意的学术论著，也称得上是中国出版界的一大盛事，更不要说是搜罗博导、教授全部著作而成煌煌“艺藏”了。就“体周”而言，我国艺术学门类下每一个一级学科下又有多个自设的二级学科。要横到边纵到底，覆盖这些全部学科而网成经纬，就个人目力之所及、学力之所逮，实是断难完成。幸好，我的尊敬的师长、中国艺术学学科的重要奠基人于润洋先生、张道一先生、靳尚谊先生、叶朗先生和王文章、邬书林同志等愿意担任此丛书学术顾问。有了他们的指导，只要尽心尽力，此套文库的质量定将有所跃升。

三是因为唯恐挂一漏万。上述“三支大军”各有优势，互补生辉。例如，专科艺术院校对某一艺术门类本体和规律的研究较为深入，为中国特色艺术学学科建设打好了坚实的基础；综合性艺术院校的优势在于打通了艺术门类下的美术、音乐、舞蹈、戏剧、电影、设计等一级学科，且配备齐全，长于从艺术各个学科的相同处寻找普遍的规律；综合性大学的艺术教育依托于相对广阔的人文科学和自然科学背景，擅长从哲学思维的层面，提出高屋建瓴的贯通于各个艺术门类的艺术学的一些普遍规律。要充分发挥“三支大军”的学术优势而博采众长，实施“多彩、平等、包容”亟须功夫，倘有挂一漏万，岂不惶恐?

权且充序。

（仲呈祥，研究员、博士生导师。中央文史馆馆员、中国文艺评论家协会主席、国务院学位委员会艺术学科评议组召集人、教育部艺术教育委员会副主任。曾任中国文联副主席、国家广播电影电视总局副总编辑。）

目　录

001 / **第一章　中国建筑艺术**

001 / 第一节　魂系万年——发展与演变

021 / 第二节　威威皇权——王城与宫殿

044 / 第三节　生死轮环——陵寝与墓葬

060 / 第四节　礼制尊严——神庙与祭坛

079 / 第五节　释道同源——佛寺与道观

091 / 第六节　峻极于天——楼阁与佛塔

109 / 第七节　神秘笑靥——石窟与造像

119 / 第八节　淳朴家园——民居与村落

134 / **第二章　中国园林艺术**

136 / 第一节　源远流长的艺术

148 / 第二节　宛若自然的景观

151 / 第三节　深邃含蓄的意境

160 / 第四节　曲折多变的空间

163 / 第五节　千姿百态的景物

174 / **第三章　布达拉宫**

174 / 第一节　雄伟红山，壮丽宫殿

178 / 第二节　菩提圣地，雪域宗山

184 / 第三节　建筑恢宏，文物璀璨

203 / **第四章　澳门历史城区**

205 / 第一节　沧桑的历程——历史城区的形成

213 / 第二节　斑斓的濠镜——中西文化的交融

220 / 第三节　东方梵蒂冈——教堂与教会建筑

233 / 第四节　海上石头城——炮台与防御建筑

237 / 第五节　传统的脉动——寺庙与居住建筑

248 / 第六节　异域的回声——广场与公共建筑

257 / 第七节　结语

259 / **第五章　颐和园**

260 / 第一节　颐和沧桑，历史折光

273 / 第二节　千古绝唱，园林华章

282 / 第三节　人间天堂，梦中桃乡

CONTENTS

001 / **Chapter** 1 **Chinese Ancient Architecture**

001 / Section 1 Immortal Soul — Development and Evolution

021 / Section 2 Mighty Imperial Authority — Capital and Palace

044 / Section 3 Eternal Cycle of Birth and Death — Catacomb and Mausoleum

060 / Section 4 Set of Strict Etiquette — Temple and Altar

79 / Section 5 Same Root and Same Source — Temple of Buddhist and Taoist

091 / Section 6 Skyscraping and Straight — Pavilion and Pagoda

109 / Section 7 Mysterious Smile — Grotto and Statue

119 / Section 8 Simple Home — Dwelling and Village

134 / **Chapter** 2 **Chinese Landscape Architecture**

136 / Section 1 Art With A Long History

148 / Section 2 Just Like Natural

151 / Section 3 Profound and Implicit Artistic Conception

160 / Section 4 Winding and Diverse Space

163 / Section 5 A Wide Variety of Scenery

174 / **Chapter 3 The Potala Palace**

174 / Section 1 Majestic Red Mountain and Magnificent Palace

178 / Section 2 The Bodhi Holy Land and The Snowy Zong Shan

184 / Section 3 Grand Architecture and Bright Cultural Relics

203 / **Chapter 4 The Historic Center of Macau**

205 / Section 1 The Vicissitudes of History — The Formation of The Historic Center

213 / Section 2 Colorful Macau — Cultural Blending between China and Western Countries

220 / Section 3 Oriental Vatican — Church Architecture

233 / Section 4 Stone City on The Sea — Fort Barbette and City Wall

237 / Section 5 The Traditional Pulse — Temple and Residential Housing

248 / Section 6 Echo of The Exotic — Urban Square and Public Building

257 / Section 7 Epilogue

259 / **Chapter 5 The Summer Palace**

260 / Section 1 Vicissitudes of The Summer Palace

273 / Section 2 Eternal Masterpiece of Chinese Garden

282 / Section 3 Heaven on Earth and Pure Land in Mind

第一章 中国建筑艺术

第一节 魂系万年——发展与演变

在世界建筑艺术百花园中，中国古代建筑是朵奇葩。它自成体系，独立发展，绵延数千年，直到20世纪初还保持着自己的造型特征和布局原则，并传播影响到东亚等邻近国家。作为一个相对独立的体系，中国古代建筑的发展大约经历了孕育、萌芽、形成、成熟、发展五个阶段。

（一）孕育时期——原始社会时期（7000年前—公元前21世纪）

距今约40000年以前，人类还处于蒙昧的原始社会早期，人们以游猎、采集为主要生产方式，居无定所，岩洞居和树居是人类最早的原始居住方式。

距今40000年至7000年前，随着狩猎向农耕社会的演化，人类使用的生产工具逐渐由打制石器过渡到磨制石器，原始社会也由旧石器时代跨入了新石器时代。在新石器时代，耜耕逐渐取代了火耕，土地的使用周期被延长了，与之相应需要在临近农业耕作的地方建造固定的居所，以方便人类的生产和生活，于是促生了真正意义上的居住建筑。在北方黄河流域，人类逐渐离开自然岩洞，选择临近他们进行生产生活的地方掘地为穴，立木为棚，建造人们称之为穴居的避身之所，尔后发展为木骨泥墙的房屋；在南方长江流域出现了巢居建筑，尔后发展为干栏式建筑。在南方湿度较高的沼泽地带，人们则仍然依靠树木作为居住的处所，原始人像鸟雀一样构筑棚架，搭接树枝，遮盖树叶，作为避风遮雨之所，即巢居建筑。经过漫长的演进，穴居与巢居这两种方式孕育出了中国古代原始建筑的雏形，而巢穴二字也沉淀在中国文化中，成为中国人称谓藏身之所的代名词。

在距今5000年前后，伴随着犁耕及陶车生产工具的出现提升了劳动的强度，男子逐渐取代女子成为农耕生产和手工业的主要承担者，开始在氏族社会中扮演着越来越重要的角色。这时原始的走访婚演变成较为固定的对偶婚，并逐渐向一夫一妻制度过渡，加速了社会中心由母系制向父系制的转化，母系氏族随之解体，父系社会逐渐形成。父权制的发展，最终导致男性在中国社会政治、经济乃至生活中的绝对统治地位，并对建筑文化包括布局、形制、装饰等产生极为重要的影响。

正是由于农业的发展和定居方式的出现，促使人们不断建造出多种居住形式（横穴、竖穴、半穴居与地面建筑）和多种类型的建筑（居住房屋、公共建筑、作坊、窑藏、畜圈等），以适应不同的气候条件和地貌条件的需要，由此导致了居住房屋的多样性发展。在聚居方式上，为抵御自然灾害和野兽的侵袭，同时与氏族社会的组织结构适应，原始人类选择了群居的居住方式，由此产生了由多种不同类型的建筑物和构筑物组合的聚落。在这些聚落中已发现人们已经对居住、生产与墓葬等建筑有了较为明确的功能区分，反映人类聚居观念的进步。随着社会的发展，尔后由聚居的聚落逐渐演化出早期的人类城市，由此揭开了人类的城市文明序幕。

■原始聚落与聚居文明 由于自然环境莫测和猛兽虫蛇的侵扰，同时也是为了便于生产和生活安全，原始人类需要以群体方式从事农业、渔猎和畜牧等活动，而聚居则是他们在居住形式上的必然选择。原始人群选择山林茂密、水源充足的地方聚族而居，营造住所，形成了早期的人类原始聚落。

人们在聚居地建造遮身避雨的居所，并按照原始聚落的群体生活方式和组织方式进行建筑布局，逐渐形成了与原始人类生存相适应的居住方式。这种居住方式与原始人类的狩猎、加工工具、制陶等生产活动形成了相互依附的密切关系。在聚落中除了供居住用的一般房屋，还有存储粮食、陶器等物品的窑藏，圈养牲畜的畜栏，举行氏族公共活动的“大房子”，公共活动的广场、祭坛，供防御的壕沟、吊桥，烧制陶器的陶窑，埋葬氏族亡人的墓地等，形成了一个有机组合的建筑群，并由此孕育了聚落文明。这种聚落文明正是后来出现的古代城市的雏形，聚落的许多规划原则、布局方式都为后来的城市规划与建设所沿用和继承。

位于陕西西安以东6公里沙河东岸的半坡聚落遗址和陕西临潼姜寨聚

落遗址是中国北方新石器时代的典型居住遗址，属于仰韶文化类型。遗存相对保存最完整，文化内涵也较丰富，两处遗址呈现了原始聚落所具有的一些基本构成要素，如住房、窑穴、围沟、畜栏、作坊、陶窑等。在半坡聚落遗址居住区的中心是一座 12.5×14 米的大房子，是氏族首领及老弱病残的住所，兼做氏族会议、庆祝及祭祀活动的场所。大房子的周围是40 余座大小不等的方形或圆形建筑房址，多为半地穴式，为母系社会对偶生活的住房和公共仓库。

■**黄河流域的穴居**　黄河流域中游有广阔而丰厚的黄土地层。黄土地层土质均匀细密，含有石灰质，不易塌落，便于挖掘洞穴。距今 8000 年至 4000 年左右，这里的原始住民普遍采用了穴居方式。原始穴居建筑的产生和发展呈现出一个明晰的进程，开始先是模仿远古人类的洞居和崖居方式，例如在黄土断崖上掏挖横穴，即所谓原始窑洞。随着选址范围的不断扩大，后来出现了可以在缓坡及平地上制作的袋型竖穴，逐渐取代了早期的横穴。人们用树木枝干、草本茎叶扎结成型，搭建在穴口上，作为固定顶盖，其后又出现了更便于居住和出入的半穴居形式，建筑因之从地下变

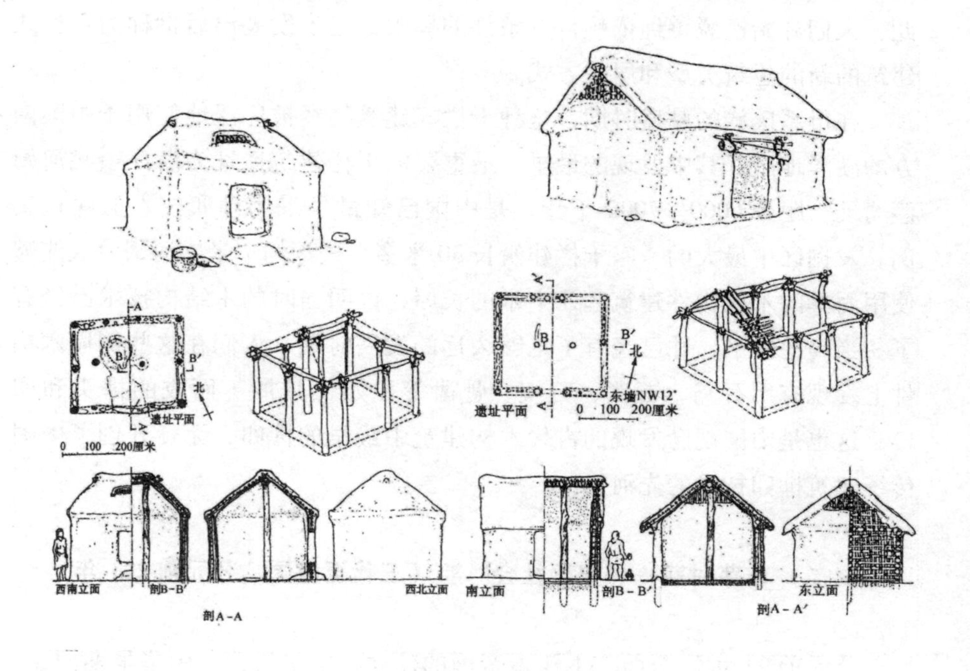

图1　半坡用房复原图

为半地下，并开始了向地上的过渡，建筑也开始展示其形象。最迟在母系社会的中晚期，人类建筑逐渐由地下转至地面，这标志着人类在很大程度上已经摆脱了对自然的模仿和依赖。在半坡遗址的上层发现的用房（图 1）是半坡晚期的地面建筑，建筑的墙面与屋顶已经完全分离，上部采用纵横绑扎的梁架体系，屋面为四坡或两坡顶。墙内立柱之间支有密排的细柱，墙体不承重，纯为围护结构，是中国木构架建筑体系的雏形。

■长江流域的巢居 在中国的南方地区多为地势低洼的水网沼泽地带，缺少可供栖居的天然洞穴。为了营造自己赖以栖身的居所，原始人便利用自然的树木架设棚屋。他们选择分叉较为开阔的大树，在其间铺设枝干茎叶，再在其上搭建这样遮阳避雨的顶棚，做成一个类似鸟巢一样可以栖息的窝。为了将居住面铺设得平坦而舒适，人们进而尝试利用相邻的几株大树架设更宽大平展的巢居，如利用四棵大树为主干，在其间架设枝干茎叶做成居住面，其上再搭建屋盖。随着生活方式的演进和生产工具的进步，人们在没有自然树木可供依借地方，仿照树居的方式，用采伐的木头作为桩、柱，在地面上做成架空的居住建筑，从而将巢居转移到地上。由此，人们开始摆脱单纯依赖自然条件的局限，逐步发展出后世称为干栏式建筑的新的建筑类型和居住方式。

在母系氏族的鼎盛时期，这种干栏式建筑已经被广泛地使用于中国南方的湖泽地区，其中发现的最早、最重要的干栏建筑遗址为浙江余姚河姆渡遗址，距今 6000—7000 千年，是中国已知最早采用榫卯技术的建筑实例。发掘区中最大的一座干栏建筑长 30 米多，进深约 7 米。河姆渡人能够使用简单的木材构件建筑起几十米的长屋，说明当时的木结构技术已经有了相当高的水平，并已经有了足够久远的发展时期。人们在这些倒塌木构件上发现有用石斧、石凿、石楔、骨凿等原始工具加工而成的榫头和卯口，这也是中国现已发现的古代木构建筑中最早的榫卯，无疑开创了中国传统建筑榫卯技术的先河。

（二）萌芽时期——奴隶社会时期（三代至战国，公元前 221 年）

公元前 21 世纪至前 211 年秦帝国的建立，中华族群、中华早期国家、中华古代文明的基本框架初建雏形。在这一阶段，农耕经济的范围不断扩大，北方的游牧经济、西南的山林农业经济也都有了一定发展。青铜器的发明与制作，使农耕与器物加工都有了长足的进步。财富的剩余与积累使社会贫富的分化成为必然，社会出现了阶级和维护阶级秩序的国家。由夏王朝建立始，经商周王朝，至春秋战国，计1800余年，中国的社会形态经历了奴隶社会时期，并开始了向封建社会过渡的进程。

与这一社会发展进程相应，出现了城市（王城制度）、宫殿、合院、陵墓等高级的建筑类型，成为这一时期王权的象征和社会文明象征。在这一时期的后期，亦即春秋战国时代，国家由统一走向分裂，但萌生了新的生产关系，生产工具也由青铜器过渡到铁器。生产与加工工具的改善与进步，促进了中国古代木结构建筑体系的形成与发展，并不断地迈向新的阶段。

■军事城堡与早期的城市 公元前4000年前后，中国的原始社会开始由母系氏族社会步入父系氏族社会。由于对剩余生产资料和生活资料的占有，人类社会因之出现了私有制的萌芽。伴随着阶级的分化与对立，也使得原始聚落的防御与空间的区分要求更加明确。反映在建筑上，出现了带有父系氏族性质的城堡，在河南、山西、山东、四川、内蒙古、湖北都发现了史前文明的古城遗址，其中澧县城头山古城是我国现在已知年代最早的古城遗址，龙山文化晚期的平粮台遗址则是这种城堡的典型代表。

公元前22世纪至前11世纪，活动于中原一带的夏、商、周氏族部落，后经不断地扩张、兼并和征服而相继建立了中国历史上早期的奴隶制国家。与这些国家的性质相应，一批初具规模的古代防御性的军事城市也应运而生。如商灭夏后，建都于西亳（一说为今河南偃师城西尸乡沟城址）、隞（一说为今郑州中商城址）、殷（今河南安阳殷墟遗址）等地，这三处遗址分别为商代早、中、晚时期最具代表性的古城实例。前1046年，周灭商，建都于岐邑（今陕西岐山、扶风）、丰镐（陕西西安丰京）、洛邑（今河南洛阳）。周王朝前300年建都陕西期间称西周，后迁都河南，又历时500余年，史称东周，即春秋战国时期。周代初年，随着封建制度的推行和发展，分封到全国各地的诸侯领主纷纷在自己的领地上建立许多大大小小的城邑，或将旧有的城镇予以扩展，以作为他们在政治、经济和军事上统治的据点。这种活动到了春秋战国时期进行得更加频繁，出现了一大批著名的都城和名城，如燕下都、赵邯郸、魏大梁、鲁曲阜、吴淹城、齐临淄、周成周、楚鄢郢、郑新郑、韩宜阳等，城市建设也进入了一个划时代的繁荣时期。

■建筑布局与外部空间艺术 建筑群体的组合方式在夏、商、周有了较大的突破。由于建筑规模的扩大，建筑功能的日趋复杂，建筑的组合关系和外部建筑空间的塑造成了建筑设计的重要对象。自夏商时代起，宫殿已然作为建筑艺术的最高代表，出现在建造活动和文化活动的舞台。中国古代建筑的群体布局在很大程度上承载着社会功能，特别是礼制功能，而这在宫殿建筑的群体安排和空间布置上表现得最为充分。据古代文献中记载，周天子处理政务的宫室依功能的不同而被分为外、内、燕“三朝”。后人根据文献材料对其宫殿的形制和形象进行了推定，得知其最大的特点是五门制度，即周代宫室的特点是由诸多的“门”和诸多称为“朝”的广场及其殿堂沿中轴依次布置组成，形成所谓“五门三朝”的形制与布局。

除宫殿建筑之外，宗庙建筑（包括墓葬建筑）是当时同样重要的建筑类型。随着奴隶制度的建立与发展，以及维护这一制度的宗法礼仪被不断地加强，使得祭祀行为逐渐成为一项十分重要的社会活动。人们在祈年、祭祖、营建、出征、大丧等活动时，都要举行隆重的祭祀活动。祭祀地点或择于宫室、宗庙内与陵墓前，或选在城郊野外。1976 年，在陕西岐山县东北的凤雏村，发现了一座建于西周早期的大型建筑遗址，是一座相当严整的两进四合院建筑（图 2）。该建筑采用内向封闭式的院落格局，中轴对

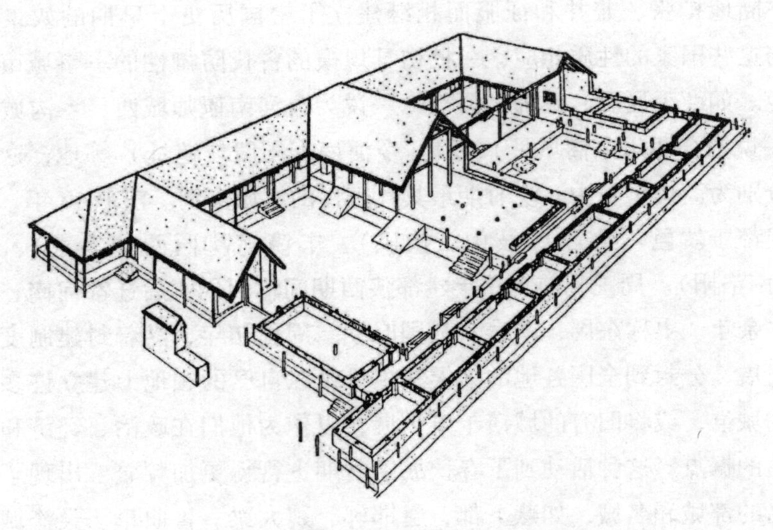

图 2　凤雏村西周建筑立面复原设想图

称，布局紧凑，空间关系明确，建筑之间比例和谐，尺度均衡，功能安排和交通组织也甚为合理，规整中又不失变化，是中国已知最早、最为典型的四合院建筑的实例。

作为皇权和国家象征的宫殿、陵寝、宗庙及大型住宅建筑集中体现了一个时期的建筑思想和艺术成就。从此时期宫殿遗址来看，当时人们已经能够通过合理的建筑分区、院落组织、轴线布置以及不同的建筑体量来营造所需要的建筑形象和空间氛围。这时期的宫殿、宗庙及陵寝建筑群都不同程度地强化了中轴线布局的空间组织形式。在长期的营造活动中，人们已经逐渐认识到中轴线在仪式和行为组织上的特殊作用，而人的行为的细分促使人们更加注意发展沿着中轴线分层布置建筑空间的做法，从而满足和适应不同的行为要求和活动要求。

■建筑形式与风格　夏商周时期的建筑，从建筑总体形象到细部装饰都尚处于中国建筑艺术发展史的萌芽阶段。在夏商周时期，中国人已经对建筑的功能在理念上进行了区分，反映在文字上，如有宫、室、堂、宅、亭、榭、楼、台、阁等等不同的建筑样式或类型。这些不同的建筑类型不唯反映在建筑的形式上，而是更多地表现在人们对它们的寓意上，或者说是人们赋予建筑的内涵的区别大过于建筑本身形式上的区别，其中包括建筑与自然环境的关系，建筑相互间的关系，以及位置的不同等等，这些都成为界定建筑属性与功能的要素。从古代文献中也可以发现，商周时代人们对建筑形象已经有了审美的体察和感受。从图像资料来看，中国古代建筑的屋顶虽然在汉代还仍是直线条，但反映该时期文化活动的文献资料中已经将屋顶的造型与展翅的俊鸟相比，如诗经中所谓“如跂斯翼，如矢斯棘，如鸟斯革，如翚斯飞”，飞腾飘逸的意韵遂成为中国传统建筑形象和品格的追求。

至迟在西周，建筑上已经开始使用斗。我们在西周青铜器“令簋”的四足上，可以看到硕大的栌斗形象。据目前掌握的资料，夏商周三代的建筑限于建筑材料和施工技术，规模与尺度都相对较小。战国以后，随着生产关系的变革和社会生产力的发展，诸侯列国竞相大兴土木，致使一种称为高台建筑的建筑形式盛行，所谓“高台榭，美宫室”，其建筑景象蔚为壮观。高台建筑的通常做法是先以夯土筑成数层下大上小的平台，继而以土台为内核，在各层台面上分层建造围屋，屋面多为一面坡，最后在台顶耸出造型完整的中心建筑。因为台顶木构建筑常称为“榭”，故又常称台为台榭，或单称为榭。整座高台建筑呈金字塔式布局，仿佛多宝塔，十分壮观。然而，相对丰富伟岸的外部造型而言，其内部结构和内部空间则相对简单，并不发达。

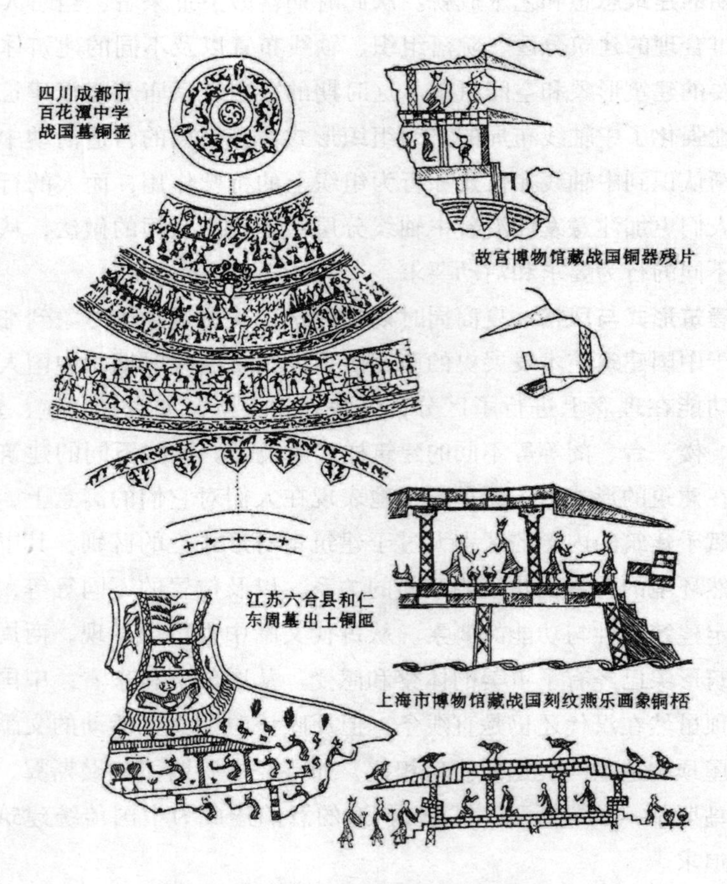

图 3　战国青铜器上表现的高台建筑

（三）形成时期——封建社会前期（秦汉至南北朝，前 221—598 年）

5 世纪中国进入封建社会后，新的生产关系和中央集权的建立，经济趋于繁荣，社会相对稳定，建筑技术有了很大发展，建筑艺术形式也日渐成熟，中国古代建筑也进入了它的形成期。秦统一中国后，对政治、经济、文化实行了一系列改革，并利用统一国家有效的政令和强大的国力大兴土木，修驰道通达全国，筑长城以御匈奴，在咸阳营建都城、宫殿、陵墓，著名者如阿房宫、骊山陵等，恢宏一时。在其后汉王朝的二百余年间，修筑长安城，建造东都洛阳城，并建造了大量的宫殿和苑囿，中国传统建筑体系得到极大发展：建筑群的规模庞大而恢宏，布局与空间构图趋于完善；木结构体系趋于成熟，后世所见的叠梁式和穿斗式两种主要的结构方式已经形成；砖石技术和拱券技术有了突破性的发展，出现空心砖、楔形砖，出现了砖砌拱顶的墓室建筑等。由汉明器及汉画像石等材料可以看到，这一时期出现了三至五层的多层楼阁建筑，证明多层木架建筑已经普遍应用，高层建筑的结构技术已经达到很高的水平。斗拱作为中国木构建筑的结构要素和艺术特征，在汉代已经广泛采用。屋顶形式也呈现出丰富的造型变化，如已有悬山、庑殿、攒尖、歇山、囤顶等形式。此外，附丽于建筑的雕刻等建筑装饰也已经非常精美。

220年后，东汉王朝分裂为魏、蜀、吴三国，经过西晋短暂的统一，中国进入南北朝时期，匈奴、氐、羌、鲜卑等族入居内地，在激烈的冲突中又形成了新的民族融合。与社会动荡的格局相适应，这一时期（220—589年）建筑的发展主要表现在宗教建筑方面，出现了大量佛寺，如北魏统治的区域内建造了三万多所佛寺，梁武帝时仅建康一地的佛寺就近五百所，僧尼十万多人。受印度与西域的影响，各地开凿了大量的石窟寺，著名者如敦煌莫高窟、大同云冈石窟、河南洛阳龙门石窟、太原天龙山石窟等，至今留存下十分丰富的石窟艺术，成为中华文明的宝贵遗产。

■繁华的城市文明 秦汉时期的城市建设特别是都城建设处于一种较为特殊的状态，一方面是国家初建，百业待兴，城市大多是沿袭原有的旧城加以扩建和完善，因而必然受原战国时期旧有城市规制的限制，而难以达成周代所推崇的王城风范；另一方面，秦朝建都咸阳，西汉建都长安，东汉建都洛阳，东汉末曹操被封魏王时营建王都邺城，这些城市在规模、功能、形制、形象诸方面都有其新的变化，给该时代的城市建设带来了许多新的气象。如汉长安城属于从不规整都城向规整都城发展的早期，加之因秦都旧地多次扩建而成，未及全面规划，总体未能做到规整对称，但由于其采用城郭一体的原则，而未沿袭战国各城多在郭城旁另建宫城的做法，遂使得汉长安的规模异常宏大而壮丽。张衡在《西京赋》中，对当时汉长安的城市格局及宫殿建筑、园林景象作了词藻华丽的描述。从传世的此时的歌赋中可以看出，崇尚城市与宫殿豪华富丽是当时普遍的风尚。

汉代两京在规划上的缺陷和不足，至曹魏邺城的出现而得到改善，并形成了城市规划的新格局。邺城作为东汉曹魏的王城，以其区划分明、布局有序、交通便利，创立了中国古代都市规划的新模式，并对隋唐都城的里坊制度的出现产生了重要影响，在中国城市建设史上起到了继往开来的作用。其后曹丕篡汉建立为国，以东汉都城洛阳为都，在吸收邺城规划的经验上，对旧都洛阳进行了改造。但由于时代动荡，财力不济，曹魏洛阳城的规模并不大。曹魏之后，西晋与北魏仍以汉魏旧址为都，其中北魏孝文帝朝对洛阳城进行了大规模的改造和扩建，使之成为邺城以来近四百年都城与宫殿建筑发展的小结，对其后的隋唐城市建设发生了直接的影响。

■建筑布局与外部空间的发展　秦汉时期，建筑规模已然更见宏大，同时非常强调群体布局的艺术性，如在中轴线上沿纵深方向设置重重门阙、广场、殿堂，用以强调建筑的序列感，并采用对比手法烘托主体建筑。建筑形制也更趋完备，创造了与统一王朝相匹配的建筑气象和空间氛围。至据《史记》秦记载，秦始皇曾在前代基础上大建离宫别苑，关内有宫殿三百座，关外四百余座。在秦咸阳城的布局中，摒弃了传统的城郭形式，于渭水南北的广阔地带建造了许多离宫，“离宫别馆，弥山跨谷”。咸阳宫殿以冀阙为中心，将建筑构图与天象及人间秩序一一对应，反映了人们敬奉的天人合一思想。

汉时明堂辟雍是秦汉时期最重要最具代表性的祭祀建筑之一。所谓“明堂”，先秦文献中将其描述为天子布政之宫，并赋予其许多繁琐的象征和规定，至汉武帝时其概念和形制已失传。由《汉书·郊祀志》中的记载可知，汉代的明堂已是一种综合性的祭礼建筑。“辟雍”同为礼制建筑，其形制是一座周围环以圆形水沟纪念堂，是帝王讲演礼教的场所。从西汉长安南郊礼制建筑辟雍遗址中可以看到，它由外环行水道、围垣、大门、曲尺形附属建筑及中央之主体建筑组成。整组建筑以十字形轴线做对称排列，占地面积总计达十一万平方米。这种平面上由方圆两种几何平面套合而成的建筑，颇符合我国古代“天圆地方”的宇宙观，表现出当时建筑在满足人们的精神需求方面的重要角色。

自战国时期开始，墓室上逐渐出现封土为方上的做法，至秦汉时期，墓葬封土已然成为普遍采用的方式。秦始皇陵堆土为山，高大宏伟，是早期帝王陵墓的代表。西汉的帝陵承继了秦制，其位置在今陕西省西安市与咸阳市，分布于渭水南北，封土高大，底面方形，成覆斗状，陵墓群较为集中，蔚为壮观。纵观秦汉至南北朝时期的陵寝布局，可以清晰地看到人们对建筑群总体形象和氛围塑造有了特别的重视，如汉代大墓前神道两侧常布置有高大精美的双阙，用以烘托纪念性气氛。据文献记载，最早的墓阙应为西汉大将军霍光墓前的“三出阙”，即阙上顺序安排有高下错落的三座屋檐，主阙最高，主阙外侧的两重子阙屋顶次第降低，是一种最尊贵的阙制。现存该时期的墓阙共三十处左右，多为东汉遗存，有的稍晚至魏晋，均为石造，大体分布在四川、河南、山东各地，其中以建于建武十二年（36 年）的四川雅安高颐阙最为精美。

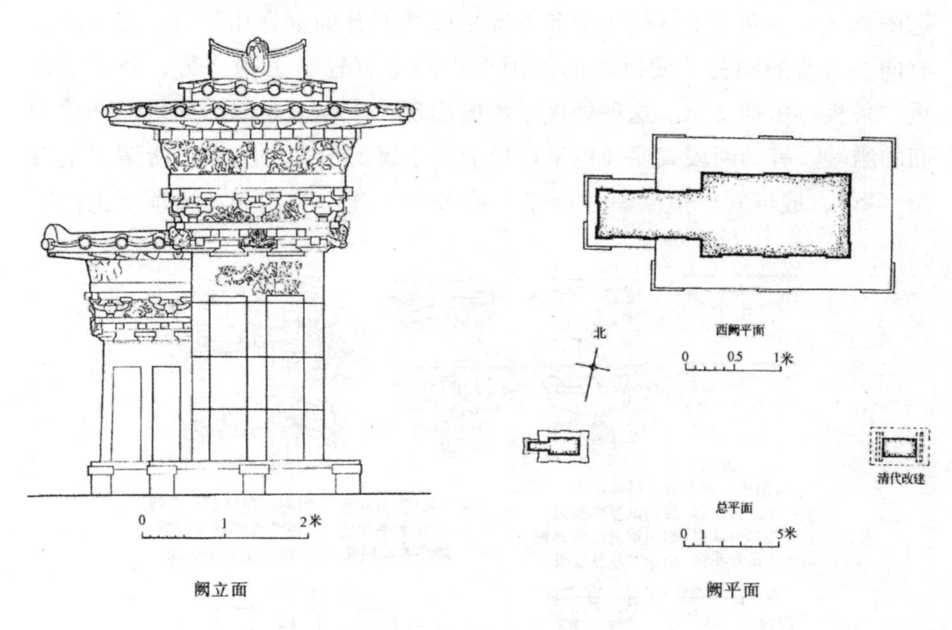

图 4　四川雅安高颐阙

■建筑形式与风格的演变　两汉时期，建筑无论从规模、艺术水平而论，还是就材料技术和施工水平来说，都已经达到空前高度。通过出土的明器陶屋、石刻画像、石阙等可以大体了解汉代建筑的面貌：一般房屋下有较高的夯土台基，为防崩塌，在台基周边多护以木柱和木枋。屋身部位的构件以立柱和斗拱较具特色，柱子有方柱、抹角方柱、八角柱、圆柱，柱身上有时刻有竖向的凹槽，呈现为凹楞状或束竹状。为保护台基和墙壁，需要屋顶有很深的出檐，因此不得不在柱上向外挑出斗拱来承托屋檐。从汉代的墓阙、石祠、墓葬、画像砖石、壁画及建筑明器等资料可知，该时期已经出现一斗二升、一斗三升的形式，同时出现了斗拱出挑的做法。有的斗拱为了美观，特意做成了曲形，又称“曲栾”“曲枅”，极具时代特征。

至迟在东汉时期，出现了早期的歇山顶形式，即屋顶上半部悬山，下半部是庑殿，形成跌落式的两段。这种两段式的屋顶形式也出现在庑殿顶和悬山顶形式中，如成都牧马山东汉明器和现藏美国的东汉明器所示，建筑屋面呈现为平整的斜面，坡度平缓，不凹曲，没有举折；屋角平直，没有起翘。有时为减轻屋顶沉重的形象，而在屋脊的尽端用瓦件做出略微上翘的样子，以两端上翘的正脊和下部呈弧线上升的垂脊相配合，造成屋顶有向上运动的趋势，使巨大的屋顶在观感上有轻举上扬之势，减少了沉重、呆板、压抑之感。这种处理手法的出现，实际上是以后出现的凹曲屋面的滥觞。有的两段式屋顶也呈现出上陡下缓的形式，文献中所谓“上尊而宇卑”，或可看作是屋面“反宇”的先声。此一时期，在屋顶上也已广

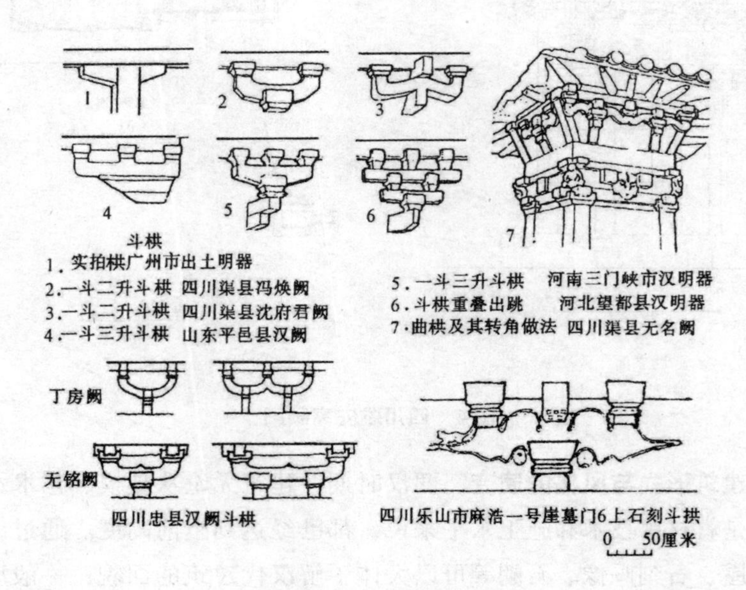

图5 汉代斗拱

泛使用了正脊、戗脊、垂脊等脊饰，同时在两坡顶的垂脊之外，也使用了排山构造。在正脊、戗脊的尽端使用类似鸱吻造型的装饰，表明屋顶的形制和造型已很成熟。从外观上看，这一时期构成单体建筑要素的地袱、柱、楣、门窗、梁枋、屋檐都横平竖直，是三维方向直线的组合，只有夯土墙壁和墩台斜收向上，建筑风格端庄、严肃、雄劲、稳重。就单体建筑而言，秦汉以来的建筑形象演变和发展较为突出地体现在高台建筑、楼阁、佛塔等类型上，展示了这一时期勇于创新和开拓的气度。

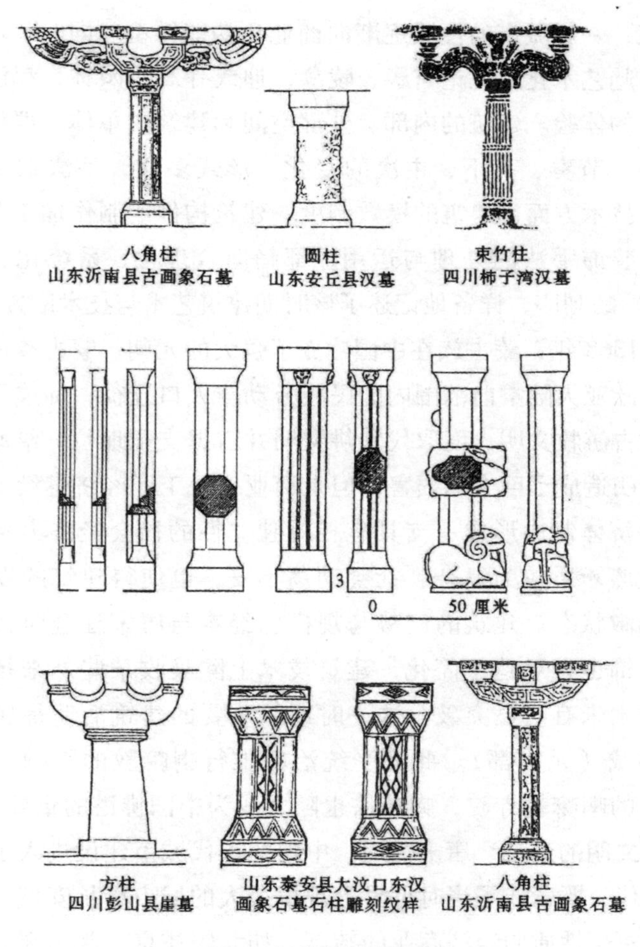

图 6　汉代曲栾与楹柱

（四）成熟时期——封建社会中期（隋至宋元 581—1279 年）

隋唐王朝结束了中国一个时期的分割与纷乱的局面，重新建立起大一统的国家。中国先期的农业文明、游牧文明和山林农业文明经过秦以来近千年的新的碰撞、融合，以及同印度文明、中亚文明、西亚文明的相互交流，中华文明获得了创造性的跃升。这一时期社会经济文化得到了高度、全面的发展，建筑技术与艺术也随之出现了空前繁荣。宋代虽然是一个在政治上和军事上较为衰弱的朝代，但在经济上其农业、手工业和商业方面却都有长足的发展，不少手工业水平超过了唐代。商品经济的发展促进了城市的繁荣，一般城市的性质逐渐向商业化功能转型。同时，城市的多景观环境也日趋艺术化，无论宫殿、陵墓，抑或寺观、园林，都注重文化的表达和艺术的体验。建筑的内部、外部空间和建筑的单体、群体造型均着意追求序列、节奏、高下、主次的变化，形式多样，手法细腻，风格典雅。在营造技术方面，建筑的模数制度、建筑构件的制作加工与安装，以及各种装修装饰手法的处理与运用，都趋向合理化、系统化。北宋时期《营造法式》的刊印，详备地记述了该时期建筑艺术与技术诸方面的成就。

1279—1368 年，蒙古族在中国建立了强大的元朝。蒙古族的崛起与强大，引发了欧亚大陆空前范围内的民族流动与人口迁徙，促成民族间的融合。由于蒙古游牧文明一度取代农耕文明并占据支配地位，给原先中原大地的农耕文明造成了巨大的损害，但是商业、手工业经济继续发展，并在原先农耕经济体制内形成一支具有相对独立性的社会经济力量。元代阶级关系和民族矛盾较为复杂，社会动荡不安，也使得建筑的发展处于相对停滞和凋敝状态。建筑的气势与规模已经难与唐宋辽金时代相比，建筑类型与装饰也相对趋于简化，建筑技术上除吸收某些外来技艺外，对宋金传统技术未有明显突破。这一时期较重要的建筑活动是建造了规模宏大的大都城（元大都）。此外受统治者推行喇嘛教的影响，全国各地建造了大量的喇嘛教寺院，喇嘛塔也随之成为中国佛塔的重要类型之一。

■城市文明的变迁　唐宋时期，中国的古代城市建设进入了一个发展与变革的时代，既营建了当时世界上规模最大的城市唐长安城，也经历了城市由政治军事性质向经济商业的转型，如北宋汴京；既出现了山水风景城市如南宋临安、水乡城市平江，其后也出现了再现封建理想王城的元大都城。同时，与北宋呈对峙状态的辽代兴建了效仿唐代里坊制的辽中京和辽南京，与南宋呈对峙状态的金代则营造了仿效宋汴京的金中都，这些宏大的工程构成了这一时期城市建设的瑰丽画面。

隋唐时期的一般城市大都采用里坊式布置，外城称为郭，郭内建子城，为衙署集中之处，其中也包括仓储、军资和驻军。子城外围划分为若干方形或矩形居住区，各区用坊墙封闭，称坊或里，选择一至数坊的地盘建封闭的市场。在排列规整的坊市间形成方格网式的街道，由此形成隋唐城市最大的特点。里坊制度禁止居民夜间外出，类似现在的“宵禁”，实际上近于军事管制。盛唐以后，经济不断发展，南方尤甚，故城市管制也渐趋开放。如号称天下财赋“扬一益二”的扬州、成都地区为当时重要的经济中心，在这些经济发展、商业繁荣的城市已先后出现了夜市，逐步突破了夜禁的限制，这为以后破除里坊实行开放的街巷布局做出了尝试。

这一时期，一些地方城市依借其山区水乡的地域特点着意经营，形成自身特殊的城市风貌，如苏州、杭州等。唐代诗人白居易为苏州刺史时见里闾规整、水道纵横、桥梁错出，曾赋诗赞美苏州的景观特色：“半酣凭槛起四顾，七堰八门六十坊。远近高低寺间出，东西南北桥相望。水道脉分棹鳞次，里闾棋布城册方。人烟树色无隙罅，十里一片青茫茫。”“复叠江山壮，平铺井邑宽，人稠过扬府，坊闹半长安。”

1267 年元世祖为了加强对全国的统治，决定将政治中心南移，命刘秉忠在金中都东北以琼华岛（今北京北海琼华岛）一带金代离宫为中心建造新城，即元大都城。元大都是与隋唐长安及明清北京齐名的著名古代城市，它们都是严格按照预先的规划建设起来的，其布局之严整、规模之宏伟、建筑之壮丽以及对后世的影响，堪称中国古代最重要的三大帝都。

■外部空间艺术的发展 唐宋金元时期的宫殿庙宇建筑群，包括寺院、官署、府学书院等，在总体布局上加强了进深方向的空间层次，从而衬托主体建筑。与此同时，建筑的形体组合更趋复杂，从宋代画的滕王阁、黄鹤楼等建筑造型上可看到此时建筑体量与屋顶的组合已经非常丰富和完美。

隋唐时期，国家统一，国力强盛，都城、宫室、寺观、贵邸的豪华远远超过南北朝时期。大型的宫殿、官署、寺庙等都由庞大的院落群体组成，主体建筑的前面有门殿，左右有庑或配房，用回廊或墙连接，围成气势开阔、宏伟壮丽的院落。秦汉时期的台榭建筑是由大小和性质不同的多种建筑聚合而成的。在高台建筑衰落后，宫殿演变为建在高台基上的单栋建筑，并有辅助房屋，殿宇的尺度变小而数量增多，导致向纵横两个方向发展而形成并列的多进院落群。各殿宇的大小、高低变化和院落的阔狭不同，使得不同院落形成不同的空间形式和艺术面貌。院落的布局和院落群的组织日益成熟，成为这一时期古代建筑艺术的一个重要方面。

唐宋时期发展起来的这种大型院落组合在建筑艺术上形成了特殊效果，并同时具有许多优点，把主要建筑面向庭院布置，可使其不受外界干扰，并形成特殊的内聚性环境。同时可以按建筑的性质、功能和艺术要求设计院落，以横宽、纵长、曲折、多层次等不同空间形式的院落衬托主体，造成开敞、幽邃、壮丽、小巧、严肃、活泼等不同风格和氛围的环境。此外，通过对院落的门和道路的合理设计，组织建筑的最佳观赏点和观赏路线，营造出变化的院落景观。如河北蓟县独乐寺，站在山门中心间可以发现它的后檐柱及阑额恰好是可以嵌入观音阁全景的景框，这显然是经过精心设计的结果。由多所院落串连或并列组成的大型建筑群，正是通过不同院落在体量、空间形式上的变化、对比，取得突出主院落和主体建筑的效果，并使得整个建筑群主次分明，丰富多彩。

■**建筑造型的演变**　在单体建筑的造型上，隋唐建筑简朴、浑厚、雄壮、庄严，两宋建筑则趋向工整、精巧、柔和、绚丽，辽代的建筑较接近于唐风，金元建筑是辽与宋的承继者，因而在具体的艺术处理方面，糅合了辽宋两代的特点。建筑艺术与结构高度统一是唐宋建筑的一大特色，建筑物上没有纯粹为了装饰而附加的构件，也没有歪曲建筑材料性能使之屈从于装饰要求的现象，屋顶挺括平远，门窗挺括朴实无华，斗拱的结构职能也极其鲜明。在细部处理上，柱子的卷杀、斗拱、昂嘴、耍头、月梁等构件造型的艺术处理都令人感到构件本身受力状态与形象之间的内在联系，给人以庄重大方的印象，反映了这一时期建筑艺术的审美取向。

随着组合空间的发展，唐宋建筑的组合型体日趋丰富。对于以屋顶为主要造型手段的中国传统木构建筑，组合型体无疑为建筑的表现潜力提供了极大的可能性。简单的组合体是在建筑主体的四周或几面附建较小的建筑，形成大的组合体。如大明宫麟德殿为前、中、后三殿聚合而成，故唐代俗称“三殿”。两宋时期，建筑组合造型更趋丰富和巧妙，其在外观最突出之处就是各种屋宇组合在一起，或互相叠压，高下错落，或势合形离，翼角交叉，从宋画《明皇避暑图》《晴峦萧寺图》均可看出当时建筑群的绚丽风貌。

（五）持续与转型——封建社会晚期（明至清，1279—1911 年）

明清两朝，是中国历史上在社会经济与文化诸方面持续发展的时期。明代初期和中叶，社会经济迅速恢复和发展，社会内部已孕育了资本主义萌芽，许多城市成为手工业制造中心，如苏州、杭州之于丝织业，松江之于锦织业，景德镇之于陶瓷，芜湖之于染业，遵化之于冶铁，广州之于外贸口岸，常熟之于粮食加工与贸易等。这一时期的城市文化异常繁荣，以明北京为代表的都市建设更是掀起了中国古代城市建设与建筑发展的又一高潮，成为城市发展的时代特征，其在规划思想、布局方式和城市造型艺术上，继承和发展了中国历代都城规划的传统，是中国古代城市艺术的总结。明清时期营建的北京故宫、明十三陵、天坛等大型皇家建筑是中国古代皇家建筑的精华，也是现存中国古代建筑群体艺术的典型代表。这一时期园林艺术也更趋繁盛，造园思想越来越丰富，造园手法也越来越巧妙，许多留存的园林佳作都成为中国园林艺术的标本，与之同时，也涌现出了一大批造园名家和造园著述。

在明清时期中国少数民族的建筑有了相当的发展，现存著名的建筑有西藏拉萨的布达拉宫、日喀则的札时伦布寺、江孜的白居寺、新疆霍城秃黑鲁帖木儿玛扎，以及云南傣族的缅寺、贵州侗族的风雨桥等等，形成了中国各族建筑群芳吐艳、异彩纷呈的景象。

丰富多彩的民居建筑是明清时期建筑艺术的重要组成部分。中国地域广袤，风土多情，不同地区、不同民族的民居建筑呈现出不同的特色，为文化的多样性提供了丰富的见证。传统的生活方式、人与自然的依存关系、特殊的历史环境、巧妙的生存技巧、原始的生态理念、朴素的审美追求，都在民居建筑中或大胆或曲折地表现出来，其原创的艺术手法至今仍是我们进行艺术创作的重要源泉。

■城市文明　明清时代是中国封建社会晚期城市再度繁荣的时期，建造了明南京、明凤阳城和明北京三座都城，同时在各地兴建了一批不同类型和规模的地方城市，其中较典型的有作为地方行政中心的府城或县城，如明代西安城、平遥古城、辽宁兴城、江苏常熟等。这些城市的中心大多是由衙署、官邸、僚属住宅、吏舍、谯楼、监狱、仓库、土地祠等组成，另有涉及文化方面的文庙、学宫、书院、坛庙，以及街市和居住区；也有作为地区性经济中心的城市，如明朝的物资集散与转运枢纽临清和海港城市太仓等；此外一些海防和边防重镇的城市也均有其形制和特色，实例如西北的嘉峪关和山东的蓬莱水城，均为典型代表。城市的风格因地域和功能不同而呈现出多种形式，如松江府城是一座典型的江南水城，气质婉约；重庆府则是一座山城，风姿飒爽；瑞州城与余姚城均为半城相和的重城，形制特异；而内黄县、长垣县则是重垣环套的重城，古意犹存。

明清时期发展并存留下来大量的集镇，构成带有文化内涵和鲜明地方特色的丰富的遗产。明清时期人口迅速增长，导致大量集镇居民点形成或扩大，容纳了大量工商业及其他人口。例如上海地区在宋代仅有9个城镇，到明代又发展了63个城镇，而清代在明之基础上又产生了82个城镇，说明集镇规模及数量扩大的速度极快。在早期，封建社会集镇多以定期集市贸易为成长点，但明清代集镇的孕育发展却有多种因素。例如地区货物集散的批发行业，常年交易往来，都促成集镇的发展，如成都黄龙溪为川西粮食、辣椒的集散地，犍为罗城为牛肉、酒、米的转运场所，江西樟树镇为药材市场等；也有的是借地方物产发展起来，如吴江盛泽的丝织业，四川乐山五通桥的盐业，都是有特色的产业；还有的是以优越的交通地位发展的，如绍兴的斗门镇、宁波鄞江镇等。在少数民族地区，大的宗教寺庙亦是形成集镇的主导因素，如甘肃夏河是因拉卜楞寺而发展起来的，青海湟中鲁沙尔镇是依塔尔寺而建，其他如贵族庄园、头人官寨附近也往往形成大居民点。

■建筑群和外部空间艺术　明清两代创造了一批无与伦比的优秀建筑群，如北京紫禁城宫殿、明十三陵、北京天坛、曲阜孔庙等，无一不是古典建筑艺术的巅峰之作。北京宫殿是在总结了洪武时期吴王新宫、凤阳中都新宫和应天南京宫殿三次建宫的经验而建成的，在使用功能、空间艺术、防火、排水、取暖、安全等方面，都取得了很高的成就。昌平天寿山十三座明代帝陵组成的陵园，是在继承凤阳明皇陵和南京明孝陵布局的基础上，经历了二百余年不断扩充、完善而后完成的。凤阳明皇陵平面布置主要受唐宋陵墓格局影响，尚未创造出新的陵制。而南京明孝陵虽然已完成一代陵制的改型，但受地形限制，气势稍逊。与上述二陵相比，北京的明十三陵则更加恢宏壮丽，它依山就势，利用地形和森林形成肃穆静谧的陵墓建筑群，成为陵墓建筑的范例。大型建筑群的选址与规划设计，往往受堪舆学说的深刻影响，陵墓就是突出的例子。明代每个皇帝都要亲自选择墓址，先由精通堪舆的人会同钦天监反复比较，然后确定。陵区建筑也要受风水理论的指导而修改布局，堪舆理论使中国建筑群在人工与天然、建筑与环境、单体和总体之间取得高度和谐统一。

北京南郊的天坛，是用中国传统的“天圆地方”的概念来布置的一组建筑，采用简单明了的方圆组合构图，形成优美的建筑空间与造型，以大片柏林为衬托，创造出一种祭祀天神时的神圣崇高气氛，达到形式与内容的高度统一，成为中国古代建筑群的优秀代表作品。山东曲阜孔庙是在二千多年前孔子故宅的基础上经过数十次改建、扩建而成的一组纪念性建筑，现存的基本布局是明代弘治年间完成的，清代进行了局部修改。由于儒家礼制思想的影响，孔庙布局的发展是和历代孔子受尊崇的程度和朝廷的封谥密切相联系的，设计上采用了中国传统的院落组合手法，沿纵轴方向层层推进，充分发挥空间和环境陪衬的作用，创造了肃穆、幽深、神秘的气氛。

■园林艺术高涨 造园活动经历了元代和明初二百年的沉寂之后，明中叶后又出现新的高涨。自明代始，园林艺术也日趋繁盛，一方面是向对象化和程式化方向发展，许多园林佳作都成为艺术精品；另一方面是向使用性和生活化方向发展，使园林艺术较以往更加普及。通过千年的锻造和锤炼，中国园林艺术发展至明清时期可以说已臻于化境，不但造园思想越来越丰富，而且造园手法也越来越巧妙，创造并遗留下来许多闻名于世的园林艺术杰作。南国北土均出现了一些具有里程碑意义的优秀园林作品，北方最负盛名的作品如北京的圆明园、颐和园、三海西苑（北海），承德的避暑山庄等；南方的私家园林如苏州拙政园、网师园、留园、沧浪亭、狮子林，扬州的小盘古、个园、寄啸山庄、片石山房，无锡的寄畅园，吴江的退思园，上海的豫园、秋霞浦、古猗园，南京的随园、瞻园、煦园，以及华南等地的园林艺术精品。无论在总体布局，还是在选景、组景、借景等方面皆有许多创新。

园林功能生活化是明清园林艺术发展的一个趋向。南北朝以来，中国园林以追求自然意趣为目标，人工建筑物比重较小。随着造园的普及，园林和生活结合得更紧密，园中的活动内容增多，建筑物的比重也有所提高。园林中大量增建殿、阁、堂馆等宴集建筑，以及花厅、书房、碑碣、珍石等。皇家园林中甚至包容佛寺、道观、宗庙、戏台、买卖街等内容。总之，生活享乐建筑类型充满园林，导致建筑密度大为增加。例如明末上海的豫园，有堂四座，楼阁六座，斋、室、轩、祠十余座，还有"纯阳阁""关侯祠""山神祠""大士庵"，以及祭祖的祠堂、接待高僧的禅堂。一园之中，有如此众多的建筑物，说明园林和日常生活的密切关系。这种园林实质上是住宅的扩大与延伸，在面积有限的园林中，既要安排众多的活动内容，又要追求丰富的自然意趣，必然产生造园要素密集化，这成为明末以后私家园林的演化趋向。

在理论探索方面，这一时期涌现出了一大批造园著述，如《园冶》《一家言》《长物志》，也有许多著述以较大篇幅涉及造园理论，如《岩栖幽事》《太平清话》《素园石谱》《山斋清闲供笺》《考槃余事》《花镜》，以及李斗的《扬州画舫录》、钱泳《履园丛话》等文献。造园名家也是人才辈出，如计成、李渔、文震亨、张南垣、戈裕良、张然、张连、仇好石等。中国园林通过这一时期的总结与提炼，在艺术上达到了炉火纯青的境界，并形成了自己独特、完整的艺术体系。

第二节　威威皇权——王城与宫殿

中国古代城市是由防御性的城堡演化而来，城市的核心是象征王权的宫殿。皇权至上是古代中国传统文化中的重要特征，明清北京城及故宫就是中国皇权文化的典型代表。中国建筑文化所强调的中轴对称、等级秩序这些紧扣传统文化特质的艺术手法，在城市规划和宫殿布局中得到最充分的体现。

（一）理想中的王城与宫殿

■周洛邑城与《考工记》的王城制度　周成王在公元前1042年登基，即在洛邑（今洛阳市内王城公园）建造陪都（西周的都城为镐京），建成后将伐殷所获作为政权象征的九鼎移于此城中，寓意江山永固。周平王即位后迁都洛邑，自此洛邑成为东周的都城。据《尚书》记载，营建洛邑由周武王的弟弟周公旦及召公主持，并绘制了规划图。据考古发掘得知，城近似为方形，东西2890米，南北3320米，折合西周尺度，大致为“方九里”之制。城中有汉代所筑河南县城，将城中周代遗址覆盖，已难再得知周代原有形制。然而据成书于春秋时期的齐国官书《考工记》所载的王城制度，可知：王城平面方形，每边长九里，每面开三门。城中设纵横各九条大街，每条大街宽度可容九辆马车并行；（城中心设宫城）左设宗庙，右设社稷坛，前布外朝，后接宫市；外朝与宫市的面积均为一百步见方。不难想见，这是一座布局方正、中轴对称、严谨均衡的城市，宫城、广场、宗庙、社稷坛、市场构成了城市的核心，垂直交错的道路组成了棋盘式的区划格局。

洛邑的规划思想是当时周朝政治文化的产物。西周是中央集权制国家，国王为“天子”，掌握着绝对的权力，同时实行分封制的政治制度，将全国划分为属国，将王族姬姓亲属封为各属国诸侯进行统治。为了彰显天子的绝对权威和对诸侯的威慑，以及整个国家的向心力和凝聚力，最高统治核心必须强化王道尊严以及等级秩序。反映在城市规划上，即强调宫城居中的核心地位、尊祖敬天的礼制布局、严谨整饬的条块区划，用以体现王朝的威严和气度。同时对诸侯国都和卿大夫采邑城进行严格规范，规模等第有差，不得僭越，如《考工记》载：大者不得过王城三分之一，中五分之一，小只九分之一；王城城角高九雉（一丈），城墙高七雉，诸侯城的城角只能高七雉，城墙高五雉。这种限制措施也许是诸侯城迫于发展的需要，不得不采用另建城郭，而形成春秋时期诸侯国城、郭并置的原因之一。西周的王城制度对其后的中国历代王城建设发生了重要的影响，成为中国古代帝王建造都城的摹本。

■理想王城的规划理念　探究中国早期营国制度，其规划布局理念深深地印刻着中国先民希冀与天地自然和合相印、天人一体的思想。《周礼》开篇中说："惟王建国，辨方正位，体国经野，设官分职，以为民极。"即是说只有将城市的社会组织系统与空间布局形式相互有机结合，才能实现人与天同体、天人合一的理想，同样，空间安排的依据不仅是自然秩序的要求，并且也是经济活动、军事活动、政治活动、社会管理的要求。《考工记·匠人》说："匠人建国……识日出之景，与日入之景。昼参诸日中之景，夜考之极星，以正朝夕。"《吴越春秋·阖闾内传》中记载阖闾委任伍子胥建造都城，伍子胥"相土尝水，象天法地，造筑大城，周回四十七里。陆门八，以象天八风。水门八，以法地八聪。"《勾践归国外传》中也有相似的记载，越王委托范蠡营造都城，"范蠡乃观天文，拟法于紫宫，筑作小城。周千一百二十一步，一圆三方。西北立龙飞翼之楼，以象天门。东南伏漏石窦，以象地户，陵门四达，以象八风。"这些记载不啻都反映了有关天人关系的既朴素又神秘的思想。

■五门三朝制度　洛邑王城内的宫殿虽早已荡然无存，但后人根据《考工记》及其他文献包括西周金文等材料对其宫殿的形制和形象进行了推定，得知其最大的特点是五门制度：即周代宫室的特点是由诸多的"门"和诸多称为"朝"的广场及其殿堂沿中轴依次布置组成，形成所谓"五门三朝"的形制与布局。南宋经学家胡安国注《春秋》说："雉门象魏之门，其外为库门，而皋门在库门之外；其内为应门，而路门在应门之内。是天子之五门也。"依此，从南而北，洛邑王城宫殿的五门为皋门、库门、雉门、应门和路门。三朝即外朝、治朝和燕朝，它们顺序布置在王城中轴线上。门、朝之外还有"寝"，朝、寝的顺序为"前朝后寝"。

皋门是周王室最外的一座大门，也是王城大门。"皋"可译为"远"

与“高”，这就大体上表明了此门在宫室中的位置和形象。皋门后为库门，是包括宫城和祖、社在内的整个宫殿祭祀建筑区的大门。第三道是雉门，上有城楼，是宫城本身的正门。据《周礼·朝士》注：“雉门为中门。雉门设两观与今之宫门同，阍人凡出入考，穷民盖不得入也。”库门、雉门之间的广场即为外朝，东通祖庙，西接社坛。外朝的地位十分重要，凡在祖、社举行祭祀大典前的聚会，举行有关国危、国迁、立君的所谓“三询”大事，以及公布重要法令的典礼等都在此举行，《考工记》的“前朝后市”所指即外朝。为烘托外朝的气势，通常在雉门外两侧建造“象魏”即双阙，阙形如台，台上有屋，峙立于宫门左右，“巍巍然高大”，其上悬挂“法象”（法令），气势非常壮观。阙的这种形制最初脱胎于建于院墙内用以观望院外动静的“观”，所以阙也被称为观。宫城内有门曰应门，紧接应门的广场即治朝，治朝应设有大殿，为周王接见大臣治事之所。殿后或左右则为“九卿朝焉”的“九室”。

“五门”制最后的一座名为路门，或称寝门，它是宫廷寝居区中的内门，门内是作为王及后妃居住的寝宫区，即后寝。后寝分前后二部，路门即为前部的大门，内分东、中、西三宫。中宫前殿称路寝，路门、路寝之间的广场称燕朝。君王于每日日出先到治朝大殿，然后回到路寝与近臣贵族再行议事，所以路寝实际是前朝与纯粹居住区之间的过渡。治朝、燕朝又合称内朝，与雉门外的外朝互为呼应。中宫后殿和东、西宫各殿均称燕寝。后寝的后部才是纯粹居住区，大约有包括“九嫔居之”的“九室”在内的多座建筑。

（二）早期的都城与宫殿

从早期城市的布局不难发现，奴隶社会与封建社会早期的皇权思想和等级制度对城市规划有着重要的影响，其中王城更集中地反映了中国古代皇权至上的规划思想以及中轴对称、严谨整饬的规划原则。以周代城市为例，可将城市划分为周王都城（即“王城”或“国”）、诸侯封国都城、宗室或卿大夫封地都邑三个等级。除了城市功能有所不同之外，在城市的面积及其他附属设施（如城墙高度、道路宽度等等）方面，也有着明显的区别。按照中国古代传统的数字观念，九是单位数中最高的数值，因此将它定为帝王专用。由此以下，依“二”的级数递减，形成了九、七、五、

三、一的数字比例关系，表现在周代诸侯城制上，如《左传·隐公元年》所述："先王之制，大都不过国三之一，中五之一，小九之一。"也就是说诸侯之城分为三等："大都"（公）之城是天子之"国"的三分之一，"中都"（侯、伯）为五分之一，"子都"（子、男）为九分之一。此外，文献中亦有规定天子之城方九里，诸侯（公）城方七里，侯伯方五里，子男方三里，卿大夫方一里的记载。城墙高度亦有规定，"天子之城高七雉，隅高九雉。"一雉高一丈，则王城城垣高七丈，诸侯城则等而下之。城市中之道路，同样也因封建等级的高低而定其宽窄。依《周礼·考工记》载，周王城中的主要干道是"经途九轨"。《匠人》中又载："经涂九轨，环涂七轨，野涂五轨。""（国之）环涂以为诸侯经涂，野涂以为都经涂。"这里表明了王城的环城道路"环涂"与郊外道路"野涂"的具体尺度，并阐明了它们和大小诸侯城中干道的关系。依此推测，则诸侯城的"环涂"应宽五轨，"野涂"应宽三轨；而"都"的"环涂"宽三轨，"野涂"宽一轨，所有这些都表示了周代各级城邑的严格等级关系。

■**平粮台商部落遗址**　位于中国河南淮阳县境，相传三皇之首伏羲氏太昊帝曾在此建都立国，春秋战国时期又是陈国和楚国的都城。1979年在淮阳县城东南八里大朱村的西南角平粮台发现了这座距今约4300年的前商城堡，为商朝以前处于父系社会时期的商部落所建，约处于龙山文化中期，是目前考古上发现的中国最早的古城址之一，对研究中国早期奴隶制国家的形成具有重要的研究价值。

古城占地面积5万多平方米，建立在高5米的俗称"平粮台"的台地上。遗址平面呈正南北向的正方形，长宽各185米，围筑夯土城墙，外绕护城河。平粮台古城南北各辟有一门，北门在北墙正中偏西，南门在南墙正中，南门总宽约8米，紧贴缺口的东西壁建有各宽约3米、深4米余的门屋，中间的门洞宽仅1.7米，门屋朝门道一侧相对开门。在南门洞口路面以下0.3米处，发现埋设有陶质的排水管道。在城内发现有十几座房屋遗址，房屋平面呈长方形，分为数间。有的房子采取南北向布置，房子之间相互垂直，似乎形成院落关系。房子下有土坯台基，有的台基高达0.7米，推测为重要人物的住房，房子的外墙均为土坯砌筑，墙的外表涂以草泥，四周还有灰坑、陶窑等遗迹。从该城堡遗址所呈现出的院落、围墙、大门、合院、朝南等建筑布置，映现出防御、封闭、内向、秩序、等级等早期私有制观念，同时中国传统建筑的一些布局要素也已初露端倪。

■河南偃师二里头晚夏宫殿遗址 这是早期宫殿遗址中最具代表性的一处，遗址位于河南偃师县二里头村南的洛河之畔，占地面积达3平方公里，文化堆积厚达三四米，可以分为四个时期。现已发掘出宫殿遗址、居民区遗址、制陶作坊、窨穴、墓葬等遗迹。在遗址南部发现了大面积的晚夏宫殿建筑基址，宫室的范围约8000平方米，共有大小宫殿基址十处。平面分为方形与矩形，面积自400—10000平方米不等。现宫殿建筑遗址已发掘出1号宫殿和2号宫殿两处，为布局相似的庭院建筑。

1号宫殿基址平面呈正方形，整个庭院坐落在残高40—80厘米的夯土台上。庭院正中偏北有一座宫殿遗址，面向正南，殿基为高80厘米高的夯土台，其上殿堂面阔八间，进深三间，其形象应为一座高大轩敞的四阿重屋式殿堂。殿前的庭院面积达5000平方米，可举行大型集会。2号宫室是另一组大型建筑，位置在距1号宫室东北150米处，总体平面呈廊院布局形式。院北中部有东西宽32米，南北深12米多的夯土台，台上列檐柱穴一圈，廊内有三间宽的殿堂，各室皆周以木骨泥墙，南壁均辟门通檐廊，东、西室均有门通达中室。在中央殿堂之北稍东处，发现一大型墓葬。此墓平面矩形，东西朝向，未置墓道。以其位于院落正中的位置判断，此宫室建筑应有祭祀建筑的功能。

上述两座回廊院的出现，反映了中国早期庭院布局的面貌，是中国最早的规模较大的木架夯土建筑和庭院的实例，从形制到结构都体现了早期宫殿的特点。据《考工记》《韩非字》等文献中有关“茅茨土阶”“四阿重屋”的记载，结合考古遗址，可以推测院落中的主体建筑为四坡重屋形式，檐柱外围一圈擎檐柱承托下层披檐，屋面草葺（夏代尚未使用瓦件，遗址处也未发现瓦当），造型简洁而庄重。殿内功能可作如下划分：前部六开间进深两间为开敞的堂，用于处理朝政、会见属臣、举行仪式；堂后为五室，是寝居之所；堂的左右为四旁，后部夹角两室为夹屋，均系附属用房。这种呈现为前堂后室、朝寝合一的布局形式，是中国古代早期宫殿的典型形态，并为以后的历代宫殿建筑所沿用。从这个意义上说，河南偃师二里头晚夏宫殿开创了中国宫殿建筑的先河。

■郑州商城遗址 位于河南郑州，属中商二里冈文化，对于商文化的研究具有重要的意义。遗址占地面积达25平方公里，遗址的中部为规模宏大的都城。城址的平面近似长方形，正南北方向，四周是高筑的城墙。在城内东北角约40万平方米的高敞地带，发现有大小不等的建筑台基，大者的面积达2000平方米，小者有100平方米。台基多呈长方形，表面排列有整齐的柱穴，有的还保存着柱础石。台基附近曾出土有青铜管、玉管、玉片等装饰品，据此推测这里原来应是宫殿群和宗庙遗址。

在宫殿区内有一条南北向的壕沟，在已发掘的长约15米的壕沟内发现有大量的人头骨。此外在宫殿区东北角的高地上还发现有8个祭狗坑，有的人和狗共置一坑内，表明这里曾是举行祭祀活动的场所。手工业作坊区、居住区、墓葬区都分布在城外，手工业作坊包括冶铜、烧陶、制骨、酿酒等作坊。另外，还在西墙外和东南角各发现一处铜器窖藏，出土了大量的王室青铜礼器，均为商代青铜器中的精品。如杜岭方鼎高1米，重86.4公斤，是目前所知商代前期最大的一件青铜礼器。在遗址的居住区留存有大量半穴居窝棚遗迹，应为一般奴隶的住所。

郑州商城遗址的面积广大，遗存丰富，特别是城垣和宫殿的发现，证明了这里曾是商代的重要都邑，一说为商代早期商王成汤所建的“亳都”，一说为商代中期商王仲丁所建的“隞都”。无论如何，这一城址的发现都是商文化研究的一项重要发现，为研究商代奴隶社会和中国古代城市的形成与发展提供了重要的实物资料。

■殷墟　为商王朝后期的都城遗址，分布在河南安阳西北郊的垣河西岸。商王朝自公元前14世纪末年盘庚迁都至此，到纣王亡国为止，共经八世十二王，历时273年。周朝灭商以后，都城荒废毁弃，因城原名“殷”，故而后人称之为“殷墟”。清光绪二十五年（1899年），王懿荣首先在殷墟中心的小屯村发现了甲骨卜辞，后来经过罗振玉、王国维等金石学家先后考释出商王朝先公先王的名谥，从而证实这里就是《史记》等史书记载的商代后期都城——即盘庚以下八代十二王共273年的国都殷墟。

考古发掘证明，殷墟原为一座布局规整严谨的都城，是高度发达的奴隶制社会的缩影。整个殷墟遗址东西长6公里，南北广4公里，总面积24平方公里。目前尚未见城墙、外濠遗址，但于垣河南岸发现有规模宏伟的宫殿和宗庙，在其周围环列有铸铜、制骨、制陶等手工业作坊，还有居民区和平民墓地，垣河北岸分布有大面积的王陵区，都城外围是简陋的贫民居住区。

（三）秦汉王城与宫殿

■秦咸阳城与咸阳宫　公元前350年，秦孝公迁都咸阳，最先由商鞅在城内营筑冀阙，以后历代秦王接踵增建了许多宫殿。秦始皇在统一全国的过程中，曾吸收了关东六国的宫殿建筑样式，在咸阳塬上仿建了各国的宫室，扩建成规模庞大的皇宫建筑群。公元前221年，秦始皇正式以咸阳为统一全国后的都城，遂又大加扩建，致使整个咸阳城“离宫别馆，亭台楼阁，连绵复压三百余里，隔离天日”，使咸阳成为继丰镐之后又一座宏伟的帝都，也成为当时最繁华的大都市。考古发掘已探明秦咸阳城遗址西自窑店乡毛王沟村，东至红旗乡柏家嘴，北起高干渠，南至咸铜路以北，东西长6公里，南北宽7.5公里，面积达45平方公里。北部宫殿区保存尚好，南部因渭河北移遭到破坏。渭北是咸阳宫城、手工业作坊及市场集中地，分布着咸阳宫、阿房宫，以及众多的离宫别馆，包括秦始皇灭六国迁建诸侯的宫殿。渭南为祖庙、禁苑、朝宫阙观、陵墓分布区。至于咸阳城的城垣，古来文献未有记载，考古也未有发现。

规模庞大的秦代的咸阳宫分布在咸阳北部塬上及近塬一带，东西横贯全城，南北宽2公里，连成一片，居高临下，气魄雄伟。在咸阳城址北部的阶地上，约相当于城中轴线附近的地方，有一组高台宫殿建筑遗址，分布于秦时的上原谷道的东西两侧。经过遗址复原后可知这是一组东西对称的高台宫殿，二者有可能组成一对阙形建筑，并由跨越谷道的飞阁把二者连成一体，是极富艺术魅力的台榭复合体，经研究推测其为最先建造的“冀阙”建筑。

“冀阙”被称为“一号宫殿”，为高台建筑群。阙体利用北塬为基加高并夯筑成台，遗址东西长60米，南北宽45米，一层台高6米，平面呈L形，尺柄向东，另一端向北。主体宫室建在高台之上，高两层，耸立于周围群屋之上，使全台外观如同三层。立面呈不对称，东西长13.4米，南北宽12米。地表为红色，即所谓的“丹地”，门道上有壁画痕迹，表明这是最高统治者的厅堂。依据对称原则，可据此推演出与其成对称格局的东阙，两阙东西总长可达130余米，中为门道，其上有飞阁相连，极为壮观。咸阳宫殿以冀阙为中心，以人间宫殿来象征天庭，其布局体现了秦人象天法地的观念：“因北陵营殿，端门四达，以则紫宫，

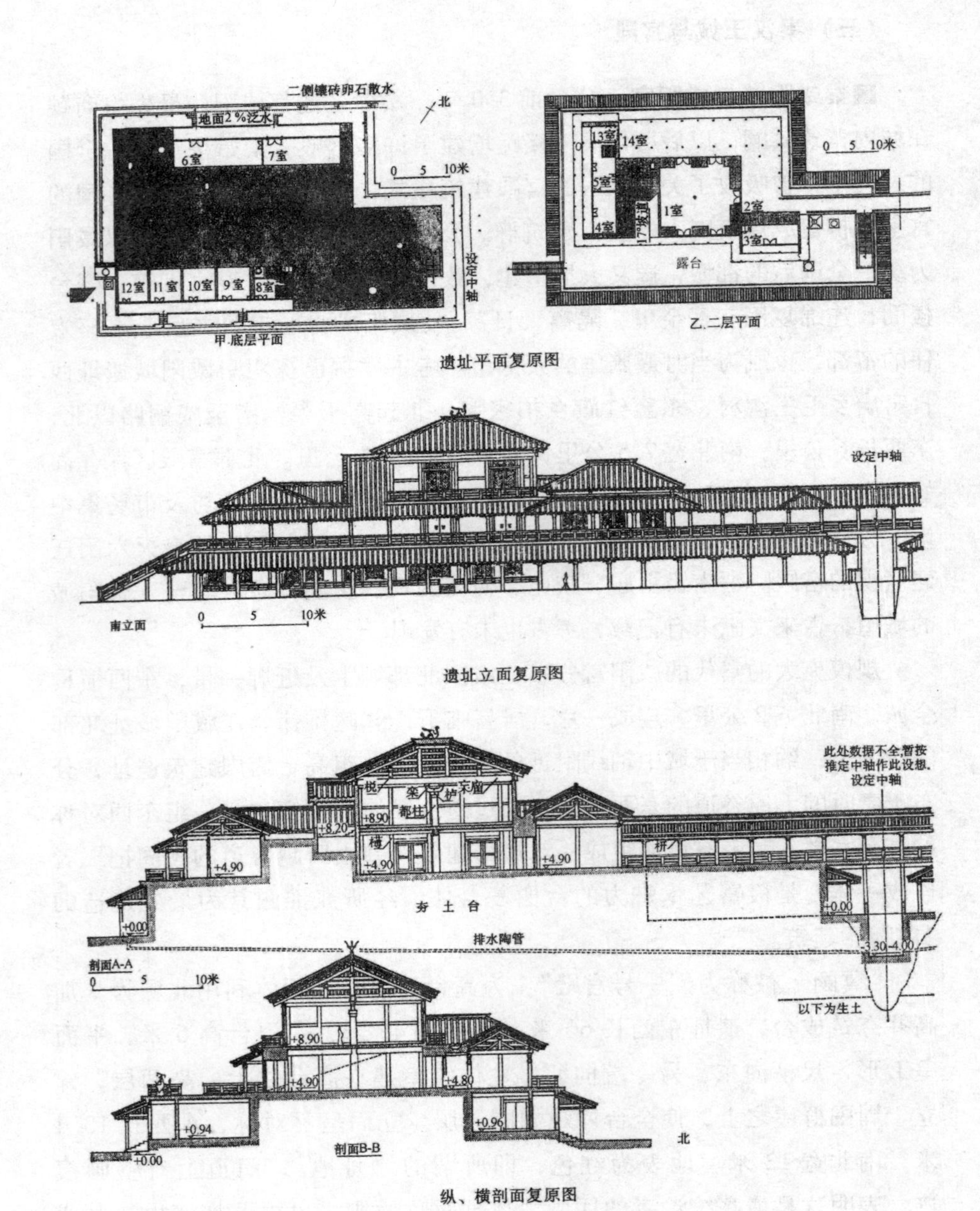

遗址平面复原图

遗址立面复原图

纵、横剖面复原图

图7 秦咸阳宫一号宫殿

象帝居；渭水灌都，以象天汉；横桥南渡，以法牵牛。”这种将建筑构图与天象及人间秩序一一对应的构思和布局手法，是当时人们敬奉的天人合一思想的真切反映。同时，以南山山峰为阙是将自然景色引入宫内，可说是见于记载的最早的“借景”手法。阁道即架空的廊道。此外，咸阳宫殿这种与天象和合的构图，也显现了秦始皇在统一大业功成以后一种志得意满的心态。经考古发掘，阿房殿基址为极高大的夯土台基，现残高 8 米，东西长 1000 余米，南北 500—600 米，面积几近于北京明清紫禁城。其恢宏的体量，表达着人间与天地同构的理念；其气吞山河的气势，则象征皇权的崇高和永恒。秦朝宫殿当时又称“禁中”，是禁卫森严之地。明清宫城称为紫禁城，其渊源即可以上溯到秦朝的“紫宫”与“禁中”。

图 8　秦咸阳宫一号宫复原效果

■汉长安城与未央宫　位置在今陕西西安西北约 3 公里，龙首塬北坡的渭河南岸汉城乡一带。城址呈一不规则方形，城墙除东墙笔直外，其他各面皆随宫城、渭河和地势多次转折。南墙北墙转折较多，有观点认为长安城墙的曲折，是意在“南象南斗，北象北斗”，故有“斗城”之谓。位于南墙正中的安门大街是城内最宽最长的大街，宽度达 50 米，南北共长 5500 米，几乎贯穿全城。其中央供皇帝使用的驰道宽 20 米，两侧各有宽 2 米的水沟，沟外又有供一般车马行人行走的 13 米宽的道路。沿街种植行道树，种类有槐、榆、松、柏等树种，茂密成荫，街景十分壮观。汉长安城是我国历史上第一个真正意义上的大都市。

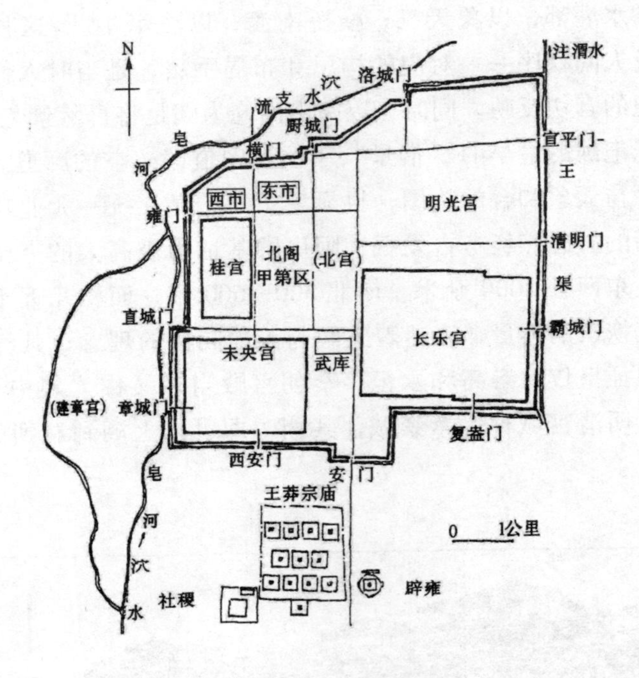

图9　西汉长安城平面

长安城的城墙为夯土板筑土墙，城墙外有护城河。城内街道布局规整，共有八条大街。城内有许多宫殿、府邸和寺庙，长乐宫、未央宫横亘大城南部高敞处，其中长乐宫位于城东南，宫内共有前殿、宣德殿等十四座宫殿台阁。未央宫位于城西南，是汉代的政治中心，史称西宫。宫内共有四十多个宫殿台阁，建筑壮丽，气势雄伟。此外，在长乐、未央二宫之间还有武库等附属建筑。汉长安是一座以宫殿为绝对主体的都城，长乐、未央、武库等在内的宫廷专用区占据了城市约三分之二的面积，这些宫殿大都有宫墙围绕，形成庄严整肃的城市面貌。用于交易的“市”和用于居住的“闾里”被安置在城内地势局促而低洼的西北角和东北角。闾里是专用于城市居民居住的地段，四周有围墙环绕，各面开门，起着管理和防范百姓的作用。据文献记载城中有九市一百六十个闾里，居民达四五十万余人。由《管子》和《墨子》中可知早在春秋战国时期各国都城就已有“闾里”的区划，经汉流传，至隋唐演变为里坊。

总体而言，汉长安城属于从战国不规整都城向隋唐以后规整都城发展的早期，加之因秦都旧地多次扩建而成，未及全面规划，总体未能做到规整对称，但鉴于其未沿袭战国各城多在郭城旁另建宫城的做法，而是采用城郭一体的原则，故而使得汉长安的规模异常宏大而壮丽。张衡在《西京赋》中，对当时汉长安的城市格局及宫殿建筑、园林景象作了词藻华丽的描述。从传世的这个时代的此类歌赋中可以看出，崇尚城市与宫殿豪华富丽是当时普遍的风尚。

在汉代的众多宫殿中，以汉高祖所建长安城中的未央宫是最为重要的。汉高祖定都长安之初，先是将秦代的离宫兴乐宫扩建为长乐宫以应急需，至高祖七年因不满旧宫狭促而于长乐宫西南新建未央宫，此后该宫殿成为西汉政治统治中心和帝王宫闱所在。

未央宫的平面呈方形，每面约 2000 米，周长 8800 米，面积近 5 平方公里，约相当于全城的七分之一。区内的宫殿分为前朝后寝两部分，端门北偏西有未央前殿，为前朝最重要大殿，依龙首山凿而为基，南北长约 350 米，东西宽约 200 米，由南往北次第增高，形成三个大台面，至北端高达 15 米。按《三辅黄图》中记载，前殿面积比明清紫禁城的正殿太和殿大出一倍以上。前殿初成之时，汉高祖刘邦正在各处征战，见此宫如此壮丽，便责问主持工程的萧何说，天下还在打仗，胜负未定，“是何治宫室过度也?”萧何答说：“天下方未定，故可因以就宫室。且夫天子以四海为家，非令壮丽无以重威，且无令后世有以加也。”这实际是在明确提出要以建筑艺术为皇权政治服务，意在建成一座空前绝后的大朝堂，用以彰显皇帝的尊严。前殿面对有广阔的庭院，前殿左右和后方则有一些次要殿堂为烘托，四周宫墙围绕，四方设门，自成一区。在未央宫前殿以北布置有后宫十四殿，以皇后所居之椒房殿为主，在椒房殿的左右，周以昭阳、飞翔、增成……诸殿。未央宫虽殿宇繁多，但以前殿为中心，以园林化的后宫为烘托，大体构成“前朝后寝”的格局，众小宫室簇拥左右，如群星拱月，衬托出主要宫院的气势。前殿和西掖庭宫之西是以沧池为核心的皇家园林，园中的池沼众多，前殿以西有唐中池，宫北有太液池，池中有渐台，高二十余丈。另有“蓬莱、方丈、瀛洲、壶梁，象海中神山、龟鱼之属”。“池周回千顷”，“成帝常于秋日与赵乜燕戏于太液池。以沙棠木为舟，以云母饰于舟首，一名云舟。又刻大桐木为虬龙，雕饰如真，夹云舟而行。紫桂为柁枢……”从未央宫的规模及设置可以看出铺陈豪华成为秦汉之际皇家宫殿苑囿的风尚，也表现出当时人们对建筑的审美观念。

（四）唐长安与大明宫

公元581年隋文帝杨坚称帝，登基后先曾沿用汉长安旧城为都。汉长安城原本缺乏规划，官民杂处，功能不便，以后各代又多是因旧为用，至隋代时已相当破败。为了营造一个大一统帝国的形象，急需建造一座与之相匹配的新都城，隋文帝遂命宇文恺为营新都副监在汉长安城的东南龙首原南坡起建新都大兴城。先是营建宫城，继而增建皇城，至炀帝大业九年（613年）筑造郭城。因杨坚称帝前曾封大兴公，故将新城命名为大兴城。唐代则更名为长安城，并增建了郭城和各门城楼，后又在郭城北墙东段外侧增建了大明宫，在城内东部添建了兴庆宫，在城东南角整修了流露曲江风景区等。

在经营长安的城市总体形象方面，设计者既纵横捭阖，又精细排布，充分利用原有的地形地貌，并结合建筑群自身的功能、性质、规模、体量等因素加以运筹，成就了长安城跌宕起伏、雄浑壮丽的城市意韵。长安城的地势东南高西北低，高差达三至四米。在83.1平方公里的宏大范围内，蜿蜒着由南北弯向东西的六条高四至六米的坡岗，在第二岗建造宫城，在第三岗安置皇城，其他各岗依势设置官署、寺观和王府。用高岗和建于岗上的大体量的建筑相互烘托，从而丰富城市的总体轮廓，控制城市空间，无疑是非常巧妙的景观构思。在第四岗上，有朱雀大街街东安仁坊的荐福寺，寺中有著名的小雁塔，与街西丰乐坊法界尼寺中的两座高十三丈的塔互对。再往南是第五岗，在朱雀大街东有占靖善坊一坊之地的大兴善寺；与之相对，街西崇业坊则有“与大兴善寺相比”的玄都观，亦极宏伟。

隋唐长安城（583年建）是古代世界规模最大的都市，与之相比，明清北京城占地60.20平方公里（1421—1553年建），巴格达城30.44平方公里（800年建），古代罗马城13.68平方公里（300年建），古代拜占庭（君士坦丁堡）11.99平方公里（447年建），而唐长安总占地则达84.10平方公里，无疑是人类文明史上一部宏大的乐章。其严谨周密的规划布局和丰富细致的构图原则影响所及，近至东北地区渤海国的上京龙泉府、东京龙原府，远至日本的平安京、平城京等古代城市。

■隋唐长安城 隋唐长安城的建造是这一时期最为宏大、最为重要的建筑工程，也是当时最为伟大的历史事件和文化事件。宇文恺吸取了北魏都城洛阳和东魏、北齐邺都南城的精华，将大兴城规划为宫城、皇城、外郭城三城环套且轴线对称的结构布局。宫城位于郭城北部正中，其北墙与郭城北墙中段重合。皇城位于宫城之南，和宫城总面积约 9.4 平方公里，面积稍小于今西安旧城。

外郭四面各开三门，东西、南北城上各门相对，有大道联通，形成三横三纵六条主要干道，称为六街，并以所通之门命为街名。六街之间和沿郭城城墙内侧又有纵横交错的小街，使全城形成南北十一街、东西十四街的规整方阵，方阵里左右均齐地设置了一百〇八个居住里坊和东西二市。里坊间的道路也横平竖直，与六街结合形成全城的矩形街道网。汉唐以来，中国城市的居住区大多采用了这种封闭的里坊式布局，每个里坊实际是矩形或方形的小城。坊的四面或两面开门，坊的四角建有角亭。坊内有小街和更小的巷、曲，民居面向巷、曲开门，通过坊门出入，犹如城中之城。与前代的城市比较之下，隋唐城市的里坊显得更为整齐，尤以新建的都城长安和东都洛阳最为突出。长安城内设有两个市场，东市名都会，西市称利人，呈对称状分布在皇城外的东南和西南，是手工业和商业的集中地区。

由明德门一直向北的大街是全城的中轴大街，纵贯全城，至宫城正门承天门止，长达 7.15 公里。在明德门至皇城正门朱雀门之间的一段宽达 150 米大街中间设“御道”，又称驰道，两侧是臣属及百姓通行的道路，三道并行，路旁植槐为行道树，排列整齐，时人称之为“槐衙”。岑参诗云：“青槐夹驰道，宫馆何玲珑。”在大街东西两侧建有大型寺观和豪门贵邸朱户，楼阁相望，大大地美化了街景。白居易诗中“谁家起甲第，朱门大道旁”，所咏即是长安此街的景象。这条以御道为统领的轴线在进入宫城后继续向北延伸，总长近 9 公里，是世界城市史上最长的一条轴线。

在唐以前，都城多沿街建官署，隋唐时期则将官署集中建于皇城。皇城由三条南北向街道和一条东西向街道划分为八个街区，在这些街区中布置了六部官署。据《大唐六典》记载，皇城中除太庙、太社外，共有六省、九寺、一台、三监、十四卫，其中太庙和太社按照“左祖右社”的传统布置在皇城的东南、西南角。

■长安太极宫　宫殿是都城最重要的标志。隋唐长安城的主宫为太极宫，位于中轴线北端，从朱雀街北行，要经过皇城正门朱雀门，方可望见宫城正门承天门。承天门外有双阙，是皇宫最重要的标志，也是城中极重要的景观，诗人王维叹曰："云里帝城双凤阙，雨中春树万人家。"承天门在隋时曾一度用为大朝，每年元旦、冬至在承天门举行大朝会时，文武百官及各地朝使齐集门前，设仪仗队，诸卫军士陈于街，总数不下二三万人，场面极其宏大。初唐仍沿隋制，直到662年高宗建大明宫移居后，大朝会才改在新宫内的含元殿前举行。唐长安的宫城由三部分宫殿组成，中为太极宫，规模最大，是皇帝接见群臣、发号施令的朝会正宫，是唐初的政治中心。太子所居的东宫和后妃宫人所居的掖庭宫则对称布置在太极宫东西两侧，三组宫殿正南侧都有门通向皇城内的大街。

长安外围的郭城城墙为夯土筑造，高一丈八尺，约合5.3米，基宽约12米。皇城城墙比郭城要高，而宫城又比皇城高，达三丈五尺，合10.3米，说明对体现皇权的宫城在威严和防御方面的高度重视。郭城各门除个别的尚不了解外，多数城门都是三个门道，与汉长安的"三涂洞辟"制度相同，城上都建有雄伟的城门楼，气势宏丽。作为国门的南门明德门更为端丽，内设五个门道，又于门外东南约二里建圜丘，每年皇帝于冬至日到圜丘"郊祀"，必通过此门。圜丘祭天为国之大典，其仪仗羽葆极其盛大，因而明德门又同时具有重要的典章意义。唐代的长安城从郭城到皇城再至宫城，犹如铺陈有序的巨幅图卷，在整体构图上，城墙高低有序，建筑疏密有致，体量简繁适度，色彩浓淡相宜，节奏由缓而急，气势由壮而峻，至太极宫为高潮，烘托出众星拱月的景象。

■唐代大明宫　这是唐长安"三大内"的"东内"（"太极宫"为"西内"，"兴庆宫"为"南内"），也是唐长安宫殿中最雄伟的一座建筑群。兴建于太宗贞观八年（634年），原是唐太宗李世民为其父李渊修建的皇宫，龙朔三年（663年）唐高宗和武则天迁大明宫听政后，开始作为朝会的场所，从高宗到唐末两百余年成为唐朝的政治中心。大明宫的建造主要是因为原长安正宫太极宫地势较为卑湿，不便皇居，于是在城外东北方"北据高原，南望爽垲"的龙首原高地上另建此新宫。

大明宫平面长方形，占地面积3.2平方公里。城垣周长7.5公里，四周设有十一座宫城大门。正门名丹凤门，设有三个门道，当年常在此举行肆赦等活动。宫中的建筑分为前中后三大部分，各以宫墙分隔，无不亭阁耸峙，殿堂壮丽，径曲廊折，景荣花香，其中最主要建筑为含元、宣政、紫宸三大殿。

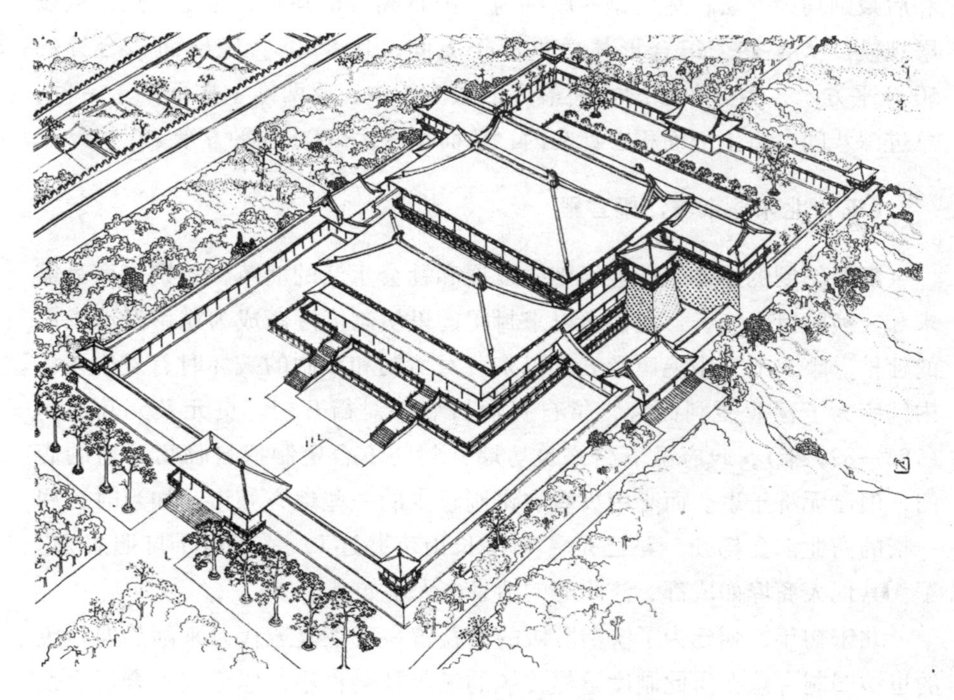

图 10　唐长安大明宫麟德殿

含元殿为大朝之所，位置在高出平地 15.6 米的龙首原南缘，坐落于全城之脊，兼有观景和成景的优越条件。含元殿殿身面阔十一间，进深四间，面积 1966 平方米，与明清北京紫禁城正殿太和殿相近。殿为单层，重檐庑殿顶，东西两侧伸展出左右廊道，廊道两端南折斜上，与建于斜前方高台上的翔鸾、栖凤二阁相连接："左翔鸾而右栖凤，翘两阙以为翼。"二阁东西相距 150 米，与主殿构成凹字形平面组合，共同围合出大殿前 600 米长的前视空间，建筑空间的气魄极为宏大。中路上龙首原高地上的含元殿为大朝，往北过宣政门为宣政殿，殿庭宽广，是为常朝，殿左右有东上阁、西上阁。再北过紫宸门达紫宸殿，为日朝，殿庭相对较小。紫宸殿的北面是占地广袤的宫苑，以太液池为景观池中有山曰蓬莱，环池南岸分布着蓬莱、珠镜、郁仪等殿宇，其间长廊绵绵，池中锦珠潋滟。

在池西和大明宫西墙之间的高地上，坐落着另一组大型建筑群麟德殿。经发掘发现，麟德殿实际是由四座殿堂组合而成：前殿为单层，中殿和后殿则均为两层，最后是一座称为“障日阁”的建筑，也是单层。麟德殿规模巨大，整个组合形体总进深十七间，达 85 米，底层面积合计约 5000 平方米，为已知中国古代最大的殿堂。中、后两殿上层面阔十一间，总进深八间。将上部面积合计在内，总面积可达 7000 多平方米。

（五）北宋汴京与汴梁宫殿

■里坊制的解体　社会经济的发展和社会生活的变革，特别是商品需求和交换的巨大增长，使得唐以来封闭的里坊制度逐渐成为城市经济发展的桎梏。事实上，中晚唐及五代以来，对坊制和市制的破坏时有发生，坊内铺店为了营业便利而常常擅自打通坊墙并对街开门。贞元及元和年间（785—820 年），政府虽下令修筑坊墙并封闭不合定制擅自临街开启的店门，但已无济于事。而受中央政府钳制较少的一些地方城市，如当时首屈一指的商业都会扬州，早已是“十里长街市井连”，“夜市千灯照碧云”了。其他大商埠如成都、汴州等的情景也大率如是。

北宋初年，朝廷为了统治阶级的利益曾一度恢复五代以来渐趋向弛废的里坊旧制，意在借此制度重建传统的城市社会秩序，但终因不合历史发展潮流而遭夭折。到了仁宗年间，里坊制便在社会变革的冲击下被彻底埋葬了。晚唐那种只是坊内设店而坊墙仍岿然不动、临街开门只是三三两两的清冷场面，已被坊墙的彻底拆除、住宅和商店均临街开门、市肆遍布全城的繁盛景象所取代，一种规划城市聚居生活的新方式——街巷式应运而生。

古典坊制与市制解体以后的城市，虽然表面上仍是三重或两重城垣相套的形式，但其内部格局已发生了彻底变化，并派生了相应的规划思想和城市景观。城市不再是一成不变的躯壳，而是一个不断发展演变的生命过程。同时，它也不再仅仅是或主要是行政中心，而是日益向多功能的综合体方向发展。城市自身发展的内在规律逐渐起到了主导作用，市民生活的安排不再是按预先规定的城市制度严格进行，相反，要根据市民生活需求的自身发展来调节城市的规划和布局。

从道路的布置可以很明显地看出：此时的道路系统采用的是一种较为

自然的、不拘一格的方式。如北宋汴京，除御街等主要大道居中或呈对称布置外，绝大部分街道基本上都是按照城市发展的实际状况，或曲或直，或疏或密，因势利导，还出现了斜街。其次，观念僵化的等级区域划分亦被打破，出现了贵族与平民、市肆与住宅、公共建筑与私人建筑相处的局面。再者，街巷成为城市景观的主体。纵横交错的商业街取代了以往一道道森严冷漠的坊墙，使整个城市充满了生气。临街的店铺，体量大小不等，位置凸凹各异，形式也是多种多样。由于人烟稠密，房屋拥挤，因而很多临街建筑如酒楼、茶肆等都是多层的，使街景显得十分丰富而繁华，此等景象从张择端的《清明上河图》中亦可略见一斑。

■**北宋东京城** 又称“汴京”“汴梁”，是北宋时期的都城，遗址位于河南开封的附近。汴京的总体格局呈现为外城、内城、宫城三环相套的形式。外城的平面近方形，南北长7.5公里，东西长7公里，有13座城门和7座水门。城外有护城河，宽三十多米。内城又名“里城”，内包宫城，又名“皇城”。根据史书记载，皇城周长五里，建有楼台殿阁，建筑雕梁画栋，飞檐高架，曲尺朵楼，朱栏彩槛，蔚为壮观，气势非凡。城门都是金钉朱漆，壁垣砖石间镌铁龙凤飞云装饰。宫城内可大致分为三个区：南区有枢密院、中书省、宰相议事都堂和颁布诏令、历书的明堂，西有尚书省，内置房舍三千余间；中区是皇帝上朝理政之所，重要的建筑有大庆殿、垂拱殿、崇政殿、皇仪殿、龙图阁、天章阁、集英殿等；北区为后宫。经过考古勘探发现，宫城内前半部的中轴线上有大型的夯土台基，台基正对内城和外城的南门，呈纵贯南北的中轴线。这种由外城、内城、宫城三重城构成的都城布局为元明清都城所仿效，对后世的城市建筑影响很大。

■**北宋的汴京宫殿** 是由后周的皇宫改建而成，总平面为前朝后寝的格局，采取了院落形式和纵向的轴线组织整个建筑群。宫城由一条横贯东西的大道分为南北两部，南部正中是以大庆殿为中心的一组宫院，南对宫城阙门——宣德门。宫院本身由廊庑四周围合，横向分三路，最前为大庆门及左右日精门，中间即为大朝大庆殿，此殿“殿庭广阔”，“可容数万人”，“每遇大礼，车驾斋宿及正朔朝会于此殿”。其两侧廊庑中设左右太和门。大庆殿后又设楼阁，与大庆殿以廊相通，成工字形平面，阁后为后门通达横街。由院落建筑群的布局来看，院落本身的组合较前代更为完整，讲求院落空间的尺度和序列关系，使用外部空间大小、递进的变化来突出主体。大庆殿采用组合形式，中为大殿，左右联以挟殿，殿后有阁，连为工字殿，周围绕以廊庑。这种布局成为一种通用的模式，并影响到金代建筑的布局。大庆殿的西侧是文德殿院，内有东鼓楼、西钟楼和与大庆殿相似的工字形文德殿。宫城的北部是一个以中朝紫宸殿为中心的宫院，规模稍逊于大朝建筑群。在紫宸宫院之西及之后还设有常朝垂拱殿院和后苑。后苑面积不大，其中岩石峻立，花木扶疏，又有池沼溪水、轩馆亭阁，为皇帝后宫的游宴之所。此外，宫城内还布置了一些附属庭院，分别作为寝宫、大宴、讲读和收藏书籍之所。由整体布局来看，汴京宫殿的规模远不如唐朝长安大明宫宏大严整，但更具灵活纤巧的特点。

■**汴京宫殿的宫前广场** 汴京宫殿的宫前广场的设计是对前朝做法的发展与突破。从曹魏邺城开始，各代都城的中轴线都和宫城正门相交，在此形成宫前广场，宫城正门也即成为构图焦点。但在宋代以前，广场的空间和造型都缺乏经营和处理，直至宋时的汴京才得到重视。御道由南而始，过内城正门朱雀门至州桥，此为宫前广场的起点。自此大道向北分为三路，中路为御路，两边设朱红杈子，外边为满植莲荷的水渠和边路，再外为东西长廊，廊前列植果树杂花。长廊南起州桥，有文武二楼分峙于两廊尽端，北至宣德门处折向东西，止于左右掖门，使宫前广场呈一丁字形。广场的焦点宣德门为凹形平面，中央正楼为单檐庑殿顶，左右廊斜下连接方形平面的东西朵楼，由朵楼南折又有侧廊与阙楼相通，阙楼外侧则有二重子阙。每个建筑的单体体量虽不大，但组合而成的整体形象颇为壮观。

从文武楼和州桥至宣德门，整个空间环境显然是被作为一个整体来经营的，有铺垫、有高潮、有变化、有对比，显示出手法的多样性。比如长廊、行道树、道路和水渠造成了许多导向宣德门的透视线，低下的长廊对高大的宫阙起到了陪衬作用。广场至北端由纵向转为横向，使宫阙前景十分广阔。这些处理无疑极大地加强了广场的表现力和感染力，其设计构思和实际效果均较前代更具艺术性。这一创造性的宫前广场设计对当时和后世的宫前广场设计影响也很大，如金中都改建前曾派画工到汴京摹写宫室，其宫殿布局和宫前广场的空间处理几乎就是汴京的翻版。

（六）明清北京城与故宫

北京是有千年历史的大都市，自辽代会同元年（938 年）将幽州改为南京，成为陪都开始，金、元、明、清均在北京建都。明永乐元年（1402 年），朱棣第一道诏书将北平改为北京，永乐四年（1406 年）动工兴建，永乐十五年（1417 年）基本完成，首都亦由南京迁都北京，自此北京成为明清两代的都城。明清北京城是在元大都基础上扩建改建而成，同时借鉴了明南京的经验，在规划思想、布局方式和城市造型艺术上继承和发展了中国历代都城规划的传统，是中国古代城市艺术的总结。

■明清北京城 初建的北京城平面原近方形，明嘉靖时（1522—1566 年）为加强城防和保护城南业已发展起来的手工业区和商业区，在城南加筑了外城，原城改称内城，总平面遂呈“凸”字形。其中内城东西长 6635 米，南北长 5350 米，南面三座门，东、北、西各两座门，每门均建有城楼和箭楼，内城的东南和西南还建有角楼。外城东西长 7950 米，南北长 3100 米，北面除通内城的三座门外，东西又增设有角门。

北京城的平面格局是典型的宫城、皇城、郭城三环相套的封建都城形式。皇城布置在内城中心偏南，东西 2500 米，南北 2750 米，城门四开，南门称天安门，天安门前加设了一座皇城前门，明朝称大明门，清代称大清门。皇城中心是宫城，又称紫禁城，是皇帝听政和居住的宫殿，采用前朝后寝制度，布局上采用了“左祖右社面朝后市”的传统王城形制。宫城周围布置有太庙、社稷坛、五府六部、内市等。皇城周围是居住区，以胡同划分为长条形的住宅地段，商业区则主要集中于南城。

北京的城门和城垣是明清北京城市艺术的重要组成部分，内外城共 16 座城门，原都设有城楼、瓮城和箭楼，内城东南、西南两角还有曲尺形角楼。现存的正阳门是北京内城正门，又称前门，建于明永乐十九年（1421 年），清康熙十八年（1679 年）地震后重建，但城楼在 1900 年被八国联军毁坏，1906 年重建，瓮城及左右侧门于 1915 年被拆毁。正阳门城楼立在宽厚的城台上，木结构，高两层，平面七开间，周围回廊，下层上有腰檐平座，上层覆重檐歇山顶，共三檐，称为“三滴水”。箭楼亦座于城台上，箭楼为木结构，外墙砖砌，开方形箭窗，平面凸字形。前横长部分外观高四层，第三层上起腰檐，第四层覆单檐歇山顶。后突出部分为三层，覆单檐歇山顶，墙面有显著收分，形象坚实稳定。连绵而高大的城墙、雄伟的城楼和瓮城上的箭楼及角楼构成了全城外围的磅礴气势，同时它们又或者成为大街的对景，或者是广场空间的构图中心，显示出帝都的凛凛威风。

■**北京城的中轴线**　明清北京城的布置鲜明地体现了中国封建社会都城以宫室为主体、突出皇权和唯天子独尊的封建礼制的规划思想，以一条自南而北，长达七点五公里的中轴线为全城骨干，所有城内宫殿和其他重要建筑都循轴线布置。轴线前段自外城南墙正门永定门起，经内城南垣正门正阳门，轴线东面设天坛，西面设先农坛，轴线上建筑较少，节奏舒缓，为其后的高潮之铺垫。中段由大明门经天安门，穿过宫城至全城制高点景山，此段布局紧凑，高潮迭起，空间变化极为丰富。在大明门与天安门之间的御街两侧布置了整齐的廊庑，称千步廊，形成了狭长的导向空间，直抵天安门。天安门前御街又横向展开，形成T字形平面，布置有金水桥、华表、石狮，突出了皇城正门的雄伟。进入天安门、端门、御路导入宫城，轴线上门、殿接踵交叠，节奏紧促。宫北景山高五十米，是轴线布局的最高峰。由景山经皇城北门地安门至鼓楼、钟楼是高潮后的收束，钟楼鼓楼体量高大，显出轴线结尾的气度。整条轴线上建筑的起承转合，相互映衬，节奏张弛有序，旋律起伏跌宕，宛如一曲统一而完整的立体乐章。

在内城外四面布置有日月天地四坛，与城中轴线上的建筑构成有力的呼应。在北京内城有金元时期太液池和在琼华岛基础上扩建的三海（北海、中海、南海）、宫苑和什刹海等园林湖泊，其自然风景式的园林景观与严谨格局的建筑布局形成对比和补充。在清代，城西北郊兴建了大批宫苑，形成了著名的三山五苑（万寿山、西山、玉泉山、圆明园、长春园、万春园、静明园、清漪园）景区。此外，在北京城内外，散置有大量的寺观庙宇、府第衙署，大多是形体高大、造型精美的建筑群，为北京城增添了丰富的色彩。

■**北京紫禁城**　北京紫禁城又称北京故宫，是中国明清两代的皇宫，南北长961米，东西长753米，外绕52米宽的护城河。四面各开一门，上建城楼，四角建角楼。宫内布局采用严格的轴线对称手法，其轴线与北京城轴线相重合。宫内主要建筑依南北轴线分为前朝、后寝和御花园三大部分。南门午门是宫城正门，俗称五凤楼，平面凹形，形似宫阙，高大的城

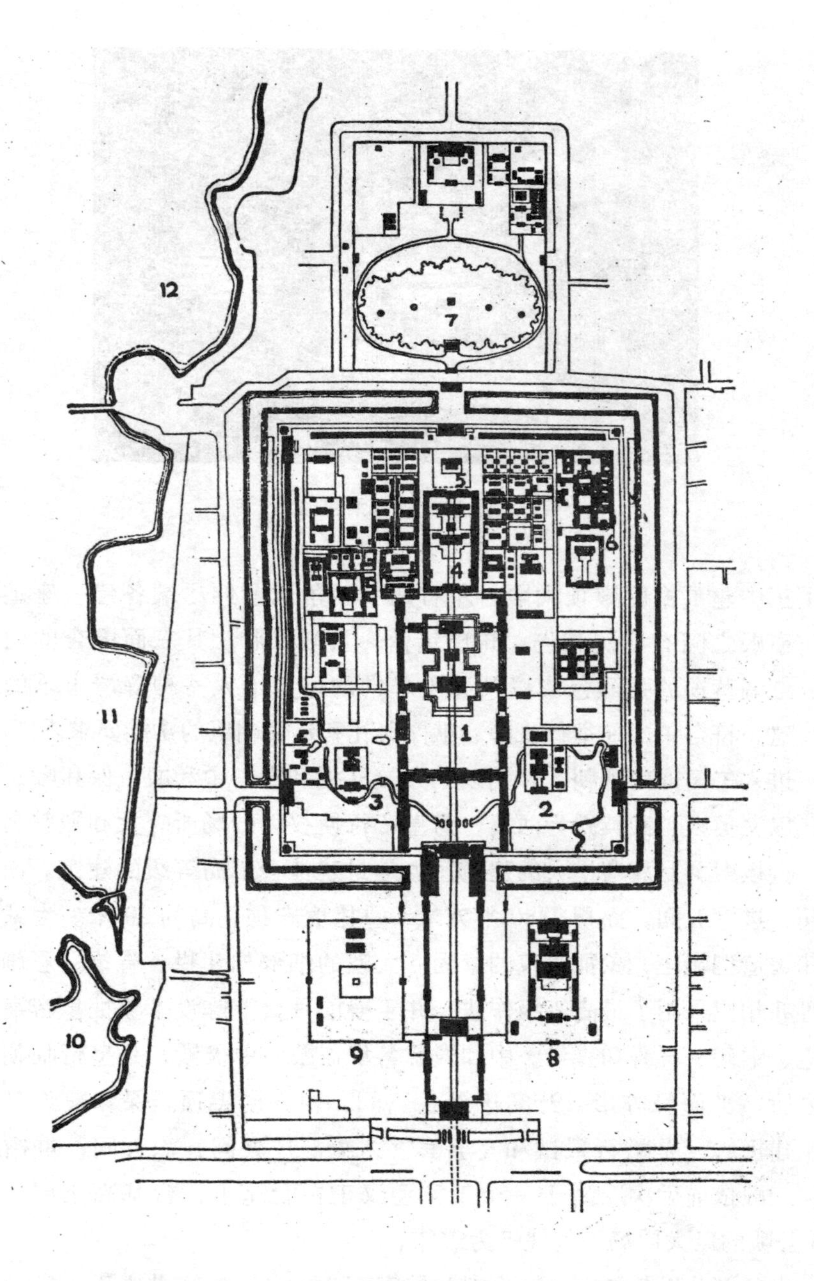

1 太和殿 2 文华殿 3 武英殿 4 乾清宫 5 钦安殿 6 皇极殿、养心殿、乾隆花园
7 景山 8 太庙 9 社稷坛 10 南海 11 中海 12 北海

图 11 北京故宫平面

图 12　故宫太和殿

台上正中建重檐庑殿顶大殿，左右凹字转角及前伸尽端各建一座重檐方亭，亭殿之间有廊庑相连，轮廓错落，巍峨雄壮。其三面围合的内聚空间、红墙黄顶的强烈色彩以及异乎寻常的体量给人一种森严肃杀的威严感，这正符合午门前举行班师、献俘典礼和廷仗朝臣的功能要求。

进入午门即为外朝，外朝以三大殿（太和殿、中和殿、保和殿）为中心，以文英殿、武英殿为两翼，为皇帝行使权力的场所。太和殿曾名奉天殿、金极殿，是故宫最大的建筑，也是封建社会最高等级的建筑。面阔十一间，进深五间，面积 2380 平方米，重檐庑殿顶，高约 30 米。大殿体量宏伟，造型端庄，象征皇权的稳固。大殿的细部如斗拱、脊饰、彩画、石雕等亦相应采用了最高等级作法，并于殿前月台上陈设了象征皇帝身份的铜龟、铜鹤、日晷和嘉量。中和殿曾名华盖殿、中极殿，是皇帝临朝前休憩之所。平面呈方形，开间进深各三间，四方攒尖顶。保和殿曾名谨身殿、建极殿，是举行殿试和宴会宾客之处。广九间，深五间，重檐歇山顶。三殿依前后次序坐于一个工字型汉玉白台基上，台基高三层，前临 3.6 公顷的巨大广场，气魄极为宏伟。

内廷部分以乾清宫、交泰殿和坤宁宫为主，三殿亦共立于工字形台基之上，其中乾、坤二宫均面阔九间，重檐庑殿顶，为内廷正殿和正寝，交泰殿面阔三间，单槽攒尖顶。

此外，故宫内的重要建筑还有皇帝听学的文华殿、斋居的英武殿、嫔妃居住的东西六宫、乾隆居住的宁寿宫、皇太后居住的慈宁宫和皇帝办理政务的养心殿等。内廷后面的御花园是现存皇家园林的重要范例，宁寿宫西侧的乾隆花园则是故宫中著名的小型皇家园林。

■故宫的建筑艺术成就 故宫的建筑艺术成就主要表现在外部空间组织和建筑形体的处理上，其中用院落空间的大小、方向、开合和形状的对比变化来烘托与渲染气氛是其最显著的特点。由大清门到天安门用千步廊构成纵深向狭长庭院，至天安门前则展为横向的广场，对比十分强烈，气氛由平和转而激昂，突出了天安门的宏伟。天安门至端门的方形广场狭小而封闭，为过渡性空间，经此至凹字形的午门广场，广场前的庭院用低矮的廊庑形成狭长的空间，产生了强烈的导向性，同时廊庑平缓的轮廓又反衬了午门形体的高大威严。太和门广场呈横向长方形，是太和殿广场的前奏，起着渲染作用。太和殿广场形状略近方形，面积约 3 万平方米，周绕廊庑，四角建崇楼，气氛庄重，体现了天子的威严和皇权的神圣。至乾清门广场，空间体量骤减，寓含空间性质的变化，由此进入内廷区，空间紧凑，气氛宁和。至御花园则又转为半自由式园林空间，从而气氛变为自由幽静闲适。这种变化丰富、节奏起伏、首尾呼应的空间有机组合，不愧为空间艺术的光辉典范。

在建筑形体上，故宫建筑采用了形式相近、色彩相同的处理手法，以造成统一、和谐、完整的环境效果。主要是通过间数和屋顶形式，以及细部装修等级差别，强化轴线，主从分明，在统一中求得变化。在用色上，建筑台基栏杆是白色的，琉璃屋顶是黄色的，墙和柱子是红色的，大面积原色的对比使庞大的建筑群更具艺术感染力。

第三节　生死轮环——陵寝与墓葬

人终有一死，这是任何人都无法抗拒的自然规律。在君权至上的封建社会，身为天下至尊的封建皇帝，莫不企望长生不老；当死亡来临时，又无不希求在来世延续他们在现世中的生活。故而这些封建皇帝凭借手中掌握的皇权和财富，一方面寻求长生不老药，以求延年益寿，长命百岁；另一方面选择风水宝地，投入大量的人力、物力、财力去营建"事死如事生"的"万年寿域"——皇陵，希求将他们生前所能享用的人世间一切荣华富贵带到来世或另一个世界中继续享用。

在中国古代，人们对死者寄托哀思的主要方式是厚葬。尤其是在社会政治、经济和文化相对发达的朝代，不但厚葬的形式多种多样，而且规模亦极其宏大。生死一体化的观念是中国古代丧葬制度得以延续发展的主要原因。古代帝王的生死往往关系到一朝一代的更迭盛衰和国家社稷的危安成败。而作为中国古代帝王"万年寿域"的陵寝建筑及其制度，是与中国古代帝王及君主专制制度相伴随而出现的产物，是当时社会政治、经济和文化艺术成就的重要组成部分，是中国古代丧葬文化的代表和集中体现，从一个侧面反映了朝代的兴衰。

（一）视死如生

■灵魂不灭与祖先崇拜　中国是一个崇尚祭祀祖先的民族和国家。早在远古时代，人们即相信有灵魂的存在。人们当时不能了解自身的生理机能，也难以理解梦中的场景，于是认为思维与身体是相互分离的，身体只是暂时的载体，灵魂才是人的本质。人活着的时候，灵魂与人是合为一体的，人死之后，灵魂便离开人体。灵魂也不会随着人的死亡而消失，而会永远不灭。既然人死之后灵魂不灭，那么他的灵魂一定会与他生前的亲人保持的联系，所以对死去先人的缅怀变成了顺理成章的事。在原始氏族社会，一些氏族首领由于出众的才干而使氏族发展壮大，他们往往被认为是有神的相助，他们的灵魂也被加上了神的色彩。他们死后，其灵魂被更加神化夸大。既然是神的化身，这些先祖便被更多的人所崇拜，其本领和神通、生平和业绩也在更大范围内传播，成为神话中的先祖，如中国历史的伏羲、皇帝、炎帝、大禹等，至今仍有多处祭祀这些先帝的陵墓和坟冢。神话传说强化了人们对祖先的敬仰之情，进而上升到崇拜。人们对待先人像他们活着时候一样祈祷，设法满足死者在另一世界的生活安宁。同时，人们祭祀祖先，祈求祖先的福佑，希望能够帮助活着的人。

■孝道观念与尊卑礼法　儒家学说重视伦理道德教育，提倡忠孝之道。自汉武帝“罢黜百家，独尊儒术”以来，儒家学说成为中国主导的学术思想，两千多年以来对中国社会产生了深远影响。由于灵魂不灭思想的存在，使得人们相信另外一个世界的存在。为了让死者在另一个世界生活好，人们又想出种种办法，以人世间的方式去纪念先人，以尽孝道。儒家学说强调孝道，认为躬行孝道的人不会犯上作乱。长辈无论生前死后，都应该尽孝，视死如生。孝道观念使得视死如生的礼数更为隆重，并出现了一系列的社会习俗。汉代以来，儒家孝道观念深入人心，使得厚葬风气盛行。孝道观念使得厚葬做法长期在中国封建社会占据主导地位，子女若不厚葬父母，便是不孝。有时候，对丧葬的重视程度甚至超过了现实生活，成为人生头等大事，可见孝道对丧葬的影响之大。

厚葬若不加规制必然会对现实的社会经济造成很大的浪费，如西汉就以每年全国税收的三分之一用于修帝陵，已是一笔很大的支出。为了维护现实社会的良好运行和统治阶级的地位，历代对丧葬制度都有严格的等级规定。依据死者生前的官职地位制定等级标准，从而维护另一个世界的尊卑礼法。比如唐代对各品官员以及庶民的墓地范围、坟丘高度都作了规定，至清代更为完善，墓地范围、坟丘高度、围墙周长、陵园建筑、神道石像生、墓碑以及墓室建筑、陪葬、随葬都做了细致的规定。显然，在人们看来，另一个世界的社会制度和现实世界是相同的，这是视死如生的又一体现。孝道观念与等级制度共同制约着丧葬活动，也是视死如生观念在现实生活中的直接映射。

生死是人类艺术的一个永恒主题。古代中国人对生死的看法直接表现在皇家的陵寝建筑上，皇帝集一国之力建造规模庞大的墓冢和建筑群，随葬华贵的生活用品。自战国时期开始，墓室上逐渐出现封土为方上的做法，至秦汉时期，墓葬封土已然成为普遍采用的方式。帝王的方上更是高大宏伟，形同山岳，因之被称为陵墓。唐以后又因山为陵，延续至明清的帝陵，创造了天地人和谐相济的环境。

（二）秦汉陵寝

在夏商周三代以前，墓葬尚未得到人们特别的重视，文献中的记载也极少，遗址中只发现了少数的石棚、积石冢。然自殷商时期起，开始出现大量墓葬，其中较高级的墓葬使用了棺椁，并于地面之上建造用于举行祭奠的享堂，但尚未在地上起坟。自战国时期开始，墓室上逐渐出现封土为方上的做法，至秦汉时期，墓葬封土已然成为普遍采用的方式。帝王的方上更是高大宏伟，形同山岳，因之被称为陵墓。

西汉的帝陵承继了秦制，其位置在陕西西安与咸阳，分布于渭水南北，包括惠帝安陵、文帝霸陵、景帝阳陵、昭帝平陵、元帝渭陵、成帝延陵、平帝康陵、哀帝义陵等八组帝后陵园、陵邑及其陪葬墓、从墓坑等。除霸陵因山为陵外，西汉陵寝中的帝后各陵均有高大的覆斗形封土，底部方形或近方形，称为“方上”。陵园为方形或近方形，四面各辟一门，门前有阙。在方上的平顶上一般建有享堂，陵侧建有祭祀死者的庙宇，布局规整严谨。

■秦始皇陵 是早期帝王陵墓的代表，位于西安临潼城东 5 公里处，距西安 30 公里，南枕骊山，北望渭河。据《史记》记载：秦始皇 13 岁即位（前 247 年）就开始建造自己的陵园，到死时（前 210 年）前后修筑达 37 年之久，为造秦陵，征集的所谓罪人达 70 余万之众。

整个陵园占地“九顷十八亩”（合 56.25 平方公里），据传是取“久久”之意，规模宏大，气势雄伟。陵园的地形呈南北长东西窄之矩形，地势南高北低，但陵墓之主轴线为东西向。周绕两重陵垣，内垣方形，东、南、西三面各一门，北面开二门。外垣长方形，每面各辟一门，南、北二门位于陵墓纵向中轴线上，主要陵门位于东侧。陵园官衙吏舍则置于内垣北部及西侧内外垣之间。外垣以外，另有王室陪葬墓、兵马俑坑、马坑、珍禽异兽坑、跽座俑坑，以及窑址、建材加工与储放场、刑徒墓地等。陵垣均由夯土构筑而成，基宽约 8 米，陵园四隅建有角楼，陵门各置门阙。

在内垣南部中央，坐落着四方锥形的陵墓，陵体呈三层方锥台级状，全部为人工夯土筑成。沿着台阶可登上陵顶，顶部平坦，曾发现有瓦当及燃烧过的木料和土碴，可能上面曾建有享堂，类似殷墟和辉县固围村战国墓上所见。始皇陵的地面建筑是仿咸阳宫而建造的，故规模极大，有寝殿、便殿、回廊、阙门及内外城等。现地面建筑全已无存，仅残存大量秦砖、秦瓦、地下排水管道等建筑构件。在陵墓的东、西、北三面有通向墓室的墓道。据《史记》记载，始皇陵的地下建筑也同样宏伟富丽，墓中建有宫殿及文武百官的位次；为防盗墓，墓内设有弩机暗器，并于地下又灌注水银造型似江河、大海，以机械转动川流不息；又用鱼油膏做成蜡烛，点燃长明，久不熄灭。始皇死后入墓，秦二世下令，凡先帝宫内无子女的宫女以及修建陵墓的工匠，全部殉葬，使墓内建筑布局和构造成为沉睡于地下的千古之谜。

■秦兵马俑　1974 年春在秦陵周围发现秦兵马俑坑，先后发掘了三处。一号坑东西长 230 米，宽 62 米，深 5 米，面积 14620 平方米，分长廊和 11 条过洞。在发掘的 96 平方米范围内，出土武士俑 500 多个，战车 4 辆，马 24 匹，估计全部坑内埋葬有兵马俑 6000 多具，列为纵队和方阵。二号坑的面积达 6000 平方米，呈曲尺形，由骑兵、战车、步卒、射手混编而成，有兵马俑 1000 余件，还配备有各种实战的武器。三号坑面积 500 多平方米，平面呈凹字形，内有战车一乘，卫士俑 68 个，似为军旅中的统帅机构，也配备了大批的武器。秦兵马俑皆仿真人、真马制成。武士俑高约 1. 8 米，面目各异，神态威严，从服饰、甲胄和排列位置可以分出不同的身份，有将军、军吏、材官、射士、骁士、伍卒等，形象地再现了秦始皇威震四海、统一六国时的雄伟军容。出土的武器多为经过铬处理的青铜制品，至今寒光闪闪，锋利如新。此外，在秦始皇陵旁的车马坑中还出土有两组铜车马俑，每辆车配备有四匹马，并有驭手，车和马雕镂精致，鎏金错银，金碧辉煌。

■茂陵　汉武帝刘彻的茂陵在西汉帝陵中规模最大。该陵位于今兴平县城东 15 公里处南位乡茂陵村，距西安约 40 公里，始建于武帝建元二年（前 139 年）。陵园呈方形，东西墙垣 430. 87 米，南北墙垣 414. 87 米，城基宽 5. 8 米。当时陵园有许多殿堂、房屋等建筑，仅陵园管理人员就达 5000 人。茂陵陵体系夯土筑成，形似覆斗，庄严稳重。现存墓冢边长 240 米，陵高 46. 5 米，高大宏伟。据记载，茂陵陪葬的珍宝在汉帝陵中也是最多的，“多藏金钱财物、鸟兽鱼鳖、牛马虎豹、生禽凡百九十物，尽瘗藏之。”相传武帝身穿的金缕玉衣、玉箱、玉杖和武帝生前所读的杂经 30 余卷，盛于金箱，也一并埋入。由于陪葬品多，许多物品放不进墓，只好放入陵园内，以致西汉末年农民起义打开茂陵园羡门，成千上万的农民涌入陵园搬取陪葬物，搬了几十天，园中物品还“不能减半”。1981 年在茂陵东侧出土 200 多件珍贵文物，其中鎏金铜马、鎏金鎏银竹节熏炉均为稀世珍品。

茂陵周围有李夫人、卫青、霍去病等陪葬墓，其中霍去病墓石刻是这一时期著名的雕刻艺术品。霍去病为西汉时期著名的军事将领，18 岁随卫青出征攻打匈奴，20 岁被汉武帝封为大司马骠骑将军，先后 6 次出击匈奴，屡建奇功，公元前 117 年病死，时仅 24 岁。为了纪念这位青年将军的赫赫功勋，汉武帝特为他举行了隆重的葬礼，并在寿陵旁为他修建了象征祁连山的墓冢，命工匠雕刻了各种巨型石人、石兽作为墓地装饰。这些大型石刻有马踏匈奴、卧马、跃马、石人、伏虎、卧象、卧牛、人抱熊、怪兽吞羊、野猪、鱼等 15 件，题材新颖，生动逼真，雕刻简练浓厚，其中尤以马踏匈奴最为有名，体现了汉初沉雄、博大的时代精神和艺术风格。

（三）唐宋陵寝

继秦汉以后，唐代掀起了中国第二次陵墓建设高潮。包括武则天在内，唐朝共二十一帝，除昭宗、哀宗葬在河南、山东外，唐代其他的帝王陵墓都在关中渭北盆地北缘与高塬交界处，号称“关中十八陵”（其中武氏与高宗合葬）。它们自西而东绵延 100 余公里，排列成以长安为中心的扇形。加上王侯贵戚的墓，形成了一个庞大的陵区。

隋唐初期，帝陵沿袭北朝制度，隋文帝太陵、唐高宗献陵以及崇陵、端陵因建于平原地带，仍是采用平地深葬制度，以覆斗形土冢起“方上”。然自唐太宗起，借鉴魏晋南朝流行的“阴葬不起坟”的做法并予以发展，称为“不封不树”“依山为陵”。这些唐代的帝陵以层峦起伏的北山为背景，南面横亘广阔的关中平原，与终南、太白诸山遥遥相对，渭水远横于前，泾水萦绕其间，近则浅沟深壑，前面一带平川，黍苗离离，广原寂寂，更衬出陵山的伟岸。

北宋陵寝沿袭唐代制度，但改变了汉唐预先营建寿陵的制度，皇帝的陵寝要等待死后才开始建造。由于时间短促，每一座陵园的规模气势已远不如唐代。与汉唐散点选址不同，北宋出现了统一规划的陵区，这对以后各代帝王陵的建置产生了重要的影响。从宋太祖父亲的永安陵起，至哲宗的永泰陵止，共计八陵，均集中建造在河南巩县境内洛河南岸的邙岭山麓，即今天的回郭镇、芝田、孝义、西村一带的台地上，形成了一个庞大的陵区，这一作法后来为明清所继承。陵区南北长约15公里，东西宽约10公里，北宋的九帝除徽、钦二帝被金劫掠、死于漠北以外，其余的七帝都葬在此地。乾德元年（963年），宋太祖赵匡胤父亲的陵墓从汴梁迁到此处，陵区内共有七帝八陵：宋宣祖永安陵、太祖永昌陵、太宗永熙陵、真宗永定陵、仁宗永昭陵、英宗永厚陵、神宗永裕陵、哲宗永泰陵。诸帝陵四周附葬有后妃墓，共计21座。此外还有陪葬的宗室及王公大臣，如寇准、包拯等的墓葬，总计三百多座，形成了一个庞大的陵墓群。

■唐代帝陵制 唐代帝陵的陵域内分为陵墓和寝宫两部分。陵即坟墓，有隧道通至墓室，称“玄宫”，是埋尸骨之处。陵外有两重墙，内重墙包在陵丘或山峰四周，一般围成方形，每面开一门。正门朱雀门内建献殿，用于举行大祭典礼，殿后即为陵丘。朱雀门是陵墓的第三道门，由此向南辟三四公里的御道，即古之“神道”。神道最南面为第一道门，在第一、二道门之间的广大范围分布众多的陪葬墓。在陵墓的西南方约五里设寝宫，又称下宫，一般为一组宫殿，按主人宫室之制建有朝和寝，各有回廊环绕。宫门称神门，门外列戟。从陵制的总体布局上不难看出，其中蕴含的规划思想与长安城的规划思想如出一辙，整个陵区相当于郭城，陪葬墓在“里坊”区；由二道门向北的陵区相当于皇城，石人和石兽则象征为帝王出行时的仪仗；朱雀门内的“内城”相当于宫城。陵园设计也同都城一样，渗透着严格的礼制思想，一切为了突出皇权的尊严。

唐代贵戚王侯的坟墓一般有封土，大致有两种形式，一为覆斗形，一为圆冢。覆斗形墓的墓主地位较高，如太子或开国重臣。圆冢者地位较低，墓主是低一级的宗室王公贵戚和大臣，一般没有围墙和石刻。从已发掘的几座大型唐墓如懿德、永泰、章怀及韦洞墓看来，无论是覆斗冢或圆冢，地下部分的形制相同。墓道均南北向，由平地向北斜下，露天开挖，然后继续斜下穿过一串筒券顶的过洞，过洞之间有二至七个“天井”。墓道、过洞、天井、甬道和墓室等表面全为砖砌，在壁面和顶部绘有壁画，题材是建筑、人物、龙、天体和装饰图案。石椁上也有精美的线刻人物和图案。墓室的设计构思实得自生人的住所，最前面的第一过洞相当于宫院或邸宅的大门，诸多的“天井”像是重重院落，前后两座墓室便是前堂后

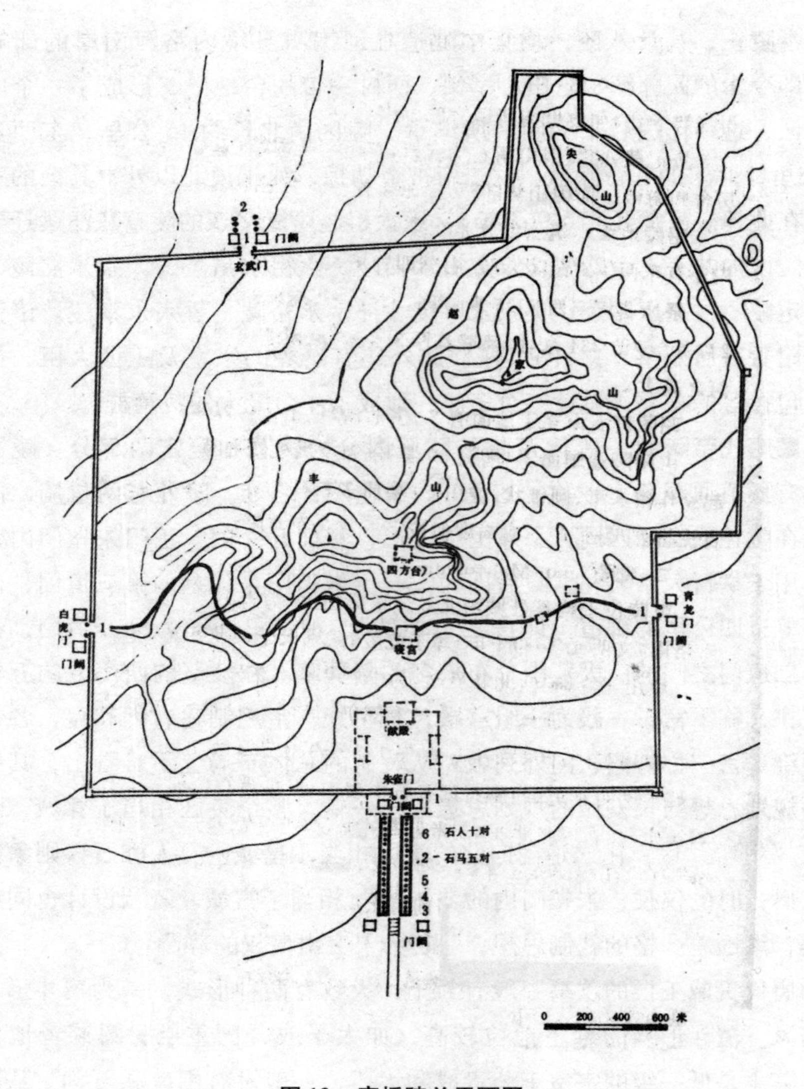

图 13　唐桥陵总平面图

寝的象征了。

■唐昭陵　唐太宗李世民（599—649 年）在位 23 年，649 年病死，葬于陕西礼泉县东北 22.5 公里的九嵕山之昭陵。九嵕山海拔 1188 米，“山峦起伏，气势雄伟”，为“关内道之名山”。该山“九峰俱峻”，颇为神奇，从南面观之，形似圆锥；从西南望之，形若覆斗；从东面看之，形同笔架，当地人称之为“笔架山”。因山为陵的做法在西汉已有个别出现，如渭南霸陵“因山为藏，不复起坟”，但在唐代则初创于唐太宗昭陵，史载“志存俭约”“不烦费人工”“足容一棺而已”。实际上仍有体量高大的坟丘，只不过都是利用自然孤山穿石成坟，其气势磅礴，较之人工起坟，甚或过之，而穿石成坟所费的人工，并无“俭约”可言。李世民的陵墓凿山而建，在山峰底部建地下宫殿，连同陪葬墓在内，绵亘数十里，气势宏大，蔚为壮观。

昭陵陵区面积2万公顷，周长60公里，由唐代著名的建筑家闫立德设计并监造。自贞观十年（636年）到贞观二十三年（649年），前后用了13年时间建成。陵园建筑以寝宫为中心，四周环绕城垣，四隅修建楼阁。主要建筑群有三组，北为祭坛，是祭祀活动的场所，南有献殿、朱雀门，西南建下宫，俗称“皇城”。在皇城祭坛附近设置有阿史那杜尔等十四君长石刻像，以及“昭陵六骏”石刻像。皇城之外的山南部分平原地带约20平方公里的扇形地区，为唐代称作“柏城”的昭陵陵园。据史籍记载，建昭陵时，从九嵕山南面的山腰深凿75丈为玄宫。墓道前后有五座石门。地宫之内富丽堂皇，豪华至极，比同人间宫殿。

■唐乾陵　在陕西乾县城北6公里外有一座梁山，山有三峰，北峰最高，海拔1047.9米，唐高宗李治和女皇帝武则天的合葬墓乾陵就在此峰中。墓因山为陵，气势雄伟壮观，在有唐一代十八陵中艺术成就最高。

梁山南面两峰较低，呈东西对峙之势，中间夹着司马道，故而这两峰取名叫“乳峰”。从乾陵头道门踏上石阶路，计537级台阶，其台阶高差为81.68米。走完台阶即是一条平宽的道路直到“唐高宗陵墓”碑，这条道路便是“司马道”。两旁现有华表1对，翼马、鸵鸟各1对，石马5对，翁仲10对，石碑2道。东为无字碑，西为述圣记碑。有王宾像61尊，石狮1对，其周围还有17座陪葬墓“唐高宗陵墓”墓碑，高2米，是武后为高宗所立，原碑已毁，现在这块碑是清乾隆年间重建的。此碑右前侧另一块墓碑，郭沫若题写了“唐高宗李治与则天皇帝之墓”12个大字。述圣记碑，俗称“七节碑”，是武后为高宗立的记功碑。碑高6.3米，宽1.86米，顶上一级为庑殿式顶盖，中间五节为碑身，下面镌刻着各种兽纹的是基座。碑身五节刻有8000余字，由武后撰文述记高宗的功绩，由唐中宗李显书写。时至今日，经千余年风雨剥蚀，现在除一、二、四面尚能见到一些残存的部分，第三面已渺无一字。无字碑，即碑上无一字。据说武后曾有遗言："自己的功劳让后人去作评。"故此碑未刻一字。武后不为自己立传，千秋功罪自有后人评说。如今发现碑上刻有不少的文字，那是自宋金以后为后人所作。唐高宗李治与女皇武则天两个皇帝合葬在一起，这在中国历史上尚属首例，在世界历史上也属罕见。

■宋代陵制 宋陵选址的观念和意识与汉唐陵墓不同。汉唐帝陵或居高临下，或依山傍水，而宋陵则是面朝嵩山，背向洛水，陵台建于低洼之地，这与当时的风水堪舆学说的影响有很大关系。北宋陵寝明显根据风水观念选择地形，由于当时盛行"五音姓利"的说法，赵属"角"音，陵址须"东南地穹，西北地垂，东南有山，西北无山"，才合制度，因此各陵地形均东南高、西北低，一反前代建筑群由低至高并将主体置于最显赫位置的传统做法。此外，诸陵的朝向都向南微有偏度，以嵩山少室山为屏障，以陵区前的两个次峰为门阙。

陵区的诸陵各占一定的地域，称为"兆域"，其内布置作为陵墓主体的上宫和供奉帝后遗容、遗物及守陵祭祀用的下宫。按风水之说，下宫被设计在上宫西北，加之帝陵与后陵多成双布置，而后陵又位于帝陵西北，因此整个陵区的空间组合有一种内在的秩序。上宫大体因袭唐制，区别是不依山起坟，各陵的建制、布局基本相同，每一陵园占地120亩。中央即为截锥状的方上陵台，其地下深处为地宫。四周筑以夯土围墙，四面的正中开辟有一个神门，四角建有角阙。陵台由夯土筑成，呈覆斗形，台南设置有石雕宫人一对。上宫南神门外是主入口的导引部分，最南为双阙状的鹊台，为正入口，其北是乳台，亦为双阙形式，乳台北侧立华表（望柱）和石像生，自南至北依次为：象及驯象童、瑞禽、角端、仗马及控马官、虎、羊、外国使臣、武官、文官、武士，入南神门又有宫女两对。这种布置的本意似为大都仪仗的象征，并糅杂以祥瑞、祛邪的内容。陵区内各陵制度相同，石刻内容及排列方式亦一律不变，只是尺度略有差别。

与唐陵相比，宋陵的单体制度改进不大，主要是在规模和尺度上作了较大的缩减。作为宋陵代表的永昭陵，由鹊台至北神门，南北轴线长551米，神墙长242米，陵台底边方56米、高13米，这个尺度只相当于唐乾陵陪葬墓永泰公主墓的尺度。这自然可视为君权式微、国力衰竭所致，但同时也暗示着宋人对墓葬观念的变化，即由崇高的个体形象创造向统一的群体空间环境创造的过渡。这种由各组陵墓组合而成的陵区所产生的氛围与前代以个体陵墓的高大体量所造成的印象不同，生发出一种更趋宁和、肃穆的感染力。当年宋陵各神道两侧柏树成行，陵区四周密植柏林，即便陵台上也遍植柏树，整个陵区内木冠相连，一片苍翠，尤其突出了陵区空间环境凝重、肃寂的性格。

■西夏王陵 在辽、金、元帝王陵墓中，西夏陵寝最具特点，艺术成就也最高。西夏的历代帝王陵墓位于银川市西约30公里的贺兰山东麓，南起贺兰山榆树沟，北迄泉齐沟，东至西干渠，西抵贺兰山脚下。东西宽5公里，南北长10公里，总面积近50平方公里。陵区内现存帝陵9座，包括裕陵、嘉陵、泰陵、安陵、献陵、显陵、寿陵、庄陵、康陵等，规模与北京明十三陵相当，陪葬墓207座。这些帝陵均坐北面南，从南到北，按左昭右穆排列。西夏从开国皇帝李元昊起共传10帝，加上李元昊追谥的其父德明、其祖父继迁，应为12帝。现存只有9座帝陵，后3位皇帝即神宗遵顼、献宗德旺、末主晛均无陵墓，史载也无陵号。这可能是因为当时西夏在蒙古军强大的攻势下，已岌岌可危，再也无暇修建陵墓了。

每座西夏帝陵都各自成为一个独立的完整建筑群，占地约10万平方米。陵园平面总体布局呈纵向长方形，以南北中线为轴，方向朝南偏东。每个陵园地面建筑均由角楼、门阙、碑亭内城、献殿、塔状灵台、神墙等建筑组成，呈左右对称的格式排列。门阙在陵园的最前面，左右对称，既象征宫殿巍峨森严的宫门，也是整个陵园建筑的序幕。四座角楼，分别布列在陵园的四角。碑亭处于门阙北面的左右两侧，是陈放颂扬帝王文德武功的石碑所在，碑文以西夏文和汉文两种文字镌刻。碑亭以北为月城，城郭中间有御道，左右原来陈列着文臣武士和各种神兽的石像生群。内城的南墙正中辟门，上面有高大的门楼。进入内城，迎面为献殿，是向先祖祭奠的地方。内城以神墙环绕，构成一个四面开门的庭院，高大的七层塔状灵台耸立在内城最里面。西夏陵园既参照了唐代帝陵的基本特点，又仿效了宋代帝陵的一些建筑布局格式，同时又有西夏独特的建筑风格。

（四）明清陵寝

■明代陵制特点 明代在建国之初，全面继承和恢复了一系列古代仪礼制度。在陵寝制度方面，沿袭了因山为陵、帝后同陵和集诸陵于统一兆域的做法，同时又改革了某些旧的制度，使明代陵寝规制在前代的基础上产生了变化，呈现出自己的鲜明特点。这种变化发端于明皇陵与明祖陵，形成于明孝陵。明代陵寝制度的最大变化在于将唐宋两代陵寝制度中的上下二宫合为一体，一改过去那种以陵体居中、四向出门的方形布局，确立了以祾恩殿（享殿）为中心的长方形陵区布局；其次在于创立了以方城明楼为主体建筑的宝城制度，并改方形陵体为圆形陵体；另外诸陵合用一条公共神道，也是北京十三陵的与众不同之处。唐宋时期的陵区分设上下二宫，上宫即陵体与献殿所在的区域，下宫即是以寝殿为主体建筑的寝宫。献殿为一年数次享献大礼的场所，寝殿则有守陵宫人每日上食洒扫。除了日常的供奉祭食活动以外，皇家各种祭享活动也在下宫寝殿进行。至明代，在陵寝祭祀活动中革除宫人守陵及日常供奉的内容，保留并加强了陵寝祭祀活动中“礼”的成分，将上下二宫合并，集上宫献殿与下宫寝殿之功能于祾恩殿一身。上下二宫合并所带来的变化，即是明帝陵以祾恩殿居中、陵体居后的长方形平面的布局。明代陵寝规制的变化，从形式上看，只是对陵寝制度中诸元素的取舍和重新组合，然而从本质上看，这种变化表明了封建社会的陵寝祭祀中远古“灵魂”崇拜观念的逐步淡化与礼制观念的不断加强。

明代陵寝建筑改变了以往帝王陵寝规制中突出表现高大陵体的手法，转而注重建筑与山水的协调相称。在“如屏、如几、如拱、如卫”的陵地环境中，建筑虽是中心，是主体，却又掩映在群山之中，相互交融，相互映衬。在陵园建筑的布局手法上，则充分利用地形，在长长的神道轴线上，依次设置了坊、门、亭、柱、（石象生）、桥等建筑物，依自然山势缓缓增高，逐步引导到享殿、宝城，把纪念性的气氛推向高潮，创造出一种流动的、有韵律的美感。在每座陵区的建筑布局与空间处理上，以享殿为主体建筑的祭祀区突出于陵区前部，轴线分明、排列有序的建筑群给人以封建礼制的秩序感。高耸的明楼和巨大的宝城突起于整个陵区建筑之上，点明了陵区主人的显赫地位与身份，似乎以其象征封建帝业的“永垂万世”。宝顶上遍植林木，给寂静、肃穆的山陵增添了许多生机。

■明十三陵 位于北京昌平的天寿山南麓，为 15 世纪初至 16 世纪中叶建造的明代十三个皇帝的陵墓。陵区的东、西、北三面环山，当中为盆地，面积约 40 平方公里，朝宗河经过此地东去。十三座陵墓各背依青山，分布在翠绿的山峦中，其中以永乐皇帝朱棣的长陵规模最大，位在天寿山主峰下，是陵墓群的中心，左有景、永、德三陵；右有献、庆、裕、茂、泰、康六陵；其西南方尚有定、昭、悼三陵，各陵相距一至三华里。

明十三陵在选址和布局上受到古代礼制和风水观的影响，反映了中国人对自然、山水的认识和把握。设在南面的陵区入口即为袋形山谷的山口，此处安排有一个五开间石牌坊，在从石牌坊至长陵约七公里的神道上排布了一系列纪念性建筑和雕像，神道分出支路通向其他各陵。石牌坊中轴线与大红门和远处天寿山主峰相贯，其当心间框出金字形山峰的景色，山峦和牌坊构成一幅对称图案，开始即给人以肃穆的气氛。石牌坊为嘉靖十九年（1540 年）所建，是“五间六柱十一楼”汉白玉石刻牌坊，其上雕刻十分精美，且有阴刻彩画图形，初建时曾施彩绘，是现存体量最大的石牌坊。

石牌坊北面的大红门坐落在龙、虎两座小山之间隆起的横脊上，是园区正门，单檐歇山顶，开有三个券洞。透过中间拱洞可北望远山衬托下的碑亭，大红门左右原有陵垣围护陵区。碑亭为重檐歇山顶古亭，建于宣德十年（1435 年），其四角矗立四个华表，浮雕盘龙于柱身，碑亭建筑整体给人以气势雄浑的印象。自碑亭沿神道北行，路边有 18 对人物和动物雕像，即石象生，亦为宣德十年（1435 年）所刻。石象生末端建有龙凤门，作为陵墓前区的终点。

龙凤门北去九至十公里，神道直抵长陵，红墙黄瓦的方城明楼和祾恩殿在绿树丛生的山峰衬托下光彩夺目。长陵建成于永乐十一年（1413 年），为典型的明代皇陵。陵园内由南至北依次排列着祾恩殿、明楼和宝顶等主要部分，采用严格的轴线对称布局。祾恩殿，是为祭殿，布置在第二进院子中央，面阔九间，进深六间，重檐庑殿屋顶，建在三层汉白玉石基上，围有石栏，正前凸出月台。殿内柱子和檐柱合计有 62 根，皆为巨大楠木制成。建筑形式颇似紫禁城太和殿，为我国现存最大的木构单体建筑之一。祾恩殿后庭院北端为方城明楼，方城平面呈正方形，高约 15 米。正门中央有门洞，可由此登城。城上有明搂，正方形平面，重檐歇山顶，楼内立石碑。方城北与圆形坟丘相连，坟丘四周砌砖城墙，称作宝城，其下为地宫。明十三陵地宫均采用巨石发券、几个墓室相连的构筑方式。已发掘的定陵墓室由一主室与两配室组成，沿中轴线有前、中、后三主室，中室两边对称布置配室。

■清代陵制 清代陵寝制度是明代的继承和发展。清代皇帝登基后即派王公大臣和堪舆人员赴陵区或各处卜选万年吉地，观山峦来往，察水去留，最后选定落脉结穴的最佳场所，称为定穴，也就是棺椁埋藏的位置及陵寝布局的轴线走向。并此穴位做出文字说明及图样，谓之“说帖”，呈报皇帝批准，选址程序十分严肃、慎重。以风水角度而论，选址的要素可概括为龙、穴、砂、水、明堂、近案、远朝诸项内容，结合景观因素，取得与天地同构、天人共通、与大地山川永存常在、亿年安宅的理想与效果。在陵寝建筑的布局上，清代的西陵、东陵承继了明代的陵寝建筑思想和传统，更强调轴线感、对称感、尺度感，并运用了诸如对景、框景、转折、序列等等手法营造建筑景象，并使漫长的观景轴线产生张弛、动静的节奏感。比如在轴线景观设计中使轴线发生起伏曲折的变化，对景观的艺术效果起到了强化的作用。例如孝陵神道以影壁山为转折，使方向略有改变；景陵神道在通过碑亭、五孔桥后，沿弧形通路布置石象生；裕陵的龙凤门、右桥之后，以微弯的路通过碑亭，都是以曲折达到丰富景观的作用。泰陵神道碑亭正南250米处，培置了一个凸形起坡，于是在坡南、坡顶、坡底产生出不同的景观，这些都是补充轴线艺术的高妙手法。

■清东西陵 清东西陵的布局是效仿明十三陵，但也有自身的特点，如选址上在陵区南侧选择双峰为门阙，如东陵的象山、天台山，西陵的东西华盖山及九龙山、九凤山。地形地貌讲求水脉分流，堂局开阔，藏风聚景，树木葱郁，气候湿润，这些从清代各陵的选址上都可以得到验证。有了良好的自然环境，再与轴线感、对称感、尺度感极强的陵寝建筑相配合，形成天人合一、自然与人工浑然一体的环境氛围。山川成为建筑艺术空间的一部分，并产生纪念性，渲染了神圣、崇高、庄严、永恒的艺术效果。

陵寝建筑群的组织采用中轴线布置的手法，体现了“居中为尊”的传统观念。将典礼制度所需要的各种形式、规模的建筑以准确相宜的尺度和空间组织在一条轴线上，按照有序的安排，渐次展开富于视觉变化的建筑与空间意象。以清东陵中的孝陵为例，其序列分为七段：入口大红门及门前五间六柱十一楼石牌坊为一段，前以山为屏，以大红门为前景，纵览东陵全部山川形势，构成独立而开敞的景观；入门后的神功圣德碑及四隅华表柱为一段，北有影壁山，南有大红门，使纪念性、标志性建筑形象更为突出；影壁山北的石柱及十八对石象生群为一段，以北端龙凤门为底景，是雕刻艺术的天地，各对石刻立姿卧姿交替变化，表达拱卫、朝拜的构思；龙凤门北的单孔桥、七孔桥、五孔桥、三路三孔桥为一段，以神道为底景，突出桥涵、河渠的路径感，有欲张先弛的效果；碑亭及高台上的东西朝房、东西护班房、门为一段，构成建筑的空间感，取得渐入主景的序幕作用；隆恩殿院为一段，为仪式空间，气氛庄重，是主导全部典仪的建筑群体；琉璃花门、棂星门、石五供、方城明楼为一段，以宝城作为全局的终点，背依山峦，古木参天，构成祭享沉思的空间环境，形成祭奠思想的升华。通过这一长达六公里、大小数十座建筑、空间感觉各异的空间序列组织，最终完成了陵寝建筑空间与氛围的塑造，手法简练有效，空间安排较明十三陵更为紧凑。

（五）民国时期中山陵

中山陵位于江苏南京东郊钟山第二峰紫金山南麓。陵墓由著名建筑师吕彦直设计，从 1926 年 3 月 12 日开始兴建，1929 年年初竣工，同年 6 月 1 日孙中山先生遗体由北京迁移到此安葬。整个陵园面积有 3000 多公顷，主要建筑占地 8 万余平方米。1961 年对外开放。

中山陵是近代中国建筑师第一次规划设计大型建筑组群的主要作品，也是探讨民族形式中的一件较为成功的作品。当年为建造中山陵曾进行了专门的设计竞赛，悬奖征求方案的条例中有明确指定：“祭堂图案须采用中国式，而含有特殊与纪念之性质者，或根据中国建筑精神特创新格亦可。”参赛的四十多名中外建筑师，头三名均为中国建筑师所获，后选用了年轻建筑师吕彦直的头奖方案进行深入设计和建造。按照设计要求，中山陵的建筑形象应表现一种庄严的气氛和永垂不朽的精神。在创造这一形象的具体手法上，建筑师初步吸收了中国古代陵寝总体布局的特点，并在单体建筑中运用了稳重的构图、纯朴的色调和简洁的装饰细部等设计手法，基本上达到了上述要求。

陵园的总平面分墓道和陵墓主体两大部分，墓道的布置运用了石牌坊、陵门、碑亭等传统的组成要素和形制，用以创造序列感和庄严感，并为陵墓主体进行了合宜的铺垫。陵墓主体平面采用了象征性的钟字形，既寓意先行者鸣钟唤醒国人，又象征近代中国人民的觉悟。在抵达祭堂前，人们须先攀登设计者所着意布置的大石阶和平台，宽大的石阶自墓道尽端的石亭至祭堂，由缓而陡，次第升起，造成了崇高而肃穆的气氛，对瞻仰者的精神起到了纯化和提升的作用。在视觉效果上，这层层宽大的踏步把尺度有限的祭堂和其他附属建筑连接为一体，成功地塑造了陵园建筑庄严恢宏的整体气势。

祭堂是陵园的主体建筑，它的平面近于方形，四隅各凸出一个角室，正面辟三间前廊，背面接圆形墓，布局十分简洁。在造型设计上，角室用白石砌筑，构成凸于墙外的四个坚实的墩座，增加了祭堂的力量感；屋顶采用传统的歇山式，前廊复以披檐，屋面均选用深蓝色琉璃瓦铺挂，对比于石墙的素缟，衬以蓝天和翠柏，显得十分雅洁庄重。设计中建筑师似已考虑到了透视变形及仰视效果，故特别拔高了屋顶的竖向比例，使实际感觉恰到好处。祭堂内部是以黑色花岗石立柱和釉黑色大理石护墙来衬托中部孙中山的白石坐像，坐像上方复一穹顶，以马赛克镶嵌青天白日图案，地面用红色马赛克，寓意“满地红”。后壁正中以甬道通墓室，室中心凹下，围以白石栏杆，下置中山先生白石卧像，棺柩封藏于地下，卧像上方亦为穹顶，镶嵌青天白日。

中山陵采用了中国传统的依山俯瞰的陵墓建造方法，前临平原，背靠山岭，整个建筑依山势层层上升，布局严整，气势雄伟，令人感到崇高仰止。整个陵园在与环境的相互结合及依存关系上也颇具匠心，因山就势，高下呼应，既渲染了地形的天然屏障的特点，又突出了陵园色彩的性格特征。陵墓的正前方是半月形广场，南侧立着孙中山先生的全身铜像。从广场上台阶，是三阙的大石坊，正中刻有“博爱”二字。石坊后是长 480 米、宽 40 米的墓道。陵墓大门门额上镌刻着孙中山先生手书的“天下为公”四个字，再上为石建碑亭。再上有八段共 392 级石阶，石阶均采用苏州产的花岗石砌成。石阶尽头处是一个平台，其正中是祭堂，祭堂的三个拱门门额上分别书刻“民族”“民权”“民生”。祭堂内部显得十分肃穆庄严：祭堂正中是五米高的孙中山先生白色大理石坐像，仪态逼真；坐像石座四周刻有六块浮雕，描绘了孙先生的革命历程；祭堂四壁的黑色大理石上刻着孙中山先生手书遗著《建国大纲》全文。祭堂后面为墓室，墓室有两重门，分别写着“浩气长存”和“孙中山之墓”刻文。室中是深五米、直径四米的圆形大理石墓穴，孙中山先生的灵柩就安放在这里；用大理石雕成的孙中山先生卧像覆盖于灵柩上，显得十分安详。

图 14　中山陵

第四节　礼制尊严——神庙与祭坛

中国古代信奉万物有灵的观念，自然界中大至天地日月山川河海，小至五谷牛马沟路仓灶，都有神灵司之于冥冥之中。人是万物之灵，圣贤英雄仁义之士死后奉之为神也是顺理成章的事情，如此形成了中国庞大的神灵系统，坛庙建筑也相应地成了一个广泛而芜杂的类型。包括祭祀天上的诸神如天帝、日月星辰、风云雷雨之神，地上诸神如皇地祇、社稷、先农、岳镇海渎、城隍、土地、八蜡等的神庙，以及祭奠祖先、圣贤和英雄的祠庙。由于被人为地赋予君权神授、尊王攘夷、宗法秩序、道德伦理等巩固政权所需的精神内容，而不断地被神圣化和制度化，并在中国传统建筑文化中占据了特殊的意义和地位。

（一）汉唐的礼制建筑

文献记载秦代已有四畤之祭，其实有六处祭地，其西畤、鄜畤、畦畤皆祀白帝，密畤祀青帝，上畤祀黄帝，下畤祀炎帝。汉代高祖又立北畤，祀黑帝，共成五畤。后来汉武帝又听从方士谬忌之说，奉“泰一”为最高天神，青帝、炎帝、白帝、黑帝、黄帝都只是泰一的佐臣，故于长安西北（后天八卦所说的“乾”方）的甘泉建泰一祠，建筑形式为圜丘，即圆形的祭坛，“取象天形，就阳位也”；并在山西汾阴建后土祠，建筑形式为方丘，即方形的祭坛，“取象地形，就阴位也”。泰一和后土是西汉初期最重要的两处祭祀地，也是以后天坛、地坛的原型。汉成帝时将祭天活动改为在长安南郊（先天八卦的“乾”方）进行，地祀则在长安北郊，至东汉成为定制。除祭祀天地诸帝和祖先外，祭祀的对象还有日月山川河海等其他自然诸神，如用以“观祲象察氛祥”的灵台（天文台），此外还有综合性的礼制建筑如明堂、辟雍等。据《汉书·郊祀志》记载，汉时对祭祀已有等级上的规定，规定了上至天子下至平民不同等级的祭祀规格：“天子祭天下名山大川……五岳（泰、衡、华、恒、嵩）视同（天帝的）三公，四渎（江、河、淮、济）视同（天帝的）诸侯；诸侯祭其疆内名山大川；大夫祭门、户、井、灶、中霤（中庭）五祀；士、庶人祖考而已。”这种规定的目的自然是想通过赋予自然神以人格化和等级化，来强化人间的等级秩序，并将其神圣化。

■明堂辟雍 汉时明堂辟雍是秦汉时期最重要最具代表性的祭祀建筑之一。所谓“明堂”，先秦文献中将其描述为天子布政之宫，并赋予其许多繁琐的象征和规定，至汉武帝时其概念和形制已失传。《汉书·郊祀志》中记载，武帝预封禅泰山，欲于泰山下建明堂而不晓其制，有个叫公玉带的人进上自己绘制的图样，说是黄帝时明堂图，“中有一殿，四面无壁，以茅盖，通水，水圜宫垣；为复道，上有楼，从西南入，名曰昆仑”，武帝应允而起工建造，入祀泰一、五帝、后土诸神，并配祀高祖。由此可知汉代的明堂已是一种综合性的祭礼建筑。“辟雍”同为礼制建筑，其形制是一座周围环以圆形水沟纪念堂，其制“象璧，环之以水，象教化流行”，是帝王讲演礼教的场所。

在考古发掘中，人们在长安南墙中门安门外大道路东现了当年王莽所建的一组将明堂、辟雍合二为一的祭祀建筑，其形制为：外围方院，每边长 235 米，院墙不高，目的是为求视野开阔，其构思与现存北京明清天坛的圜丘围墙相类似。院四面正中开门，院外环以水沟，院内四角建平面曲尺形的角楼。院正中建有圆形夯土台，台上有折角十字形平面的建筑遗

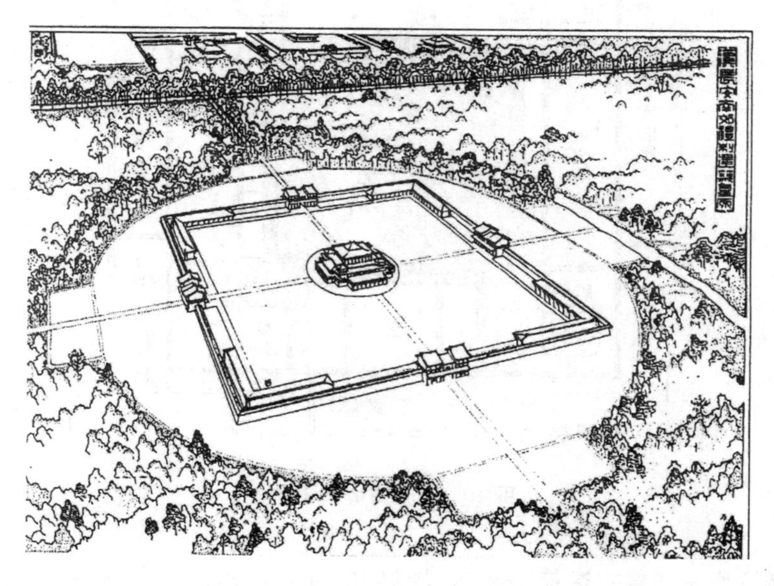

图 15　汉长安辟雍复原鸟瞰

址，约42米见方。底层以回廊环绕，布置为各种厅及夹室，中间突出一座17米见方的夯土台，台四角各附有小夯土台，原状为一座三层的高台建筑。建筑的布局和命名极富寓意和象征性，如下层四厅及左右夹室共为“十二堂”，象征一年的十二个月，也代表太学的东南西北“闱”。中层每面各有一堂，南称“明堂”，西名“总章”，北为“玄堂”，东呼“青阳”，其功能为告朔行政。四堂之外是下层回廊的平顶，作露台使用。在上层台顶的中央建有“太室”，也称“土室”，其四角有小方台，台顶各有一亭式小屋，为金、木、水、火四室，与土室一起用来祭祀五帝。五室间的四面露台可占望云气，兼具灵台的功用。这座礼制建筑采用的是十字对称的集中式格局，中心建筑以台顶中央大室为统率全局的构图中心，四角小室是其陪衬，壮丽、庄重。中心建筑与四围附属建筑遥相呼应，加之院庭广阔，产生了恢宏的气度，显示了祭祀建筑性格。宋人聂崇义所绘《三礼图》（周和秦代的明堂图）与此遗址有承继之处。

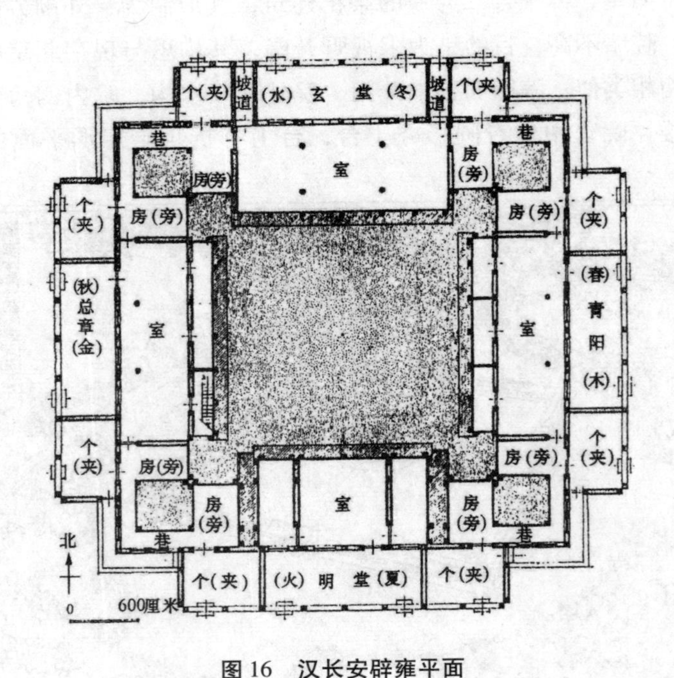

图16　汉长安辟雍平面

■**汉唐其他祭祀建筑**　在东汉时期的都城洛阳，建有各种礼制建筑，如城内有左祖右社，城外南郊有祭天的天坛，称为紫坛，并配祀五岳、四渎、星辰、雷公、电母、风伯、雨师等神祇；在北郊建地祇坛祀地，也配祀山、川、海诸神。此外在洛阳南郊还建有一座灵台，为一座有两层夯土台的高台建筑，现遗址残高八米，是当年东汉天文学家张衡观测天文天象的场所。灵台的下层为四周回廊，上层为方形建筑，每面五间。四面建筑的墙壁依方位分别涂以青（东）、赤（南）、白（西）、黑（北）四色，庄严而神秘。

无论太平盛世，还是战乱频仍的年代，祭祀天地神祇是中国历代帝王热衷的活动。他们需要通过传统的礼仪活动，宣扬君权神授的观念。他们把乞求神灵保佑作为维护自己统治的精神支柱，制定各种礼仪制度，举行各种祭祀活动，也因之建造了大量的礼制建筑和祭祀建筑，使得这一阶段成为中国礼制建筑发展的鼎盛时期之一。比较而言，唐代的礼制建筑相对严谨，而五代、两宋时期的祠庙规制较少，因而空间布局也就更为丰富灵活。礼制与祭祀建筑的类型主要为祭坛和庙堂，前者主要用于祭祀自然神，如天地日月、山川社稷。我国历朝帝王所祭的名山大川主要有五岳、五镇、四海、四渎，即东岳泰山、西岳华山、中岳嵩山、南岳衡山和北岳恒山；东镇沂山、西镇吴山、中镇霍山、南镇会稽山、北镇医巫闾山；东海、南海、西海、北海以及江渎、河渎、淮渎、济渎。这种祭祀制度早在周代即已大致完备，至唐宋而达于鼎盛。唐时封五岳四海之神为王，宋真宗更升之为帝，于是神庙规格更趋宫室化，规模空前扩大，如东岳泰山庙（岱庙）和中岳华山庙都达到殿宇房屋八百余间。元代对岳镇海渎之祀也十分重视，每年分五道派使臣去五岳四渎庙会同当地地方官致祭。用于礼制和祭祀的庙堂类建筑则既有自然神，也有圣人先贤，如明堂、后土祠、孔庙，遍布京城和全国各地。

（二）天地日月坛

中国很早就进入农耕文明，在与自然的斗争中，既得到了自然的恩惠，也常遭受到各种自然灾害的侵袭，对自然的崇敬与恐惧交织在一起。这种情感连同一些迷信思想一同构成了早期自然神灵的观念，并渐渐在中国人的传统思想中安家落户。中国是一个以农为本的国家，过去人们都是靠天吃饭，五谷丰登要靠风调雨顺。盼望老天恩赐好年景、好收成是中国古代上至帝王、下至黎民百姓的共同愿望，因而对各种自然神的祈求便成为全社会的重要活动。古代帝王也往往举国家之力，在修筑水利设施的同时，建造祭坛庙宇，祈求天地护佑，社稷长久。与这些祭祀活动相应，祭祀建筑自古在中国建筑中也就占有了重要地位。明清时期如北京的天地日月坛、社稷坛、先农坛，以及各地祭祀山岳江河等祭祀建筑，这其中以天坛祭天活动最为隆重，建筑艺术成就也最高。

■天坛的整体格局与建筑特点　天坛位于北京永定门内东侧，始建于明永乐十八年（1420 年），是明清两代皇帝祭天和祀祷丰年的地方，是现存最完整的中国古代祭祀建筑群。天坛初建时采用天地合祭形式，在今祈年殿位置设主体建筑大祀殿，为矩形殿堂。明嘉靖九年（1530 年）在殿南轴线位置上建圜丘祭天，原大祀殿改建为三重檐圆形建筑，名大享殿，用以祈求丰年。与之同时，又在城北建地坛，实行天地分祭。明代大享殿形制与今祈年殿相近，但三檐颜色不一，上檐青色象征天，中檐黄色象征地，下檐绿色象征万物。清乾隆十七年（1752 年）改大享殿为祈年殿，三檐均改为蓝色。光绪十五年（1889 年）祈年殿被焚于雷火，次年循旧制重建。

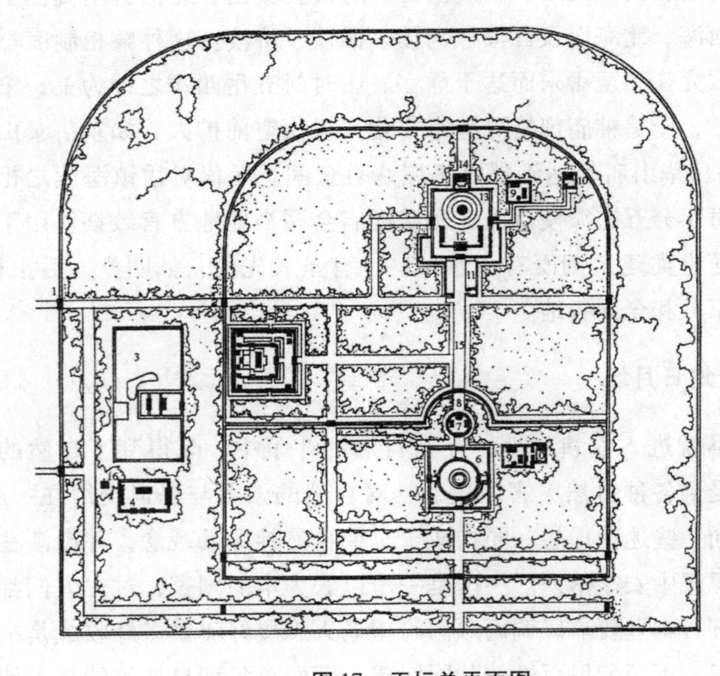

图 17　天坛总平面图

现天坛占地273公顷，设有两重坛垣。平面分为内外两坛，外垣南北1650米，东西1725米，内垣南北1243米，东西1046米。两坛平面形状均呈南方北圆，附“天圆地方”之说。主要建筑设于内坛，南有圜丘、皇穹宇，北有祈年殿、皇乾殿，中有丹陛桥，西侧有斋宫。外坛的建筑物主要为位于西侧的神乐署和牺牲所等。

祈年殿是天坛建筑群中最重要的部分，在设计中采用了一系列象征手法，以丰富其内涵和取得内在统一。如支承下檐的12根檐柱象征一天的12个时辰，支承中檐的12根内柱象征一年中的12个月，两组相合又象征一年中的24个节气，支承上檐的四根中心“龙柱”则代表四季等等，其数字均与农业节历有关，从而取得象征意义。

天坛的建筑布局与空间处理具有很高的艺术成就。天坛建筑群的主轴线并不居于正中，而是东偏移约20米，其用意即为加长从西门入坛的距离，渲染了远人近天、超凡入圣的气氛。同时采用大面积的青松翠柏，形成绿色林海，环境肃穆而富有强烈的纪念性。建筑处理上除广泛采用象征手法以产生内在的和谐与统一外，还使用了多种对比手法，以产生丰富的群体艺术效果，如轴线两端的祈年殿与圜丘以高耸的形体和低平的形象相对比，皇穹宇圆院的封闭与圜丘的开敞形成对比，以及皇乾殿小方院与祈年殿大方院的天阖对比等等，都极成功。此外，透过皇穹宇院门望皇穹宇和透过祈年门望祈年殿均有剪裁适度的完美构图，是建筑设计上的大手笔，反映了古代匠师高超的艺术修养。

■地坛 北京地坛又名方泽坛，在北京安定门外东隅，坐南面北。元朝无地坛之设，合祀于圜丘。明初朱元璋建坛于钟山之阴，后合祭天地于大祀殿。嘉靖九年（1530年）改革坛庙制度，创建地坛于都城之北。

坛内按祭祀活动的要求，形成若干组建筑群，其中包括位于中轴线的祭祀部分——方泽坛与皇祇室，东北隅的斋宫及銮驾车库、遣官房、陪祀官房，西北隅的神厨、神库、宰牲亭、祭器库等辅助建筑。外有壝墙两道，四向各设门一座，北门为正门，东门外有泰折街牌坊，是皇帝祭前进斋宫的人口。每年夏至黎明日出之时，皇帝至此行祭礼。坛上层设皇地祇神位，太祖配享，第二层设五岳、五镇、四海、四渎从祀位。按天圆地方原理，地坛平面为正方形，二层，上层方六丈，高六尺二寸，下层方十丈六尺，皆用黄色琉璃、青白石筑砌，每层八级台阶。各数均取双数。正如

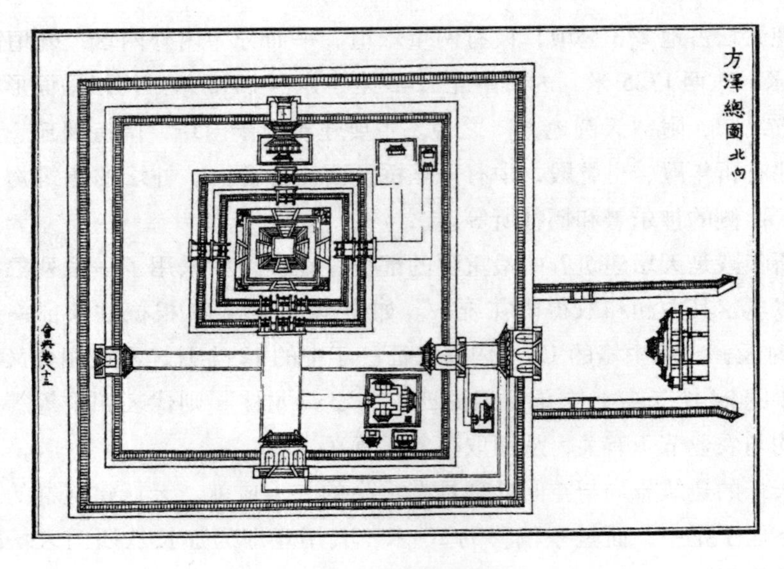

图 18　地坛总平面图

九代表天一样，六、八之数代表地。古人认为地为阴，阴者为凹陷之物，“为下必于川泽”。北郊方丘，理应建于水泽之中，故坛周围水渠一道，祭祀时由暗沟引水，意为泽中之丘。其外为坛壝，有棂星门四座，仅正北方棂星门为三开间，其余三面各为一开间。皇祇室位于地坛之南，在方坛轴线的尽端，是一座五开间的单檐歇山顶建筑，施黄色琉璃瓦，呈四合院形式，是平时供奉皇地祇神位的地方。

与天坛相应，地坛在设计中也采用了一系列象征性手法。首先是以方为母题，从坛的平面、内外坛垣到各殿区围墙，直到大门均取方形，以方喻地。地为坤，属阴，故以南为上，重要建筑坐南朝北，皆取北向。斋宫等附属建筑属下位，不能逾越天地，故坐西朝东，等级森严有序。地坛的用色均为黄色，取“天青地黄”“坤卦黄中”之意，如地坛的台基砖心贴的是黄色琉璃砖，内外两层坛垣和皇祇室的屋面用的均为黄琉璃瓦。此外，以偶数为基数，地坛墁石及台阶级数均取偶数六、八的倍数，所有的建筑尺寸也均采用偶数，以意会地属阴的易理。总之，与天坛的设计构思相对，地坛的设计从总体构思到细部设计都是围绕着地为阴这一概念进行创作的。

（三）山河湖海庙

在中华先民的心目中，山岳形象一直占有重要地位。在最早的诗歌集《诗经》中，就有不少歌颂山岳的篇章，此外在《山海经》《禹贡》《水经注》等古籍中，也都不乏有关山岳的描写，各地方志书中则更是对所属山岳及其文化有翔实的记载。古人眼中的山岳，充满了神圣与神秘，风云雷雨之所生，万物苍生之所养，人们因此把山作为自然神的对象予以崇拜，并赋予了山岳形象以神秘的色彩。《礼记·祭法》云："山林川谷丘陵，能出云，为风雨，见怪物，皆曰神。"《山海经》道："昆仑之丘，是实惟帝之下都。"出于对山神的敬畏，人们很早就开始进行祭祀活动，舜帝已巡祭泰山、华山、恒山、衡山诸山，出土于殷墟的甲骨文上记载了以山为对象的占卜活动。从记载中的"禹封九山"算起，对名山的祭祀活动已绵延四千多年。后来封建帝王将祭祀山川大地的活动制度化、礼仪化，名为封禅，《史记·封禅书》中说："古者封泰山禅梁父者七十二家。"秦始皇于公元前219年，亲自登岱岳封泰山，山下禅梁父。汉武帝则更是封禅五岳，视其为成为天的象征，炫耀"尊天重民"。自此中岳嵩山、东岳泰山、西岳华山、北岳恒山、南岳衡山，五岳成为神山和圣山，成为中国名山之首，在河南登封、山东泰安、陕西华阴、湖南衡阳、山西浑源和河北曲阳分别建有五岳庙进行祭祀。此外，在山西霍县的霍山、山东沂州沂山、陕西陇州吴山、辽宁北镇医巫闾山、浙江绍兴会稽山分别建中、东、西、北、南五镇之庙，以祭祀镇守不同方位的山岳之神。

中国也是个河流纵横、湖泊罗织的国度，自古至今多水患。历代帝王先为祈求农业丰收，百姓安居，多建庙宇进行祭祀，庙中供奉海神江神河神及龙王，以及云、风、雨、雷主审诸神。主要的祭祀活动有于山东莱阳祭东海，广东番禺祭南海，河北山海关祭北海，山西永济祭西海。此外在四川成都祭江渎，山西永济祭河渎，河南唐县祭淮渎，河南济源祭祀济渎。其中除西海、北海、河渎为望祭外，其他祭祀均建庙祭祀。

■东岳泰山岱庙 东岳泰山岱庙位于泰山南麓泰安城北，为历代帝王封禅泰山举行大典之地。唐代以后，岱庙不断扩建，至宋徽宗宣和四年（1222年）已有殿、寝、堂、门、亭、库、馆、楼、观、廊、庑合813间，奠定了岱庙的宏伟规模。元末岱庙的建筑布局沿中轴线自南而北大致为：

草参门，门内层台之上设四面重檐歇山亭，亭北为岱庙庙城。庙城四周缭以高墙，四角设角楼，南辟三门，中间是正阳门。正阳门北为配天门，再北为仁安门，进入仁安门即为主殿大院。主殿仁安殿内祀天齐大生仁圣帝（即东岳泰山神），殿内东、西、北三墙有巨幅壁画《启跸回銮图》，描绘东岳大帝出巡和回銮的情景。仁安殿与仁安门之间有东西回廊与主殿联系，构成封闭院落，为岱庙祭祀活动的主要空间。东回廊的中间为鼓楼，楼后为东斋房；西回廊的中间为钟楼，楼后有神器库和西斋房。仁安殿北为寝殿，再北为岱庙北门鲁瞻门，又称厚载门，出此门即可登泰山主峰。

明天顺四年（1460）、弘治十年（1497 年）、嘉靖四十一年（1562 年）及万历年间曾四次维修岱庙，其中以万历二十七年（1599 年）之役规模最巨。明朝在前代的基础上略有拓建、增建，但基本保持了宋元以来的格局。现存岱庙内建筑物均为清代重建，唯仁安门为明代结构。

东岳泰山之神是道教的大神，主管人间生死，是百鬼的主帅，因而获得了广泛的社会基础，各地相继建立起本地的东岳庙，如山西万荣东岳庙、晋城东岳庙、北京东岳庙等，东岳大帝成了普遍信仰的神祇。传说三月二十八日为泰山神的诞辰，这前后各地都有庙会，去东岳庙烧香还愿也成了百姓外出贸易郊游的重要活动。

■济渎庙　又称“济渎北海庙”，坐落于中国中部河南济源西北四里处的庙街村，是一座保留有宋代（960—1279 年）至清代（1644—1911 年）建筑风格的用来祭祀济水神和北海神的庙宇。济渎庙始建于隋开皇二年（582 年），以后历代均有所增修。庙宇坐北朝南，总占地面积约 8. 6 万平方米，平面布局呈“甲”字形，前为济渎庙，后为北海祠，东有御香院，西有天庆宫。庙内现存宋、元、明、清各代木结构建筑 23 座，宋元时期古桥 3 座，其中以清源洞府门、济渎寝宫、临渊门、玉皇殿等建筑最具特色。

清源洞府门是济渎庙的山门，面阔七间，中门为三间四柱的木牌楼。牌楼上的斗拱复杂精美，是一座保留了较多古代建筑样式的明代（1368—1644 年）木构建筑。济渎寝宫建于北宋开宝六年（973 年），面阔五间，进深三间，单檐歇山顶，是河南省内现存最古老的木结构建筑。临渊门建于元大德二年（1298 年），是北海祠的南大门，面阔三间，单檐悬山顶，此门是豫北地区现存最具元代（1271—1368 年）风格的建筑之一。玉皇殿是天庆宫的主体建筑，面阔五间，进深三间，单檐歇山顶，此殿保留了较多明代以前的建筑特征。此外，庙内还保存有唐代至清代的碑碣四十余通，碑文书体包括真、草、隶、篆数种，具有很高的史料和艺术价值。

济渎庙是河南省境内现存规模最大的古建筑群，对于研究中国古代建筑、书法、祭祀等方面具有重要意义，具有很高的文博历史价值。

■北镇庙　坐落于辽宁北镇县城西 2.5 公里的山坡上。北镇庙是医巫闾山的山神庙，山下立有祠庙，始建于金代。根据碑刻记载，现在的北镇庙基本上是明永乐十九年（1421 年）和弘治八年（1495 年）重修扩建的。

北镇庙规模宏大，东西宽 109 米，南北长 240 米，庙内建筑从山下到山顶依山势层层向上，排列而成。庙中的主要建筑有御香殿、正殿、更衣殿、内香殿、寝殿五重大殿，建于一个工字形的高台上。五重大殿之前又有石牌坊、山门、神马门、钟鼓楼等建筑，之后又有仙人岩、翠云屏等景致点缀。

御香殿共有厅堂五间，是陈放朝廷御书和皇家祭祀用香蜡供品的地方。御香殿的后面是大殿，它是庙内整体建筑的对称中心，也是庙内最大的建筑。大殿宽 23.4 米，面阔七间、进深五间，是举行祭扫大典的场所。大殿为歇山式大木架结构，殿墙以青砖围砌而成，绿琉璃瓦顶，雕梁画栋，柱、檩均为红色。墙壁上绘有汉代至明代各朝著名的文臣武将画像 32 人，各具神态，惟妙惟肖，至今仍色彩鲜艳。殿内有一尊“北镇山神”的泥塑。殿的正中悬挂着清乾隆帝书的“乾始神区”铜制御匾。

大殿的后面有三间更衣殿，是祭祖者入大殿朝拜前更换衣服的地方。再后有三间内香殿，是存放地方官员祭品和香火的地方。最后的寝宫，是山神的内宅，所以规模仅次于大殿。清康熙帝敬献的御匾“郁葱佳气”悬挂于殿眉的正中，大殿的周围以白色的石栏围绕。

庙内还保存有元、明、清三代的石碑 56 通，其中有元代大德、皇庆、延祐、至顺、至正等年间的祭山、封山碑 12 通，明代永乐、成化、弘治、正德、隆庆和万历年间的修庙碑 16 通，清代康熙、雍正、乾隆、道光和光绪年间的祭山修庙、游山诗等碑 28 通。这些石碑在考古学研究和书法艺术上，都有着很高的的价值。

■山西万荣汾阴后土祠　原土祠始于西汉后元元年（前 88 年），古代称土神或地神为后土，要建庙祭祀。自汉至唐宋，历代皇帝都曾亲自到汾阴祭祀后土。景德三年（1006 年）宋真宗命扩建该庙，使之成为一组规模宏大的祠庙建筑群。这组建筑是按当时最高标准修建的，总体平面呈横三路、纵六路纵深布列。庙门之前是棂星门三座，庙门左右是通廊，廊端与前角楼相接，由大门向北通过三重对称布局的院落可到达祠庙的主体空间。该空间以四面围廊组成廊院，廊院共两重，外院的主要建筑就是后土祠的正殿——坤柔殿，面阔九间，重檐庑殿顶，下部承以高大的台基。台基正面设左右阶，大殿左右引出斜廊与回廊相衔接，是该时期廊院的特有做法。院中前部有一座方台，台后有一个用栅栏围绕着的水池。坤柔殿之后为寝殿，寝殿与坤柔殿之间以廊屋连成为工字形平面，与文献所记汴京的工字殿大致相同。

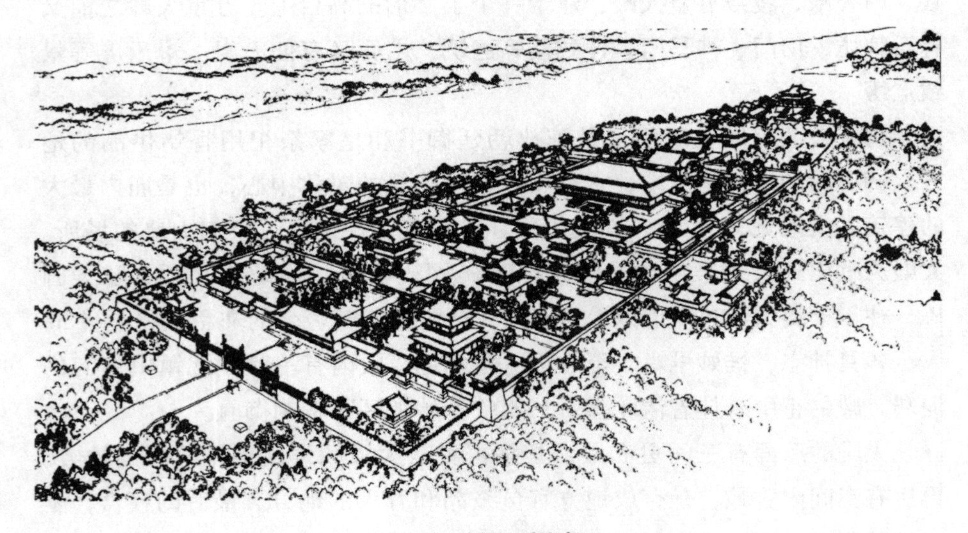

图 19　汾阴后土祠

就外部空间的设计而言，后土祠建筑群前疏后密。前四进院落为扁方形，至第五进转为纵向。前四进院落中建筑居中者均为门，都是一层，体量低小；两侧均布置二层楼以上的建筑，体量较大。各门均作断砌造，入太宁庙门后便见一线贯通，直抵坤柔殿。两侧楼阁相夹，使得这条轴线极为突出。过坤柔殿及寝殿后，这条中轴线才转为虚轴，到达配天殿后的工字坛，轴线结束，最后以高高凸起的轩辕扫地坛作为尾声。中轴线两侧的建筑采取了向心式布置手法，大多朝向中轴，形成东西向。特别是坤柔殿东西廊之外的六座小殿，每个小殿自成一院，皆有廊屋陪衬，均朝东向或西向，目的即在于突出向心的格局，用以烘托坤柔殿的主体地位。整个后土祠的布局严谨而不失变化，气势磅礴又精细入微，层层院落空间的铺垫，各种形象的建筑造型对比穿插，营造了丰富的气象。16世纪时这座庞大的祠庙建筑群毁于水灾，但刻于天会十五年（1137年）的庙貌碑完整地保存下来，忠实而精确地刻绘了当时建筑群的总平面和主要建筑的立面，使我们得以了解其布局和形象。

（四）祖庙与祠堂

太庙与祠堂同为安奉祖神之所，太庙强调的是国家、皇帝的象征意义，而祠堂是为了敬宗联族，厚风睦伦，用以维护宗法社会的秩序。“私庙所以奉本宗，太庙所以尊正统也。”祭奠祖先，除皇帝的太庙外，数量更多、分布更广的是按官制所设的家庙和民间祠堂。在传统的祖先崇拜观念、宗法伦理观念、风水观念的影响下，人们在村落的营建过程中，把祠堂建筑放在十分重要的位置，结合台亭、牌楼、水池等景观，形成祭祀中心和乡土社会的精神中心。祠堂的形制，上自士大夫家庙，下至一般的祠堂，受社会、政治、自然环境、堪舆流派以及祭祀形式、所祭神主世数和神主布置形式等方面因素的影响，而形成多种不同的布局和建筑形式，具有明显的地方文化特征。

■太庙　位于天安门之东，始建于明永乐十八年（1420年），为明清两代皇室的祖庙。太庙平面为南北向，总面积为139650平方米，由三道黄瓦红墙环绕。最外道围垣开西门三座，分别通天安门东庑、端门东庑和午门外阙左门。垣内为太庙外院，古柏参天，东南隅布置有牺牲所（内有宰牲亭和治牲房）、井亭、进鲜房、奉祀署等附属建筑。第二道墙垣于南墙辟正门三座，并于两侧增开角门。门内东西布置神厨、神库，门北有河渠横贯院中，渠上坐落有七座单孔汉白玉石拱桥，中部五桥与南垣五门相对，两侧拱桥则与桥北的井亭相对。桥北迎面为太庙的正门，面阔五间，门内外原各列朱漆戟架四座，每架插镀金银铁戟十五，故又曰戟门。戟门内即为太庙的主院，从前至后，依次布置着前殿、中殿、后殿。前殿又称享殿，为太庙主殿，坐落于三重汉白玉须弥座台阶之上，以月台前临广场。大殿面阔十一间，进深四间，黄琉璃瓦重檐庑殿顶，左右有供奉皇族

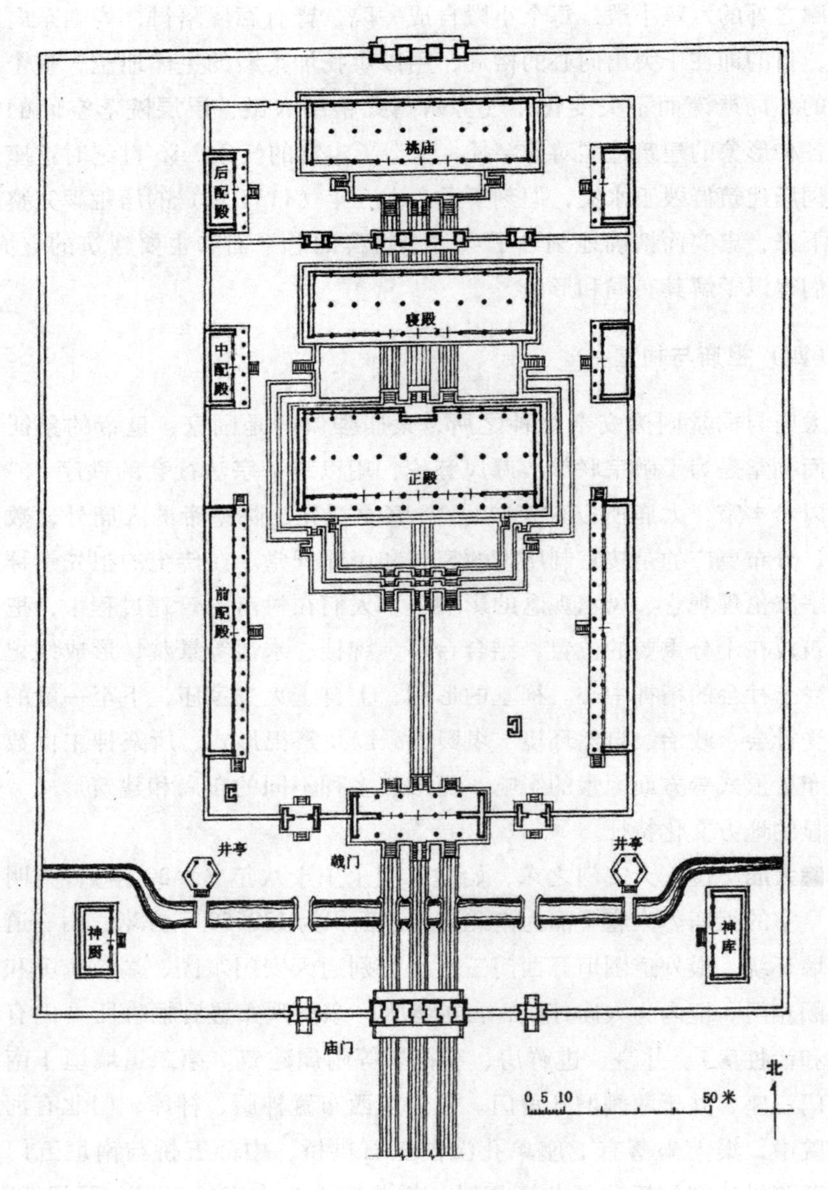

图20　北京太庙平面图

和功臣神位的东西庑。中殿又称寝殿，面阔九间，黄琉璃瓦单檐庑殿顶，其月台与享殿的二层台基相连，殿内存放历代帝后神主，两侧配殿内贮存祭祀用品。后殿为祧殿，规制同寝殿，是供奉皇帝远祖的场所，有墙将其与前殿、中殿相隔，相对独立，自成院落，其东西两侧亦有配殿，为存放祭器之所。明清时期，每逢四月初一、七月初一、七月十五、十月初一、皇帝生辰与祭辰、清明节、岁末等日，都要于太庙举行隆重的祭典。太庙因之成为帝王法统的象征，太庙建筑也因之成为明清两代国家祭祀设施中“庙”的最高等级的建筑。

■**晋祠**　晋祠位于太原西南25公里处的悬瓮山麓，为古代晋王祠。与一般规整的网状布局不同，晋祠是一组洋溢着园林气息的祠庙建筑。晋祠始建于北魏前，是为了纪念周武王的次子叔虞而建。武王灭商之后，分封诸侯，把次子叔虞封于唐，子燮因晋水而更改国号，后人也沿此名祠。郦道元《水经注》记载“际山枕木，有唐叔虞祠”，就是今天的晋祠。

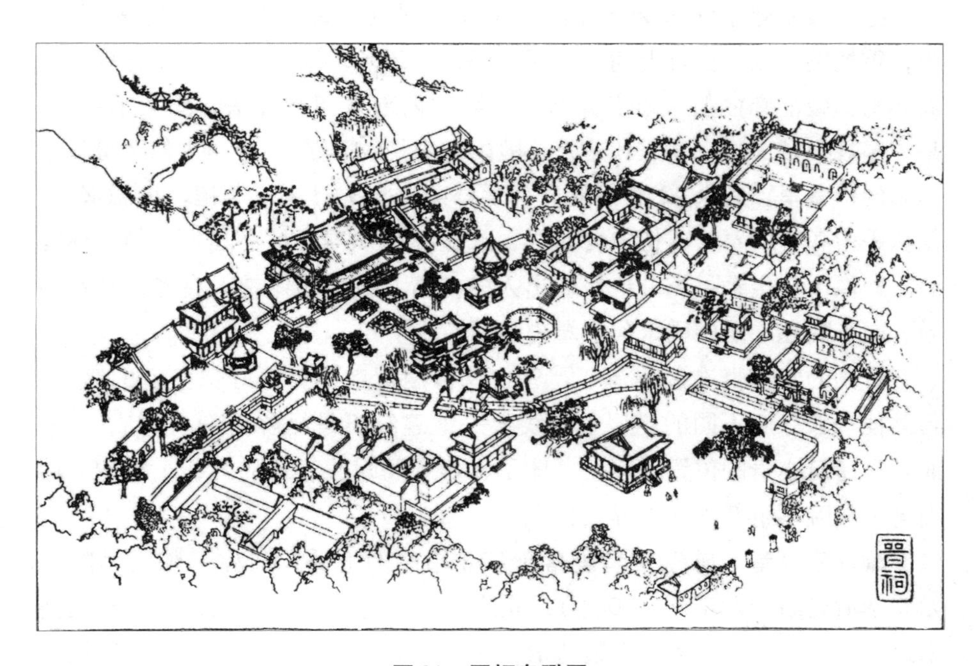

图21　晋祠鸟瞰图

祠内建筑以圣母殿为主体，沿东西向纵轴线依次布置有大门、水镜台、会仙桥、铁狮子、金人台、对越枋、钟鼓楼、献殿、鱼沼飞梁、圣母殿。其中圣母殿、鱼沼飞梁为宋代原构，献殿为金代重建。祠内围绕着主轴线，横向又布置有后代重建或添建的数组建筑，其北为唐叔虞祠、吴天神祠和文昌宫，其南面是水母楼、难老泉亭和舍利生生塔，形成了以主轴线及中部开敞的空间为核心的庞大建筑组群。献殿面阔三间，深两间，单檐歇山顶，琉璃雕花脊，斗栱简洁，前后当心的房间开辟有门，其余各间在槛墙之上安装直棂栅栏，形似凉亭，显得格外利落空敞。1955 年用原料按原式样翻修，保持了金代建筑的特点。

鱼沼为一方形水池，沼上架桥，号称“飞梁”，桥始建于北宋，其结构为池中立三十四根小八角形石柱，柱顶架斗栱和梁木承托着十字形桥面，东西平坦连接圣母殿与献殿，南北两翼下斜至沿岸，四周有勾栏围护。整个建筑的造型就像是一个展翅欲飞的大鸟，故称“飞梁”。这种形制奇特、造型优美的桥梁形式，在中国桥梁史上是很少见的。

圣母殿始建于北宋天圣年间，是现在晋祠内最古老的建筑。殿高 19 米，重檐歇山顶，面阔七间，进深六间，黄绿琉璃瓦剪边，雕花脊兽，四周环廊，殿前廊柱上木雕盘龙八条。殿的内部采用减柱法，扩大了空间，是中国规模较大的一座宋代建筑。殿内有宋代的彩塑 43 尊，主像圣母端坐木制的神龛里，其余 42 尊侍从分列龛外两侧。圣母凤冠蟒袍，神态端庄，侍从手中各有所奉，或侍饮食起居，或梳洗洒扫等，是宫廷生活的具体写照。塑像十分生动，充分地表现出人的神情。各个塑像神态自然，神情各异，塑工高超，是中国宋代彩塑中的精品。

晋祠的建筑群布局紧凑、严密，既像庙观院落，又好似皇室的宫苑。与其他一般寺庙不同的是，主轴线上一组建筑不是靠院落围合而成空间，而是靠建筑本身的位置、间距、体量、形式及附属建筑的衬托来组织，因而与一般院落组合方式大异其趣。

■**陈家祠堂**　陈家祠堂坐落于广州市中山七路，又称“陈氏书院”，始建于清光绪十六年（1890 年），光绪二十年（1894 年）落成。它是由清末广东七十二县的陈姓联合建造的，是广东省著名的宗祠建筑。陈家祠堂建筑面积达 8000 平方米，建筑格局可分为三路、三进。祠堂的每进之间既有庭院相隔，又利用廊、庑巧妙地联接起来，共有九座厅堂和六个院落。祠堂的整体采用对称布局，殿堂楼阁，虚实相间，气势雄伟。“聚贤堂”是陈家祠堂中轴线的主殿堂，也是整个建筑组合的中心。堂的正面是一座宽阔的石露台，周围用嵌有铁花的石栏板环绕。祠堂建成之初时的聚贤堂是供族人集会之用，后来改作宗祠，两边的侧房供书院使用。

陈家祠堂的建筑以装饰精巧、堂皇富丽而著称于世。木雕、石雕、砖雕、泥塑、陶塑、铁铸工艺等各种各样的装饰，遍布在祠内外的顶檐、厅堂、院落、廊庑之间，既有大型的制作，也有玲珑的小作品。装饰风格或粗犷豪放，或精致纤巧，各具特色。特别是在琉璃瓦脊的塑造上，更是广罗古典故事，搜集地方风物，琳琅满目，美不胜收，风格独具。祠前的壁间有六幅画卷式的大型砖雕，每幅砖雕长达四米，是用一块一块的青砖雕刻好了以后再连接成一体的。立体、多层次的画面里有神话传说、山水园林、花果禽兽、钟鼎彝铭等等，就像是民间的艺院一般。

■龙川胡氏宗祠 坐落于安徽绩溪城东12公里的大坑口村，始建于宋代，明嘉靖年间（1522—1566）进行过一次较大规模的修缮，因此建筑带有明显的明代建筑风格。清光绪二十四年（1898年）曾再次重修。

图22 龙川胡氏宗祠

祠堂占地1146平方米，坐北朝南，共三进院落。祠堂的建筑十分壮观雄伟，祠堂的前进是重檐歇山式的高大门楼，门楼后为以12根方石柱围成的回廊。中进是正门，由14根直径166厘米的圆柱和21根“冬瓜梁”组成。后进是寝室，分为上下两层。祠堂里的梁托、灯托、额枋、云板和正门4米高的落地槅扇上面布满了雕刻，有人物故事、鸟兽虫鱼、云雷如意等，雕刻精细，工艺精湛，各具神态，栩栩如生。祠堂虽然经过了历代的多次修葺，但仍保持了明代徽派雕刻艺术的风格，线条粗犷，淳厚古朴，是徽派古建筑艺术砖木石雕的宝贵遗产，有“木雕艺术厅堂”的美誉。

（五）文庙与武庙

中国历代都有大量祭祀圣贤的祠堂庙，如有祭祀创造华夏文明的三皇庙、孔庙，有祭祀忠臣烈士的关庙、岳庙，有祭祀泽披百姓的名宦贤侯祠，有祭祀忠孝节悌的忠贞祠、孝子祠，有祭祀盛名天下的诗圣文豪祠，有祭祀行业之祖的鲁班祠、药王祠等等。圣贤祠庙与祭祀天地山川等自然神的坛庙以及祭祀祖先的太庙家庙不同，除少数类型如孔庙、关帝庙等由于其地位的特殊载入祀典而由官方建造外，一般多由地方、民间设立，属民间信仰，因此圣贤寺庙具有广泛的民间性与教化性。这些祠庙多设在名人的家乡，由名人故宅发展而来，或在其工作、生活的地方建立，或采取祠墓合一的布局形式。这种祠庙的建筑造型及装饰也多带有地方特点。

孔庙是祭祀中国古代著名的思想家、教育家、儒家学派的创始人孔子的场所。孔子（前551—前479年），名丘，字仲尼，春秋时期的鲁国人。他辞世后一年，鲁哀公把他的三间故宅改建成祠庙，亲自祭祀孔子，从此以后历朝历代不断地扩建，仅在宋天祐二年（1018年），增建殿堂廊庑就达360间，使之成为模仿王宫之制的庞大建筑群。历代皇帝到曲阜，都是在此举行隆重的祭孔活动。全国各地至今保存了许多历朝历代的孔庙，其中以山东曲阜的孔庙规模最大、时代最早。它与孔府、孔林并称三孔，是中国现存最大的四大古建筑群之一。

■**曲阜孔庙**　位于山东曲阜市内，平面呈长方形，总面积327.5亩，南北长1120米。整个孔庙的建筑群以中轴线贯穿，左右对称，布局严谨，共有九进院落，前有棂星门、圣时门、弘道门、大中门、同文门、奎文阁、十三御碑亭。从大圣门起，建筑分成三路：中路是祭祀孔子以及先儒、先贤的场所，为大成门、杏坛、大成殿、寝殿、圣迹殿及两庑；东路多是祭祀孔子上五代祖先的地方；西路是祭祀孔子父母的地方。孔庙内最为著名的建筑有：棂星门、二门、奎文阁、杏坛、大成殿、寝殿、圣迹堂、诗礼堂等。棂星门是孔庙的大门。古代传说棂星是天上的文星，以此命名寓有国家人才辈出之意。因此古代帝王祭天时首先祭棂星，祭祀孔子规格也如同祭天。

奎文阁位于孔庙的中部，是藏书的一座楼阁。中国古代以奎星为二十八宿之一，主文章。杏坛相传是孔子讲学之所，在大成殿前的院落正中。

北宋天圣二年（1024 年）在此建坛，在坛周围环植以杏，命名为杏坛，以纪念孔子杏坛讲学的历史故事。金代又在坛上建亭，大学士党怀英篆书的“杏坛”二字石碑立在亭上。明隆庆三年（1569 年）重修，即今日之杏坛。杏坛是一座方亭，重檐歇山十字脊黄琉璃瓦顶。亭内藻井雕刻精细，彩绘金龙，色彩绚丽。亭的四周杏树繁茂，生机盎然。

大成殿是孔庙的主体建筑，坐落在高 2 米的巨型须弥座石台基上。殿前露台轩敞，是旧时举行祭孔“八佾舞”的场所。大殿面阔九间，进深五间，重檐歇山顶，黄琉璃瓦屋面，斗拱交错，雕梁画栋，周环回廊，巍峨壮丽。擎檐有石柱二十八根，高 5.98 米，直径达 0.81 米。两山及后檐的十八根柱子浅雕云龙纹，每柱有七十二团龙。前檐十柱深浮雕云龙纹，每柱二龙对翔，盘绕升腾。殿内高悬“万世师表”等十方巨匾，以及三副楹联，都是清乾隆帝手书。殿正中供奉着孔子的塑像，七十二弟子及儒家的历代先贤塑像分侍左右。历朝历代皇帝的重大祭孔活动就在大殿里举行。

■**解州关帝庙**　位于山西运城解州镇西关。传说解州东南 10 公里的常平村是三国时期蜀将关羽的家乡，因此解州关帝庙也就是武庙之祖。该庙始建于隋文帝开皇九年（589 年），宋、明时曾经扩建和重修，清康熙四十一年（1702 年）毁于火，后修复。

关帝庙占地近一百亩，布局严谨，轴线分明，殿阁峻峨，气势雄伟。庙宇的平面布局分南北两大部分，南以结义园为中心，由牌坊、君子亭、三义阁、假山等组成。北部为正庙，仿宫殿式布局，分前殿和后宫两个部分。前殿中轴线上的大殿崇宁殿是供奉祭祀关羽的主殿，殿内正中有一个雕刻精巧的神龛，里边塑有帝王装关羽坐像，勇猛刚毅，端庄肃穆。神龛以外，雕梁画栋，仪仗排列，木雕云龙金柱，自基础盘绕到柱顶。殿内还悬有康熙手书“义炳乾坤”横匾，咸丰手书“万世人极”额匾，檐下有乾隆钦定“神勇”二字。后宫以“气肃千秋”牌坊为照屏，春秋楼为中心，左右对称分布有刀楼和印楼。其中春秋楼被称为关帝庙的重要建筑，又称“群经阁”，传说关羽一生爱读《春秋》，故此楼以此得名。春秋楼始建于明万历年间，清同治九年（1870 年）重建，楼高 33 米，两层三檐歇山顶，五彩琉璃瓦覆盖，气势磅礴，雄伟壮丽。楼上下两层皆施以回廊，四周勾栏相连，檐下雕工精湛。该庙宇的南北两大部分自成格局，又统一和谐，前后还有廊屋百余间围护，既像庙堂，又像庭院，在全国的关庙中绝无仅有，有“小故宫”之誉。

明清时代，关羽极显，有“武圣人”之尊，俨然与“文圣人”孔子并立。由于民间相信关帝具有司命禄、佑科举，治病除灾、驱邪避恶，诛罚叛逆、巡察冥司，乃至招财进宝、庇护商贾等多种“法力”，所以，民间各行各业、妇孺老幼对“万能之神”关圣帝君的顶礼膜拜，是远远超过孔老夫子的。再者，关羽是一位义气千秋、忠贞不二、见义勇为的英雄好汉。《三国演义》中桃园三结义的故事家喻户晓，成为旧时江湖义气的楷模，是人们心目中崇拜的偶像。再从统治阶级方面来说，用集忠、孝、节、义于一身的关羽，来“教化”亿万臣民，是强化封建统治的再好不过的“灵丹妙药”了。据统计，明清时期，仅北京一地就有关帝庙116座之多，全国各地更是不计其数。以规模论，除解州关帝庙拔得头筹外，名列亚、季者则为河南周口关帝庙和湖北武汉关帝庙。

第五节　释道同源——佛寺与道观

东汉明帝十年（前67年），印度僧人叶摩腾、竺法兰抵洛阳，居鸿胪寺（汉代接待外国使节的国宾馆）。次年，朝廷于洛阳雍门外按古代印度及西域佛寺式样，建造了中国第一座佛寺："自洛中构白马寺，盛饰浮屠，画迹甚妙，为四方式，凡宫、塔制度，犹依天竺旧状而重构之。"因叶摩腾等以白马负梵经、佛像来华，遂命名此寺为白马寺。

中国佛寺采取院落式布局方式，一种是以塔为中心的塔院型寺院，这种塔院型布局方式的源头可追溯至古代印度早期的佛教观念。塔是佛涅槃的象征，围绕塔右旋回行是最大的恭敬，所以绕塔礼拜也就成了信徒们最大的功德了。另一种寺院类型为中心不建塔的宅院型，原系中国院落住宅改建而来。中国传统上沿纵向轴线递进布置院落的形式比较适应供奉佛像的要求，故而渐成佛寺的主流。自东汉时期佛教传入中国以后，佛寺在中国发展很快。南北朝时，仅建康一地已有寺院五百多所，北魏时洛阳一地之寺更达一千三百六十余所，南朝建康一地也有寺院五百多所，遗憾的是这些名耀一时的佛寺如今已无一留存。

道教是中国土生土长的宗教，得到历代朝廷的扶植和民间的信仰，特别是唐以后，因受朝廷支持而尤为兴盛。道观建筑亦极兴旺，其布局多仍采用中国传统的院落式。凡敕修宫观，不论平原和山区，尽量保持规整、严谨的轴线对称布局，于轴线上设宫门（龙虎殿）、钟鼓楼、主殿、后殿（或祖师殿），两庑设配殿、方丈和斋堂之类，还设焚诵、课授、修炼、生活等用房。而募建之宫观，多因地而异，如建于山地的道观，因受地形限制，或依山就势线形排列，或呈团状布局，随山势转折，自由布局。

在寺观建筑中，既有规模宏大、称冠一方的古刹名观，也有遍布街头巷尾的众多小庙，由于这些宗教建筑具有特殊的上层意识形态功能，故为历代的帝王所推崇，赖以作为精神统治的工具。同时，这些宗教建筑与社会民间活动和百姓精神生活保持着密切的联系，在城市生活中扮演着重要的角色，成为一域一区的文化中心和活动中心，演绎着绵延不断的历史故事。

（一）寺观建筑的形制

■佛寺建筑的理想布局形式 自东晋起，佛寺开始由单一的立塔为寺转向佛塔与讲堂、佛殿的组合，同时在主体建筑的周围增设寺门、僧房等附属建筑，形成一个完整的院落，如洛阳永宁寺。南北朝以后，佛寺的布局有了新的变化，即由单组建筑群向多群组合的形式发展，在中心院落的周围，设立众多的别院，并有各自的主体建筑。唐高宗乾封二年（667年），终南山律宗大师道宣撰写的《关中创立戒坛图经》记述了当时理想的寺院布局方式。从图中可以清楚地看到，布局中有明确的南北向中轴线，寺内主要建筑物依此轴线排布。建筑群以中院为核心，周围环绕大量别院，院落布局整齐有序，主次分明。在中院之南有贯穿全寺的东西大道，大道以南的寺区被三条南北向道路划分成四块。这三条道路分别通向佛寺南端的三座大门，与东西大道共同构成全寺的主要交通网络。总体平面功能分区明确，以东西大道作为内外功能区的标界，道南为对外接待或接受外部供养的区域，道北是寺院内部活动区域，其中又分为中心佛院与外围僧院两大部分。这种大型的寺院总体布局实际上与中国传统的城市规划布局一脉相承，贯穿东西的御道（通衢大道）、道北宫城（中院）、道南里坊（别院）以及南城墙开三门的布局方式等，是这一历史时期城市规划中最基本的特点。这种特点由魏晋演进到隋唐，成为一种传统模式。

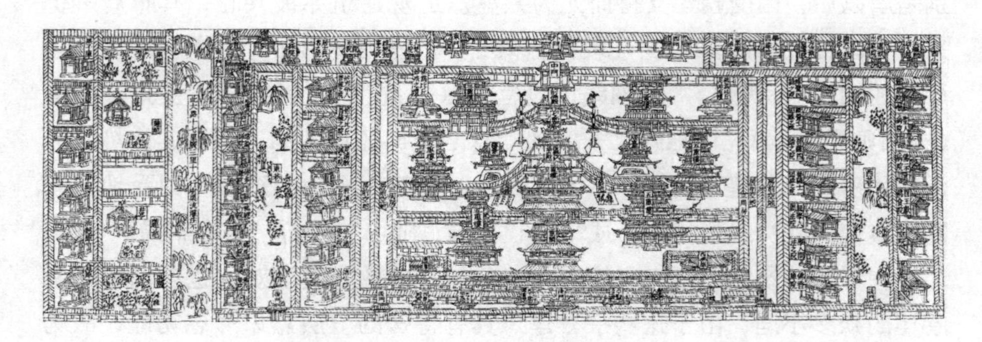

图 23 戒坛图经南宋刻本

■佛寺布局的变化发展 佛教自汉代传入，早期的佛寺建筑布局是以塔为中心的塔院式，主要是受印度佛教寺院形制的影响。在隋代佛寺中，佛塔还占有着至尊的位置，如隋代的禅定寺。这种布局方式一直流传到10世纪以后的一些辽代寺院，例如建于辽清宁二年（1056年）的山西应县佛宫寺，建于辽重熙十八年（1049年）的内蒙古庆州白塔（释迦佛舍利塔），建于辽清宁三年（1057年）的锦州大广济寺，均为此种形式。另据《全辽文》卷十载，辽南京大昊天寺在九间佛殿与法堂之间添建了一座木塔，此举正说明当时在辽代统治区更能接受以塔为主体的早期佛寺模式。

南北朝时期，由于“舍宅为寺”的影响，院落式布局应用到佛寺建筑群中，并以佛殿为中心，更加世俗化。唐以后，塔在寺院中位置开始发生变化，诸多带塔寺院其塔的位置已不在中轴线上，而是偏居一隅，如唐长安的光明寺、大安国寺、兴福寺以及扬州开元寺、汴州相国寺、虎丘云岩寺塔、房山云居寺塔、莆田广化寺塔皆如此。还有的寺院出现双塔并立于佛殿之前，如苏州罗汉院；也有将双塔置丁中轴群组以外的，如泉州开元寺。塔在寺院中位置的调整，在宋代寺院中尤为突出，这正反映了把塔作为宗教象征的观念正在淡化，而院落轴线上的殿作为佛的居所，地位更加突出。

随着佛教仪式的变化和供奉高大佛像的需要，寺院中逐渐设置起高大的楼阁，并成为寺院的主体建筑，如蓟县独乐寺观音阁，现存辽代奉国寺即属此类寺院。《戒坛经》中所述的佛阁位置，是在中院后部，阁前有佛塔、佛殿及讲堂，反映了初唐时期的布局观念。到盛唐时候，出现殿、阁前后排列的中院布局。此后的发展，更多的是将高阁置于寺院的最后，典型实例如河北正定隆兴寺、山西朔县崇福寺、宋时东京大相国寺等。

■**道观建筑形制与发展**　唐末五代，社会动乱，道观毁坏严重。两宋时期，因受朝廷扶持有所恢复，履有道观兴建，一时掀起建设道教建筑的高潮。此后南宋时期，道教发展处于低潮，但道观建设活动仍然继续。临安在南宋统治的一百多年中兴建宫观近三十处，以直属皇城司管理的十大宫观最具规模，其中又以东太乙宫和宗阳宫规模最为知名。降至元代，朝廷对道教采取兼容的态度，准许全真派自由建造宫观，广收徒众。这时期的道观的布局多仍采用中国传统的院落式，凡敕修宫观，不论平原和山区，都尽量保持规整、严谨的轴线对称布局，于轴线上设宫门（龙虎殿）、钟鼓楼、主殿、后殿（或祖师殿），两庑设配殿、方丈和斋堂之类，还设焚诵、课授、修炼、生活等用房。而募建之宫观，多因地而异，如建于山地的道观，因受地形限制，或依山就势线形排列，或呈团状布局，随山势转折，自由布局。凡宫观主殿，不论其额称如何，大都奉三清神像，即玉清元始天尊、上清灵宝道君和太清太上老君。元始居中，灵宝居左，老君居右，通常无胁侍神像。由于道教的神祇系统芜杂，故神殿也名目繁多。规模较大的道观，除三清殿之外，还设有众多神殿。规模宏大的道宫，以三清殿为主，其他殿宇或侍前，或卫后，或翼列两旁。

道观和佛寺一样，住持在道徒中地位最尊，其居室亦称“方丈”，或位于中轴线的殿宇之后，或列于东西两侧。道众之居称为“云堂”“云房”，是取弟子云集之意，多位于两庑。云堂的规模，以道徒多寡而定。此外，大型宫观道徒可至数百，如此众多的人口，还须有一定规模的斋堂和庖厨之属旁列于隐奥之处。为了接待信徒、香客，道观又多有宾客居所——馆舍的设立。由于道教在元初骤盛后，一些道宫虽名为闲静清高之地，而实际上和繁华的大官府无异。为了“避喧拨冗”，道长们往往于宫观周围附设别院，亦称“别业”或“下院”，其额仍曰“××观”。别院内部亦建有三清殿、斋堂、厨舍等，所居者多为年高德劭的道士。有些别院也挖泉掘池，整溪建桥，构筑亭榭，种花竹、植果木，因借院外自然之景，成为环境优美的居所。

明清道教宫观建筑在不断吸收融合儒、佛各类建筑的特色的基础上，成为最富变化且没有定型程式的宗教建筑类型。例如北京白云观，其入口牌坊、山门内的泮池、儒仙殿的供奉内容等是吸取了儒家文庙的形制；而钟、鼓楼、东西配殿格局，以三清阁结尾（即佛寺的藏经阁），以及戒台等又是从佛寺中吸取的手法；而后部自然式园林的云集园则是保持了道家的特色，使佛、儒、道三家建筑特点融为一体。

（二）寺观与山林风景

■佛寺与山水园林的结合 明清时期，佛寺的园林化及佛寺与山水景观的结合成为宗教建筑发展的一个趋势。例如北京香山寺、卧佛寺、碧云寺、戒台寺、潭柘寺，宁波天童寺、育王寺，天台国清寺，福州涌泉寺，杭州灵隐寺，广州光孝寺，成都文殊院等著名寺院，均极为注意体现山林意境和园林趣味，布局自由灵活，亭阁高下交错，环境美学及空间艺术有很大提高。例如乾隆十三年（1748年）新改建的北京碧云寺，在中路之尽端建造了一座金刚宝座塔以为全局之结束，右路仿照杭州净慈寺的规制增建了田字形的五百罗汉堂，左路增建了行宫及水泉院，使全寺呈现出内容丰富、空间变幻的新面貌。特别是水泉院结合山坡地形，清泉自山间流下，水声淙淙，回曲婉转，汇聚水池，池上建桥，岩际设亭，松声鸟语，刻画出一幅山林景色，是清代寺庙园林的佳例。

四川乐山乌尤寺亦是一座山寺，结合面向岷江的山势，沿江设旷怡亭、尔雅台、听涛轩、景云亭，把寺庙与风景绝妙地结合在一起。镇江金山寺环山而造，主要殿堂在山坡下半段，以回廊相联属，妙高台在山腰，留玉阁、观音阁在山顶，并在山巅临长江建立高矗的慈寿塔，饱览江天一色，形成对比度很强的立体构图，使金山岛四面皆可成景。此外，厦门南普陀寺与寺院后部的怪石、昆明西山太华寺西侧的水院、宁波天童寺的十里松林等都在艺术上取得了成功。著名的四大佛教圣地五台山、普陀山、峨眉山、九华山也都不同程度地展示了山地寺院建筑的风景特色。例如峨眉山报国寺、伏虎寺全寺分筑在五级台地上，洪椿坪、仙峰寺分筑在三级台地上，层台高耸，地形自然地赋予建筑以雄伟气势。由于山区用地狭窄不规则，所以峨眉寺庙多为楼房，有的甚至为三层，而且布局上不强调轴线与朝向，随山势走向而定，再加上灵活的穿斗架屋顶结构，穿插搭接，叠落自由，因此，寺庙的外观造型突破了传统寺庙的严肃立面，显现出具有灵活多变的建筑风格，与山势巧妙结合，相得益彰。

■道法自然与道观的景观特点　在道教传说中，神仙的住处多为名山仙境。昆仑、方丈、蓬丘三神山与祖、瀛、玄、炎、长、元、流、生、凤麟、聚窟十洲合称“十洲三岛”，为道士修道成仙之所。隋唐以后，天下名山中更有十大洞天、三十六小洞天和七十二福地作为神仙居处。在这些名山之上多建有道观，体现了道教崇尚自然、师法自然的思想。道法自然的思想对道教建筑的布局影响很大，明清道教民间化以后，道观又吸取了各地民居的建筑形式，使得其崇尚的自由式布局得到更进一步的发展。

除选址在山林峰谷之地的道观，著名的如武当山、崆峒山、青城山诸道教建筑群采用自由式布局外，城镇的宫观亦有许多新的变化。如成都青羊宫是采用层层主殿，不设配殿的道观布局。太原纯阳宫采用砖窑式四合院，与一正两厢式布局相结合，前后围成四套院落。灌县伏龙观最后一进的玉皇楼设计成两层的厂字形的围楼，突出于绝壁之上，形成岷江上一处绝妙的景观。

明清时期，借助建筑造型与群体艺术来表现“天宫玉宇”，成为道教建筑常用的手法。如四川江油云岩寺在笔直的八百余级登山路中间，利用天然的两座石峰标注为天门，以示进入天庭。安徽齐云山在登山路上利用一天然洞穴象征天门。明代武当山在登山路上设置三座天门，最后达到山顶的紫禁城南天门。清初建造的昆明鸣凤山太和宫金殿亦效仿古代成法，设三天门，最后达于紫禁城。中卫高庙在前佛后道的总体布局的中间石阶，增设了一座砖牌楼作为天门象征。荆州元妙观在玉皇阁与玄武阁之间也布置了一座三天门建筑。

道教宫观中常建楼居，以取得道家宣扬的与人天相通的感觉，如明代济源阳台宫三层的玉皇阁（高20米）、容县三层的真武阁、万荣三层飞云楼等，都是著名的楼阁建筑。清代的道观继承明代传统，继续以楼阁表现仙都，如娲皇宫主殿达四层，平罗玉皇阁、上杭文昌阁实、宁河天尊阁（清康熙年间建）、贵阳文昌阁均为三层高大的楼阁。与之同时，殿堂规制上亦出现大体量的建筑，如前述的成都青羊宫三清殿中柱高达15米，总面积1000平方米，青城山古常道观三清殿的面阔亦达30米，许昌天宝宫内的吕祖大殿面阔达11间。丰都山天子殿的主体建筑是四座建筑采用勾连搭方式连接而成，前三座构成纵长殿堂，后部又接建二仙楼一座楼阁，可登高瞭望，空间变化极为丰富。

（三）寺观的艺术表现

中国佛寺与道观建筑主要通过建筑外部空间的收放张合、高低错落达到富于变化的艺术效果。同时，宗教仪式活动中缭绕的香烟、悦耳的钟磬更加渲染出静谧幽深的宗教氛围。随着宗教活动要求的不断提高和建筑技术的不断发展，也产生出许多空间处理的佳作。早期的佛像设于佛塔之中，后随着佛塔的中心地位被取代，佛像也被供养于殿中。佛殿的建筑形制与住宅的厅堂相似，有些则直接利用原有住宅的厅堂改建而成。这些建筑平面为长方形，所供养的佛像于内部平行排开。寺庙中最主要的建筑一般为大雄宝殿，常供奉三尊佛像，称为三世佛。三世佛分为“竖三世”“横三世”两类。前者是指现在佛释迦牟尼、过去式佛迦叶佛和未来佛弥勒佛。释迦牟尼居中，迦叶佛和弥勒佛分列左右。“横三世”则中间供奉当今婆娑世界的释迦牟尼佛，两边分别供奉东方净琉璃世界药师佛和西方琉璃世界的阿弥陀佛。为增加室内空间的感染力，佛殿中采用了“减柱法”，即将位于佛像前的柱子减去，以“大内额”支撑屋上构架，从而扩大了佛像前的空间，更有利于人们的祭拜瞻仰活动。唐代以后，逐渐出现了供奉高大佛像的楼阁式建筑，以满足人们日益增长的宗教精神要求。这类建筑各层空间透空，以一尊通高的佛像贯穿各层，内部空间高耸而狭窄，更加对比出了佛像的高大，现存著名实例如蓟县独乐寺观音阁、北京雍和宫万福阁、承德普宁寺大乘阁等。位于蓟县的独乐寺观音阁建于辽统和二年，面阔五间，进深四间，上下两层，中间设平座暗层，总计三层。观音阁以佛像为中心建造，各层透空形成天井，围绕一通高十六米的十一面观音泥塑。天井空间的收放与佛像相吻合，空间狭小昏暗，唯独三层正面投入一束光线，照在观音像面部，营造出神秘的气氛。

相对于佛教建筑，道教建筑更加追求清静的艺术境界。道教体系宏大，神仙众多，教义教理也十分复杂，自然崇拜与先人崇拜错综交织，祭拜方式繁多而庞杂。为了能够清晰地引导人们的审美情感，创造完整的艺术环境，道教建筑常常以“题刻”“楹联”“匾联”作为提示、引发联想的重要手段，如泰山大观峰的刻石“天曰茫茫”“呼吸宇宙”“俯仰乾坤”“天柱东维”“超然尘表”等等。这些题刻与建筑及自然环境一起，引发审美的再创造，使人在登临山顶之时，心胸涤荡，顿生超凡脱俗的心境。对亭子和牌坊的应用是道教建筑的一大特点。传统建筑中，亭子往往用于灵活布局的自由式园林之中，而道教建筑却常将亭子筑用于建筑组群的轴线上，给予突出的地位。如成都的青羊宫，将八卦亭布置于三清殿之前，体型宏大，色彩华丽，地位突出。亭子以其华美多变的造型丰富了建筑组群，成为道教建筑群的亮点。道教建筑还常以牌坊作为串联建筑组群的重要节点。牌坊作为建筑的起点或过渡，起到了承接空间序列的作用。如青城山以“青城山”牌坊作为全山建筑的起点，以“天然图画”牌坊作为进入天师洞的过渡，以“龙跃仙踪”牌坊作为进入天师洞的门户。牌坊的反复应用起到了串联各组建筑的作用，使景区相互联接，一气呵成。

（四）古刹名观

■**东汉洛阳白马寺**　白马寺是最早见于我国史籍的佛教建筑，号称

“中国第一古刹”，是佛教传入中国后第一所官办寺院，在中国佛教史上占有重要地位，被佛教界尊为“释源”和“祖庭”。白马寺建于东汉永平十一年（68 年），距今已有近两千多年的历史。史载：东汉永平七年，汉明帝刘庄因夜梦金人，遂遣大臣蔡愔、秦景出使天竺寻佛取经。67 年，蔡愔、秦景与天竺高僧摄摩腾、竺法兰东回洛阳，藏经于鸿胪寺，并进行翻译工作。次年建寺，名白马寺。

关于白马寺的由来，历来说法不一。有人援引郦道元《水经注》中“白马负图，表之中夏，故意白马为寺名”。也有人认为，西域早建有白马寺，故白马得名只是从西方传来而已。白马寺的形制已无法确定，但据《魏书》卷一百十四《释老志》“自洛中构白马寺，盛饰佛图，画迹甚妙，为四方式，凡宫塔制度，犹依天竺旧制而重构之……”可见，寺院布局受西域影响，以佛塔为中心院落成方形。白马寺历经经两千年变化，早已不是原来的样子，但据史料文献还可大致了解原来的格局。白马寺山门为三拱洞式，中间拱上有“白马寺”三个大字。左右各石狮子一个，东西有两匹白马。四门内东西两侧为天竺高僧摄摩腾、竺法兰的墓冢，青石包砌。寺内有四座佛殿，分别是天王殿、大佛殿、大雄宝殿、接引殿。院后又一清凉台，高四丈余，建有昆卢阁，为白马寺的藏经阁。

白马寺是中国佛寺之首创，对后世影响极大。白马寺建成后，各地纷纷模仿，并以“白马寺”为名，一时间，白马寺名声远扬，被称为中国佛教的诞生地。现存白马寺是在明嘉靖三十年（1551 年）重修后的基础上历经修缮而来，现有天王殿、大佛殿、大雄宝殿、接引殿、昆卢阁等建筑，殿堂共达百余间。山门外有东汉来华的天竺僧报摩腾、竺法兰之墓，青石砌包。寺内有唐代经幢。元代华严大师文才撰言语收写的《洛京白马寺祖庭记碑》及原存石刻弥勒菩萨像已被盗往美国。

■**智化寺** 智化寺位于北京东城禄米仓胡同 5 号，为明英宗正统九年（1444 年）司礼监太监所建。原为王振家庙，后赐名报恩智化寺。寺内的建筑虽经多次修缮，然而寺内建筑的梁架、斗拱，却没有更换过，依然保存了原状。尤其是内部结构、经橱、佛像、转轮藏及其上面的雕刻，都保存了明代建筑的特征。智化寺是北京城内比较完整的明代建筑，有很高的艺术价值。

该寺坐北朝南，规模宏大，原共有五进院落，主要建筑有智化门、钟鼓楼、智化殿及东西配殿、如来殿和大悲堂。山门面街，为砖砌仿木结构，黑琉璃瓦歇山顶。山门内，东西有钟楼、鼓楼，均为黑琉璃瓦歇山顶，方形，下层为拱券门，上层四壁为木障日板，四出门，各有一匾为“钟楼”“鼓楼”。

第一进中轴线上主要建筑为智化门，殿前左右各一碑，西为“敕赐智化禅寺之碑记”，东为“敕赐智化禅寺报恩之碑”。殿内原有弥勒佛像，背后有韦驮像。智化门后即为智化殿，为黑琉璃歇山顶，面阁三间，18 米宽，进深 14.5 米，重昂五踩斗拱，后带抱厦一间，灰筒瓦悬山卷棚顶。内为彻上明造，原明间有造型精美的天花藻井，民国时被古董商盗卖给美国人，现藏在美国费城艺术博物馆。该进院内西为藏殿，东为大智殿，皆为黑琉璃瓦歇山顶，面阔三间。

第三进殿为如来殿，又叫万佛阁，分上下两层，上层为黑琉璃瓦庑殿式顶，面阔三间，进深三间，单翘重昂七踩斗拱，四周环以围廊。下层面阔五间，进深三间。该殿上下两屋墙壁遍饰佛龛，供奉佛像九千余个，故上层檐匾额为“万佛阁”。下层明间供如来佛，两次间各有曲尺经橱，为明英宗御赐。万佛阁内也有一造型绚丽的藻井。藻井分三层，下层井口为正方形，中层井口为八角形，上层井口为圆形，顶部中央有一条俯首向下的团龙。八角井分别取雕着八条腾云驾雾的游龙，簇拥着中间巨大的团龙，呈九龙雄姿。各斗之间刻有构图饱满、线条洗练而挺秀的法轮、宝瓶、海螺、宝伞、双鱼、宝花、吉祥结、万胜幢等八珍宝，还刻有八个体态丰腴、姿态优美、手托宝物的飞天，衣带飘逸，呼之欲出。现这藻井在美国纳尔逊博物馆。第四进殿为大悲堂，旧名极乐殿，黑琉璃瓦歇山顶，面阔三间。最后一进为万法堂，今已无存。

■隆兴寺　隆兴寺是中国现存时代较早、布局较为完整的大型寺院，位于河北正定县城东门。始建于隋，初名龙藏寺，宋初开宝四年（971 年）改名为龙兴寺，清康熙、乾隆改名为隆兴寺。因寺内供奉着一尊巨大的铜铸菩萨，因此又俗称大佛寺。寺院占地约 5 万平方米，平面呈长方形，布局和建筑保留了宋代的建筑风格，主体建筑都分布在南北中轴线及其两侧，依次为天王殿、大觉六师殿（今存遗址）、摩尼殿、戒坛、慈氏阁、转轮藏阁、御碑亭、大悲阁、弥陀殿等。

位于中轴线前部的摩尼殿，始建于北宋皇拓四年（1052 年），平面布局呈十字形，四面正中各出抱厦，重檐九脊歇山顶，遍覆布瓦，又有绿琉璃瓦剪边，建筑的形式富于变化。位于中轴线后部的大悲阁是寺内的主体建筑，阁高33米，五檐三层，面阔七间，进深五间，歇山顶上覆盖着绿琉璃瓦。根据文献记载，阁建于北宋开宝年间（968—976年），1944年重修，整个建筑虽略有改观，但仍不失当年“重檐通霄汉，正殿俯星辰”的恢宏气势。阁内矗立的一尊千手千眼观音铜像，是宋太祖赵匡胤敕令建造的，铜像高22米，面容端庄清秀，衣纹线条流畅飘逸。观音像有42臂，分别手持日、月、剑、杖等各式法器，是中国现存最高大的铜佛像之一。

全寺在布局上分为前、中、后三个院落纵向展开，山门内为一长方形院落，钟楼、鼓楼分列于左右，中间为大觉六师殿（现已毁），北进为摩尼殿，其前又有左右配殿。再向北入第二进院落，迎面为戒坛（已毁），环以周围廊，透过围廊，高大的三层佛香阁和东西各两层的转轮藏殿与慈氏阁隐约可辨，待穿过回廊，一组大小有别、位置有序的建筑组群豁然目前，形成整个佛寺建筑群的高潮。此后又有一座弥陀殿位于寺院北端作结，使整个布局完整而富于韵律美。这座依中轴线作纵深布置的建筑群自外而内纵深展开，殿宇重叠，院落空间时宽时窄，彼此渗透，建筑形体高低错落，相互衬托，具有极强的感染力，表现了精湛的构图手法和独到的艺术匠心。这种以高阁为全寺中心的布局方式，是由唐中叶供奉大型佛像的做法演化而来。唐以后主要建筑向多层发展，陪衬的次要建筑随之增高，使规制更加宏伟，这也反映了唐末至北宋期间高型佛寺建筑的特点。

■**永乐宫**　永乐宫为元代著名道观，又名“纯阳宫”，是全真振重要据点之一。原址在山西芮城县永乐镇，位于中条山之阳，黄河之北。相传吕洞宾即出生于此地，唐代曾就其故宅改为“吕公祠”，岁时享祀。金代升观为宫，元时又大修，从1247年动工，至1262年才竣，使之成为与当时大都天长观、终南山重阳宫同享盛名的全真派三大祖庭之一。

现存永乐宫南北进深约400米，占地约150亩，轴线上的门殿共六进，中轴线上的无极门、无极殿、纯阳殿、重阳殿仍保持元代原状。木构架全为正规做法，和一般元代木构建筑的简率粗放、随意架设的情况迥然不同，大额、圆料、弯梁等被视为元代特色的构造手法也一律被摒除，而是更多地继承了《营造法式》所表现的宋代官式做法，从而使其殿宇成为北方元代建筑中的代表。1959年，因建造三门峡水库，将这组建筑完整地迁建于芮城县城北龙泉村。

永乐宫的殿宇设置反映了全真道派祖庭的特色。龙虎殿又称无极门，奉青龙、白虎二神，原来是永乐宫的大门。三清殿又名无极殿，为正殿，是永乐宫内规模最大的一座殿，因供奉祭祀道教神话中的玉清、上清、太清三座神像而得名。台基高大平坦，雄伟壮观，殿面宽七间，进深四间，殿顶用黄、绿、蓝三彩相间的琉璃浮雕相连，组成了五条屋脊，做工精湛，色彩鲜丽。殿内宽敞明朗，布满壁画，画面高达4.26米，全长94.68米，总计有403.3平方米，是元泰定二年（1325年）河南洛阳马君祥等人绘制。内容为《朝元图》，即诸神朝拜道教始祖元始天尊的图像，以八个帝后装束的主像为中心，四周围以金童、玉女、逃淞、力士、帝君、宿星、仙侯、仙伯、左辅、右弼等共计290多尊塑像，背衬浮腾的瑞气，足登线绕的祥云，一派仙境的景象。正殿之后的纯阳殿、重阳殿、邱祖殿三殿则是此宫所特有的建制。纯阳殿又称吕祖殿，奉吕洞宾（全真派的祖师之一，号纯阳），殿面宽五间、进深三间，八架椽，单檐九脊顶。殿的内部仅用四根金柱支承，大梁跨越四间，从而使大殿的空间显得异常开阔。从建筑物的形制来看，龙虎殿和三清殿用庑殿顶，而后面的殿则用歇山顶（邱祖殿已毁，屋顶形式不明），三清殿用七开间，其他各殿都是五开间，主次分明。各殿宇木构梁架上的彩画，沿袭宋代彩画传统，图案仍以构件的长短而定，三座大殿四椽栿上的彩画多似宋《营造法式》的豹脚合晕构图，又像苏式彩画中的包袱，于包袱之外用藻头，绘写生花。在丁栿和额枋的图案布局上出现了各种如意头、旋花组合成的藻头。在枋心则多设泥塑龙和彩绘龙，拱枋之间有锦纹、如意头、旋花和方胜等花纹，同时亦有青绿叠晕的做法。

■中卫高庙　明清时期，道观的建筑也愈发堂皇富丽，意在创造天宫楼阙的效果。如位于甘肃中卫县城北的中卫高庙，建在接连城墙的高台上（包括高台下的保安寺）。始建于明永乐年间（1403—1424年），清康熙年间重修，改称“玉皇阁”。现存高庙为清咸丰以后修葺增建，成为一处规模较大的古建筑群，与“大漠奇观”齐名，是中卫两大景观之一。

高庙建筑群分为两部分，前低后高，层层迭起。前有保安寺，山门朝南，两侧建有厢房，正面为单檐歇山顶的大雄宝殿。殿后为高台，有24级台阶，拾级而上，经牌坊、南天门、中楼，最后是高达三层的五岳庙、玉皇阁、圣母宫。这些主要建筑都在一条中轴线上，它们层层相因，逐步增高，气势雄伟。在高庙主体建筑的两侧，还有钟楼、鼓楼、文楼、武楼、灵官殿、地藏殿等配殿。在仅4000余平方米的高台上，建造了九脊歇山、四角攒尖、十字歇山、将军盔顶等各种类型的殿宇260多间。整个建筑群重楼叠阁，亭廊相连，翼角高翘，构成了迂回曲折的内外空间。

高庙的独特之处不仅在于其完美的造型，还在于它集儒、道、佛三教于一庙，是一座三教合一的寺庙。庙内共塑有各类神像174座，精美逼真。庙的砖雕牌坊上有一副对联："儒释道之度我度他皆从这里，天地人之自造自化尽在此间。"横批是："无上法桥。"庙里不仅供奉佛、菩萨，还同时供奉着玉皇、圣母、文昌、关公，佛、道、儒三教的偶像济济一堂。

中卫高庙的三层中楼，每层皆有十二个翼角，层层叠叠，又利用地形高差，分台叠落，将各台建筑山墙组成飞檐并列，十分壮观。

第六节　峻极于天——楼阁与佛塔

春秋战国时期，中国人就开始建造高台以通神灵。秦汉时期高台建筑盛行，至两汉，随着建筑技术的进步，则转为兴造高楼。由明器所见，楼阁高耸而峻拔。东汉印度佛教传入中国后，中国建筑中出现了一种称为“塔”的新类型，它们种类繁多，有楼阁式、密檐式、喇嘛式、金刚宝座式；功能不一，有佛塔、墓塔、风水塔等等，成为城市空间的标志，或风景名胜的点睛之笔。

（一）早期高台建筑

秦和汉代宫殿继承了春秋战国兴起的高台建筑做法，以高大的建筑体量增加宫殿的威势，且组合形式也更趋多样化。自秦穆公始，秦王便在营造宫室方面有好大喜功的传统，其所建宫殿被人叹之为“使鬼为之，则劳神矣！使人为之，亦苦民矣”。流行于秦汉时期的神仙方士之说对高台建筑的发展起到推波助澜的作用。在方士的鼓噪下，秦始皇和汉武帝无不梦想追求仙居生活的建筑环境，为此大起台榭，广置宫观，以模拟飘忽云端的神仙世界和摘星披月的神仙生活。而汉武帝则因方士献言“用仙露和玉屑饮之可以长生”而建柏梁台，上置金人承露盘。又听人说“仙人好楼居，不极高显，神终不降也”，便建蜚廉观与通天台。后柏梁台遭火灾而毁，武帝又信越巫之说，另起建章宫，复建神明台与井干台。神明台上建有九室，与井干台以辇道相连。此外，西汉时期见诸记载的高台建筑还有曲台、灵台、临华台、九华台、著室台、斗鸡台、走狗台、坛台、渐台、韩信射台、果台、望鹄台、眺蟾台、东山台、西山台、桂台、商台、避风台等。两汉时代的礼制建筑如长安明堂辟雍、王莽九庙、东汉洛阳灵台和辟雍等也都是高台建筑，可见秦汉时期是高台建筑的鼎盛时期。

高台建筑的功能主要为观测吉凶、游乐观望、宴请宾客，也有用来操演军队的，所谓“先王之为台榭也，榭不过讲军实，台不过望氛祥”，“大不过容宴豆”，常有较强的实用性。在神仙方士思想的影响下，高台建筑也融入了祭奠祈祷的内容，该时期礼制建筑中的明堂辟雍就属于祭祈性质的准宗教建筑，具有浓厚的象征意味。无论高台建筑的功能有何区别，其形式和构筑方法基本上是一致的。文献及实物留存下来的高台建筑的平面以方形居多，但也有个别为圆形。《艺文类聚》记有一座朝台，是汉代一位地方官吏为朝拜君王而建，其“圆基千步，直峭百光，螺道登进，顶上三亩，朔望升拜，号为朝台”。上台以“螺道登进”，与西亚古代的观星台像类似。曹魏时期，大型的高台建筑已渐次减少，著名者如曹操在邺都所建的铜雀、冰井、金虎三台，以及曹操为纪念官渡之战胜利建造的官渡台。东汉以后，随着建造技术的进步和建筑理念的改变，高台建筑逐渐退出历史舞台，而为更先进的楼阁建筑所取代。

（二）楼阁建筑

汉代建筑中多层楼阁的出现，打破了战国以来盛行的高台建筑均凭依土台而建的传统方式，它表明沿袭已久的木架结构已产生了质的变化。在外观上，多层楼阁除了体量高大，其总体轮廓又有上下等宽、下宽上窄及下窄上宽等多种形状。楼阁各层的立面均展露出柱、梁、枋等结构构件，并于檐下及平座下使用斗拱，柱间装置木构建筑通用的门、窗、勾栏等，从而在结构与造型上都呈现为既新奇又传统的建筑风格，不但使当时的单体与群体建筑都增添了新的风貌，而且还对日后中国佛教建筑中的楼阁式木塔，带来了直接和巨大的影响。将中国式的楼阁与印度的窣堵坡的造型融合在一起，形成了中国式的佛塔。《三国志·吴志》中记述了中国最早营建的佛塔，即汉末三国笮融在徐州所起之浮图：“垂铜盘九重，下为重楼阁道，可容三千余人。”以后历魏晋而至唐宋，木塔竞相攀峻争高，出现了许多千古流传的杰作。佛塔的兴建不断推动着木构建筑向高层迈进，将汉代的楼阁建筑技术推向了新的高峰。

■楼阁建筑的出现　早期传统木架构建筑，在经历了长期和大量的实践之后，发展到汉代取得了重大的突破，多层木柱梁式楼阁的出现与流行可谓其最重要的标志。依据东汉中晚期出土的陶质明器及画像砖，它们的结构与造型均已相当成熟。

汉代塔楼形象以三四层者居多，最高者可达七层（估计其实物高度当在二十米以上）。其类型依用途有住宅、仓屋、望楼、水阁、谯楼、市楼、仓楼、碉楼、角楼之类，或建于陆地，或处于水中。建于陆地的实例较多，且常以独立的单体形式出现，或位于有门阙及围垣的庭院内。建于水中者，其下皆周以平面呈圆形或方形的水池，有的更于水池四隅建有方形亭状建筑。塔楼之上，往往置有饮宴、歌舞的偶人，以及执弓弩的卫士。出土于河南陕县的一座东汉陶楼即建于水中，此望楼立于圆形水盆中，盆中有水鸟嬉戏，盆缘处有守兵巡弋。望楼下层架空，由四根立柱支撑起上部的两层楼身，类似于干栏式建筑。此类建于水池中带有明显干栏意味的明器数量颇多，一定程度上说明了干栏式建筑与楼阁建筑渊源关系。东汉时期，高台建筑逐渐减少，楼阁式建筑则相应大量出现，反映了营造技术有了极大的提高。结构上加强了柱间的横向联系，柱子、地袱、额枋、斜撑与柱子形成完整构架，并产生了新的建筑形象，与此相应，社会的审美趣味也出现了积极的变化。

■楼阁建筑的艺术特点 出土中的东汉明器中可以看到大量的楼阁，且有高达五层之多的，多是为了望御敌之用。东汉时期的楼阁不但数量多，形式也是多种多样，有的在腰檐上设置平座，沿座座周边施勾栏，再在平座上架立上一层楼身；有的则在各层间只设腰檐，不加平座；也有相反不施腰檐而只设平座的。平座的设置目的在于凭栏远眺，而腰檐的挑出则在于保护土墙或木构楼体不受雨淋。层层屋檐和平座的水平线条强化了楼阁高耸的体形和向上的动势，并使楼与其他以水平线条为主的单层殿堂取得良好的协调。

楼阁建筑不但向高度上挺进，体量上也愈发宏伟。曹魏黄初二年（221 年）文帝曹丕在洛阳建造了一座凌云台，其上楼阁耸立，《世说新语》描述其楼阁：“楼观极精巧，先称平众木轻重，然后造构，乃无锱铢相负。揭台而高峻，常随风摆动，而终无倾倒之理。魏明帝登台，惧其势危，别以大材扶持之，楼即颓坏，论者谓轻重力偏故也。”木构楼阁为节点铰接的柔性结构，虽“随风摇动”但并无危险，而若以大木扶持，至柔性不存，反致倾坏，由此可见当时造楼技术已达到相当高的水平。《艺文类聚》引《博物志》载：“江陵有台甚大，而唯有一柱，众梁皆共此柱。”所谓“台”者，实指楼阁，独以一柱而支撑庞大的阁体，除非掌握了娴熟的杠杆原理和运用精湛的木构架的建造方法，否则是难以成功的。此外，如魏明帝曹睿于洛阳城西北角筑金墉城，“起层楼于东西隅”，内有楼高百尺，其大厦门门楼三层，亦高百尺。后赵邺城的凤阳门，“五层楼，去地二十丈，长四十丈，广二十丈，安金凤凰两头于其上。”河南洛宁4号墓出土了一座五层高的东汉陶楼，平面方形，由下向上层层收分，各层柱子微向内倾，最上一层覆盖庑殿顶，用短脊，中立一鸟，其造型已与后世的佛塔十分相近。如将庑殿顶改为攒尖顶，立鸟改为塔刹，即为一座典型的楼阁式佛塔了。

（三）存世的楼阁

现存的楼阁主要是明清时期所建。随着工程技术的进步，明清时期出现很多巨大体量的佛殿佛阁，如北京清漪园40米高的佛香阁，为清代第二大木构建筑；常州天宁禅寺大雄宝殿高达“九丈九尺”，殿内独根柱高九丈；又如张掖宏仁寺的大佛殿，建于康熙年间，为了包容殿内身长的泥塑大卧佛，而将此殿建为面阔九间，进深七间，面积达1300平方米的两层佛殿。清乾隆二十年（1755年）乾隆帝平定准噶尔部达瓦齐叛乱后，为了庆功，于乾隆二十年十月在承德避暑山庄宴飨参加平叛的赍厄鲁特四部，分别封以职衔，并依西藏三摩耶庙之式建庙，名为“普宁”。建于庙内的主体建筑名“大乘之阁”，高39米，高大伟岸，在中国现有的木构建筑中高度居第三位，是这出时期大型楼阁建筑的佼佼者。

还有一些建筑与山水结合，造型独特，构思巧绝，如鬼斧神工，显示了中国古代建筑的特有神韵。如附靠于四川忠县长江北岸玉印山的石宝寨，是附崖建筑的代表。玉印山为一孤峰，四周峭壁如削，山顶上有一座天子殿，登临此处，可俯瞰长江滚滚巨流，山光帆影尽人眼帘。登顶的唯一通路即是这座九层高的附崖楼阁，高50余米，层层递升，直通山顶，最上又复以重檐方亭，累计有十一层檐，犹如一座玲珑宝塔，成为独特的江上奇观。山西浑源悬空寺也是一座与之比美的建筑杰作，它不仅附崖建造，而且悬挑在山崖峭壁的半山腰，以悬梁或支柱承托楼阁。楼阁间以栈道相通，登楼俯视，如临幻境，云飘雾漫，渊深流急。在谷底仰望悬空寺，有如仙山楼阁。此外，武汉黄鹤楼、南昌滕王阁为依据古代绘画和传说仿建的楼阁建筑。

■普宁寺大乘阁 大乘阁平面为凸字形，面阔七间，进深六间，柱网分布为内外两圈，底层的正面有突出的抱厦五间。阁的外观呈现为五层，出檐为六层，阁的中央由内圈柱围合宽五间、深三间的空井直通四层天花板下，高达24米。空井中供奉着一尊金漆木雕千手千眼菩萨像，下为高2.22米的石雕须弥莲花宝座，座上像高21.85米，重110吨，佛像有42只手，除两手合掌外，其余手均持各式法器，神态威严，是中国著名的大型木雕佛像之一。在空井周围设有跑马廊，用以观瞻佛像。

图24　大乘阁

大乘阁的外轮廓自上而下逐渐内收，层高也逐层降低，使得体型稳定而高耸。由于每层均挑出屋檐，加之棂花门窗细致精美，使得阁体在伟岸中又不失轻巧之感。为了与环境相互协调，大乘阁的立面采用了不同的处理手法，在南立面为了突出建筑的入口和显示楼阁的高耸，将第二层处理为重檐，形成六层屋檐的外观。为突出主入口，在第一层建筑的正面增建五间歇山顶的抱厦，抱厦两侧的屋顶作卷棚式，同时第二层重檐的下檐也做成卷棚式与之形成呼应。阁的东西侧立面下部两层做成带有藏式梯形窗的实墙，三层位置开镂空的棂花窗，两者形成虚实对比，丰富了墙面的表现力。为了侧面的实墙不显得过于封闭，在实墙的下半部作了三间抱厦式空廊，可通楼梯间。在阁的两侧有红墙围绕，侧面山墙抱厦的屋檐和隐约露出的墙头，与南面建筑入口的抱厦取得了呼应。阁的北面紧靠山体，室外地平与室内二层相平，外观只有四层，每层均用一道屋檐，意在简洁，并和山体融为一体。阁的精彩部分在其屋顶，共由五个攒尖式屋顶组成，象征着须弥山。中央的屋顶建于第五层之上，下面四个小顶座于第四层上，象征着金刚宝座塔。丰富的组合屋顶打破了单一屋顶的呆板，使整个建筑造型显得活泼、新颖。五个屋顶上置有鎏金宝顶，在蓝天的映衬下格外耀眼，也与四周深绿色的古松、错落布置的红白台等附属建筑构成强烈的色彩对比。

■经略台真武阁 广西容县城东的经略台真武阁是这一时期具有特色的地方楼阁建筑，该阁始建于唐大历三年（768 年）。根据文献记载，当时著名的诗人元结任容管经略使时，为了操练军士和欣赏风景，修筑了经略台。台长约 50 米，宽约 15 米，高约 4 米，中间夯土，四周用砖石砌筑，坚实稳固。明洪武十年（1377 年），“建玄武宫于其上”，奉祀真武大帝以镇火神。明万历元年（1573 年）又大兴土木加以扩建，建成一座坐北朝南的三层楼阁，阁楼周围还有廊舍、垣墙、钟磬、鼎炉等附属建筑和设施。经过数百年的风雨，几度兴废，仅真武阁仍巍然屹立，保存至今。

图 25 经略台真武阁

阁通高 13.2 米，面宽 13.8 米、进深 11.2 米，用近三千件大小不等、坚如石质的铁力木构件组合而成，楼阁的底层开敞，矗立着二十根笔直挺立的巨柱，八根直通顶楼，是三层楼阁全部荷载的支柱。柱之间用梁枋相互连接，柱上各施有四朵斗拱，上面承托四根棱木，有力地把楼阁托住。

二层楼有四根支柱，用以承负上层的楼板、梁架、配柱和屋瓦等。该楼阁结构中最为奇特、最为精巧的部分是脚柱悬空离地3厘米，其成因在于悬空的柱上，分上下两层有十八根梁枋穿过檐柱，组成两组严密的“杠杆式”的斗拱，拱头承托外面宽阔的瓦檐，拱尾托起室内的悬空柱，这种像天平一样维持一座建筑物平衡的独特“杠杆结构”。全阁的建造均以榫卯连接，历经四百多年的风雨袭击和地震摇撼，仍稳固如初。

（四）楼阁式塔

佛塔的原型来自古代印度的坟冢，译为窣堵波、塔婆、浮屠、浮图等，早期的窣堵坡留下的很少，位于印度中部桑吉的大窣堵坡是该类型建筑物的代表，尽管在19世纪进行了重新修葺，但桑吉窣堵坡仍保持着公元前273年至前236年阿育王期间的基本形式。窣堵坡的象征是沿袭传统模式设计的：甬道环绕着巨大的圆顶旋转，顶部是伞状宝刹，四个塔门装饰着象征佛法的车轮、菩提树、三叉戟和莲花。栏杆划出步行道，这一点很重要，以便让朝圣者顺时针沿神道完成虔诚的仪式，并观瞻刻在墙上的有关佛祖的生平故事。窣堵波式塔塔传至中国后，逐渐演化为贮藏有佛舍利、佛像、佛经之所，成为佛教专有的纪念性建筑。除模仿印度窣堵波的窣堵波式塔外（实例如酒泉的段儿塔、高善穆塔、敦煌三危山塔、沙山塔等），还有多种变体，如像永宁寺塔这样的与中国汉代楼阁相结合的楼阁式塔，以嵩岳寺塔为代表的密檐式塔，以及金刚宝座式塔等样式。其中以楼阁式塔和密檐式塔在中国发展最为广泛，艺术成就最高。

■楼阁式木塔　这种塔体量庞大，细部精美，是中国古塔中尤具特色的一种类型，是传统木构建筑的竖向发展。北魏洛阳永宁寺塔为中国第一高塔，其遗址位于今洛阳东十五公里的汉魏故城遗址内。寺院围墙经勘察，平面长方形，南北305米，东西260米，中心为永宁寺塔遗址。现高出地面约5米，基座呈长方形，四周有夯土，分上下两层，皆为夯土版筑而成。塔北有一片较大的夯土台基遗迹，东西60余米，建筑面积达1300平方米以上，为正殿基址。据《洛阳伽蓝记》记载，正殿“形如太极殿”，殿中有一尊高一丈八尺的金像为主像，另有十尊与人等高的金像，以及彩珠像、玉像、金线织成的像数尊，做工十分精巧。永宁寺遗址的山门、佛塔及正殿均位于中轴线上，而以塔为中心，殿在塔后，这是中国早期佛寺建筑的典型布局。永宁寺始建于北魏孝明帝熙平元年（516 年），寺塔的兴建动用了大量的人力物力。为了建造永宁寺塔，动用了京师数万人，工程浩大，极尽奢侈。永熙三年（534 年）二月，遭雷击起火而焚毁，仅存 18 年。据称，火从塔的第八级开始烧起，经三月不灭，有的火顺着柱子燃烧，进入地下。

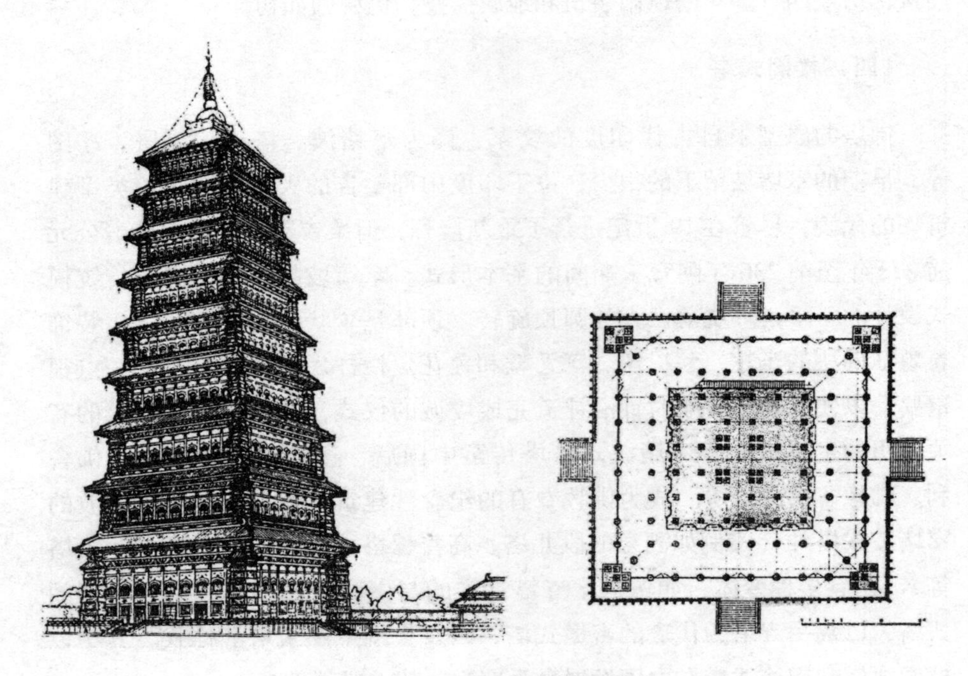

图 26　北魏永宁寺塔复原

根据中国社会科学院考古研究所洛阳工作队的发掘简报，佛塔基址有上下两层夯土台，分别是塔的地下基础和地上基座部分。上层夯土基座周围包砌青石，座上有开间、进深都是九间的纵横柱网，中部柱网插在土墼实体中，最核心部位以密集的十六根柱子纵横排成一个坚实致密的中心柱束。依《洛阳伽蓝记》记载折合公制，塔高达 255—295 米。而以《水经注・谷水》记载此塔之高“自金露盘下至地四十九丈”，同书又记“浮图下基方十四丈”，若以遗址方 38. 2 米的台基折合，每丈合 2. 7 米。以后者计，塔的高度也达 134 米，相当于中国现存唯一楼阁式木塔应县木塔（高 67. 3 米）的两倍，仍然十分惊人。塔内中央是一个由木柱与土墼实体构成的坚强核心，从一至六层，实体越来越小，七层以上为全木结构，总体仍存“高台建筑”遗意，是高台建筑到楼阁的过渡形式。但从柱础的格局可以看出，当时的木构承重体系已经形成，但还需夯土高台为塔心起到稳固结构的作用。这座中国有史以来最高大的建筑在建成以后仅十八年就毁于雷火，魏帝遣御林军千人救火，仍然没能扑灭，时人“莫不悲惜，垂泪而去……悲哀之声，震动京邑”。

建于辽清宁二年（1056 年）的佛宫寺释迦塔为现存最著名的楼阁式木塔，俗称应县木塔，坐落在山西应县城内西北佛宫寺内。塔的总高度为 67.3 米，是世界上现存体量最大、最高的一座木塔，也是我国保存最完整的木塔。

木塔坐落在二层 4 米高的台基上，平面为八边形，底层直径 30.27 米，是古塔中直径最大的一座。塔的外观为五层，因底层加有一圈称为副阶的外廊，故有六层屋檐。在塔的内部各层之间均设有一道结构暗层，故室内为九层。木塔的结构形式独特，采用内外两槽立柱布局，构成双层套筒式结构。柱头间有栏额和普柏枋，柱脚间有地栿等水平构件，内外槽之间有梁枋相连接，使得双层套筒能紧密结合。木塔的暗层中使用了起圈梁作用斜撑构件，加强了木塔的整体性。

应县木塔的造型设计较充分地说明了当时建筑匠师构思的精湛。首先是木塔有符合自身木构特点的合恰比例，塔的总高度（地面至塔顶）恰等于中间层（第三层）腰围内接圆的周长。其次是塔身自下而上有节制地收分，每一层檐柱均比下一层向塔心内收半个柱径，同时向内倾斜成侧脚，造成总体轮廓向上递收的动势。与此相应，各层檐下的斗拱由下至上跳数递减，型制亦由繁化简，如全塔内外檐斗拱共有 54 种，集各式斗拱之大成。同时各层屋檐依照总体轮廓所需要的长度和坡度，以华拱和下昂进行调整，使之不但创造了优美的总体轮廓线，而且檐下构件也丰富多变。再者是木塔的立面划分富于匠心，六层出檐与四层平座栏杆把塔身划分为十道水平线，使木塔在仰视中极富层次，同时平座与屋檐有规律地一放一收，产生了强烈的节奏韵律感，使得外轮廓线更为丰富。底层副阶所伸出的屋檐远较其上各层深远，从而在视觉上把高大的塔体过渡到两层水平展开的平台上，再通过后者过渡到地面，使整座木塔极富稳定感和力量感。木塔各层的出檐虽然深远，但起翘并不十分显著，这与该塔的整体造型比

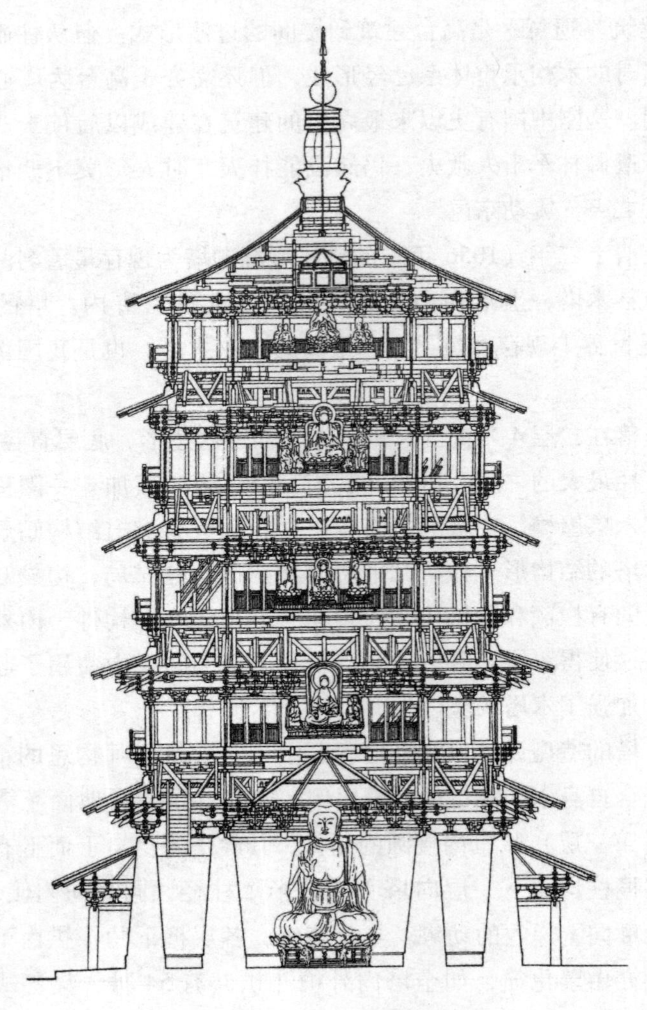

图 27　应县木塔剖面

例和所处的地理环境非常谐调，似有唐代敦厚浑朴的遗风。除此之外，该塔顶部的塔刹形制也极坚实有力，高度与塔的比例吻合，平添了木塔的气势与壮美。

■楼阁式砖塔　早期的楼阁式塔均为木造，唐以后则多为砖石塔所取代，目前中国保存下来的唐代楼阁式塔全是砖石塔，如大雁塔、玄奘塔等。大雁塔位于西安南郊和平门雁塔路南端的慈恩寺内，初建于唐高宗永徽三年（652 年），长安年间（701—704 年）改建，后又经历代修建。该塔原为安置玄奘由印度带回来的佛经而建造的，因坐落在慈恩寺，故又名慈恩寺塔。大慈恩寺原是唐长安城内最著名、最宏丽的佛寺，是唐贞观二十二年（648 年）太子李治为了追念他的母亲文德皇后而建。唐三藏玄奘当年在这里主持寺务，领管佛经译场，创立佛教宗派，寺内的大雁塔为其亲自督造的。

大雁塔初建时只有五层，武则天时重修，后来又经过多次修葺。现存的大雁塔是七层，共 64.1 米，呈方形角锥状，逐层向内收分，造型简洁，气势雄伟。塔身为青砖砌成，磨砖对缝。塔的各层壁面作柱枋、栏额等仿木结构，每层四面都有券砌拱门，内有塔室，可盘旋而上，凭栏远眺四方，北面的西安城区，南面的曲江风景区和终南山，均可以尽收眼底。唐代学子考取进士后，都要登上大雁塔赋诗并留名于雁塔之下，号称“雁塔题名”，现大雁塔底层还保留有唐代线刻画。大雁塔底层南门两侧，镶嵌着唐代著名书法家褚遂良书写的两块石碑，一块是《大唐三藏圣教序》，另一块是唐高宗撰《大唐三藏圣教序记》。碑侧蔓草花纹，图案优美，造型生动。这些都是研究唐代书法、绘画、雕刻艺术的重要文物。

两宋时的仿木楼阁式砖石塔在技术上达到成熟，造型上朝两个方向发展：其一是模仿木塔的结构和比例但细节简化，突出砖石塔高耸挺拔的总体形象。如定县开元寺塔，又称料敌塔，塔的平面为八角形，高十一级，84 米，是国内现存最高的古塔。该塔第一层较高，上设腰檐平座，以上十层则唯有塔檐而无平座，塔檐的形式是用砖层层叠落挑出短檐，短檐的断面呈凹曲线，塔的四正面均辟有门，其余四面则饰以假窗。总的来看，此塔比例适度，外观挺拔秀丽，而细部处理又极为简洁，较为成功地塑造了砖石楼阁塔的艺术形象。另一类仿木楼阁式砖石塔是追求细部的惟妙惟肖。如福建泉州开元寺双塔，二者平面均系八角形，其中东塔高 48 米，西塔高 44 米，建形式都是典型的仿木石塔，檐柱、梁枋、斗拱、挑檐等等构件，均用石头精雕而成。设计者的主要着眼点在仿木构建筑的细部上，并未在塔的总体造型比例及气韵构思方面有所创新，石塔自身的艺术形象方面鲜有探索。

■混合结构的楼阁式塔　除纯粹的木结构和砖石结构外，两宋时期还出现了混合结构的楼阁式塔，其特点是内部塔心为砖石结构，而外部的平座、腰檐等均为木构的塔。此类塔结构上虽与木塔相异，但外观上并无二致，只是由于砖石塔心较木构更为坚固，所以往往更为瘦高干挺。建于北宋太平兴国二年（977 年）的上海龙华塔是混合结构楼阁式塔中年代较早的一座，现存塔身和基础还是千余年前的原物，塔檐和平座栏杆虽经历代修复，但仍保持着宋风。该塔的平面内为四方形，外为八边形，高七级，44 米。与辽代的木塔相比，比例更为纤细高耸，体态更为秀丽玲珑。此外，江苏苏州瑞光塔、报恩寺塔（苏州北寺塔），浙江杭州保俶塔、雷峰塔等也是这一时期混合结构楼阁式塔的重要作品。此外，还可提到的是铸铁楼阁式塔，如广东广州光孝寺东西铁塔、湖北当阳玉泉寺铁塔、江苏镇江甘露寺铁塔、山东济宁和聊城铁塔等，均雕模铸制，十分精美，具有很高的技术和艺术水平。

（五）密檐式塔

在楼阁式塔发展的同时，唐宋时期的密檐塔取得了很大发展。早期的如嵩岳寺塔，位于河南登封西北七公里的嵩山南麓，周围群山环抱，层峦叠嶂，苍茫如海，景色十分秀丽，坐落在其中的寺塔是中国现存最古老的密檐式砖塔。唐宋时期的密檐塔具有较鲜明的时代风格，其中又以辽、金的密檐塔尤具特色，其形制一般下为须弥座，座上设砖石斗拱与平座，平座上饰以门窗及天神等，上部以斗拱支承各层密檐，塔多实心，不能登临，是古代一种较典型的造型艺术，实例如觉山寺塔与天宁寺塔。辽、金密檐塔遗存下来的数量很大，其中很多都有较高的艺术价值，实例如北京通县燃灯塔，河北昌黎源影塔、正定临济寺塔，辽宁锦州广济寺塔、北镇崇兴寺双塔、辽阳白塔等。从这些密檐塔总的风格上，可以看到时代变迁所镂刻下的痕迹，一方面是高大的基座、挺拔的塔身、简朴的叠涩塔檐以及整体敦厚雄浑的风格都有前代古塔的遗韵，而其细部的精美、装饰手法的多样又恰恰勾勒出位于风格嬗变时期的时代特征。

■嵩岳寺塔　嵩岳寺初名闲居寺，原来是北魏宣武帝和孝明帝的离宫，后因北魏推崇佛教，遂改宫为寺，孝明帝曾经亲自在此讲授佛经。当时寺院规模十分宏大，文献记载说：“广大佛寺，禅极国材，济济僧徒，弥七百众，落落堂宇，逾一千间。”隋唐时期，寺院更改为今名，屡经扩建，各种建筑一应俱备，楼宇交辉，亭阁毗连，极其豪华富丽。武则天经

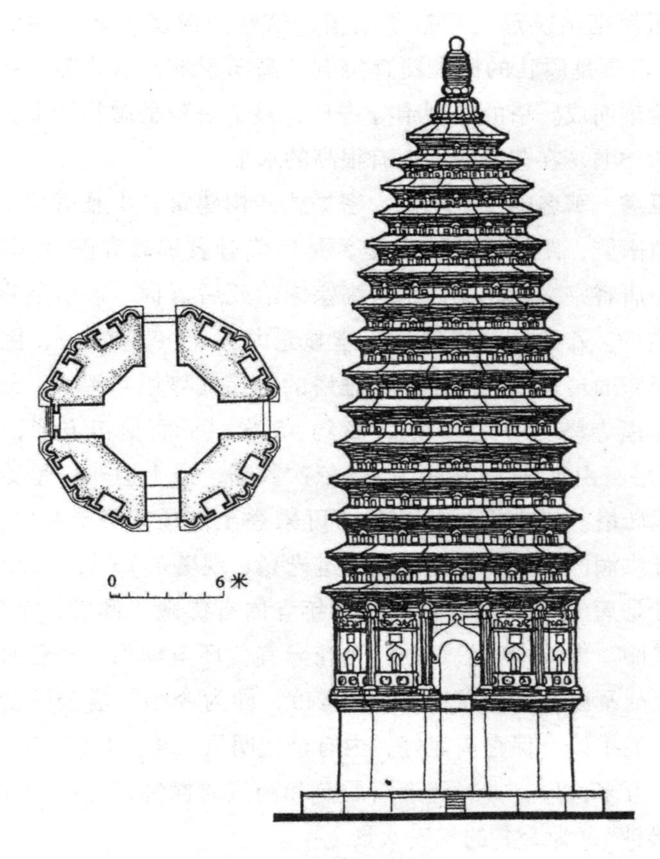

图 28　北魏嵩岳寺塔

常居住于此，一度把它改为行宫。唐代以后逐渐衰落。

嵩岳寺原有建筑今天仅仅存有嵩岳寺塔，其余的建筑如山门、大雄宝殿、伽蓝殿、白衣殿等，均为清代所增建。塔建于北魏正光年间（520—524 年），距今已有 1400 多年的历史。塔高约 40 米，塔基高 0.85 米，平面呈十二角形，周长 33 米，外部以密檐分为十五层，内部以内檐分为十层。塔身四壁开辟有券门，门洞宽敞高大，门额呈尖拱状，上面装饰有“山”字形莲花纹。塔身中部以叠涩砖砌腰檐一周，将塔身分为上下两部分，下部素壁，质朴自然；上部的装饰十分丰富，变化多样。辟门四壁以外的八面墙壁各雕砌有单层方塔式壁龛一座，突出于墙壁之外。通过尖拱状龛门，就可进入壁龛的内室，室内尚保存有彩绘的佛像壁画。另外，塔身每层各面都砌出拱形门和被子棂窗，这些门窗多为装饰性的，总共有500多个。塔顶是硕壮的砖雕覆莲宝刹，高3.5米，以仰莲承接相轮，全部用砖石雕刻而成。塔的造型十分古朴，整个塔身呈抛物线形，线条清晰流畅，雄伟秀丽，在艺术造型上有很高的水平。

■**小雁塔** 著名的小雁塔也为密檐式砖构建筑。小雁塔位于西安南门外友谊西路南侧，距城区约一公里，是唐代著名佛教寺院荐福寺的佛塔。荐福寺建于唐睿宗文明元年，是唐高宗李治死后百日，宗室皇族为他“献福”而建造的。小雁塔建于唐中宗李显景龙元年（707年），因塔的规模较小，外形秀丽玲珑，与慈恩寺大雁塔的雄伟气势相互辉映，故俗称小雁塔，又名荐福寺塔。塔共15层，高约45米，平面呈正方形，底层边长11.38米，塔身由下向上，每一层皆依次收缩，愈上愈小，呈锥状，为典型的密檐式砖塔。塔内设楼板旋梯，可攀登至塔顶，每层有塔室，室南、北中央各开拱洞门一个，可通风和透进光亮。现塔余13层，高36米。

荐福寺是唐时皇家寺院之一。当年寺内有佛殿、佛塔、金像、壁画，建筑装饰华丽。寺院中青松翠柏，名花异卉，环境幽雅，景色宜人。后来寺院因兵火战乱废弃，迁至南院（塔院），即为今小雁塔公园所在地。园内现存建筑经维修，保存尚完好，内有金代明昌三年（1192年）铸的一口铁钟，重一万多公斤。古时每天清晨有和尚按时撞钟，钟声清脆悠扬，号称“雁塔晨钟”，为著名的长安八景之一。

■**天宁寺塔** 天宁寺塔位于北京广安门外，相传为5世纪时北魏孝文帝创建，初名光林寺。隋仁寿二年（602年）改名宏业寺，唐代称天王寺。现存的寺塔是一座密檐式塔，建于辽代末年（12世纪），明清曾有所修葺，是北京市区内现存建造年代最早的古代建筑。

天宁寺塔平面八角形，砖砌实心，总高57.8米，飞檐叠涩十三层，立于方形平台上。塔座为须弥座式，座上砌束腰，以斗拱挑出平座、栏杆，其上以三重仰莲承托塔身。塔的四个正面砌半圆拱门，门内用砖雕出仿木构门扇，四斜面砌出破子棂窗，门窗两侧刻有浮雕，转角处砌有角柱，柱间砌有阑额、普柏枋。柱枋上以精确仿木结构的砖砌斗拱挑出塔檐，檐下亦刻出仿木结构的椽和望板，檐上覆瓦，十二层檐密接，手法略同于底层。十三层塔檐之上是比例壮硕的塔刹，以两层砖刻八角仰莲托起须弥座，上承宝珠。

图 29　天宁寺塔

天宁寺塔依层高渐次内收，轮廓略呈梭形，造型极为丰满。高大的基座、劲挺的塔身、线形刚直的层檐和壮健的塔刹都上承唐风，显示了一种雄伟豪壮的气质，然而其构图上轻重、长短、疏密相间的处理手法和繁密细腻的细部又表现出辽末建筑风格的明显变化，应是受到北宋建筑华丽细美的风格影响。

（六）其他类型的塔

除楼阁式塔、密檐式塔外，这一时期，还有一些富有特色和个性的塔，诸如单层的砖塔、花塔、土塔，著名者如四门塔与九顶塔、净藏禅师塔、敦煌城子湾花塔、正定广惠寺花塔等，以及自元代起开始流行的喇嘛塔，如北京妙应寺白塔、山西五台山白塔寺白塔等。

■四门塔　四门塔是一座高 15 米的单层石塔，位于山东历城县柳埠村的青龙山麓，始建年代为隋大业七年（611 年），是中国现存最早的石塔。塔身由巨大的青石砌成，平面正方形，边长 7.4 米，四面各开辟一个拱门，故而俗称“四门塔”。塔以造型简洁明快见长，塔身上部以石块叠砌出五层塔檐，层层增大，再上是呈四角攒尖式的锥形顶，上边是石刻的塔刹。塔的内部正中砌有硕大的四方形塔心柱，四周有回廊环绕。塔的顶部以三角形石梁搭接在中心柱与外墙上，以此承托上层的屋顶。柱上刻有四尊石佛，螺发高髻，结跏趺坐，面容端庄秀丽，佛身上还刻有东魏武定二年（544 年）的题刻。

图 30　四门塔

四门塔的四周旧时佛堂殿宇林立，现在保存下来的很多文物古迹，有祖师林、神通寺殿基、大小龙虎塔等，都具有很高的历史、艺术价值。位于附近的灵鹫山九塔寺遗址内，尚保留有一座唐塔，单层八角，顶部有小塔九座，俗称“九顶塔”。塔通高 13.3 米，塔身上部有砖砌的挑檐，顶上叠涩收进，形成八角形平座。平座上的小塔高 2.84 米，正中一塔高 5.3 米。塔的南边开辟有佛室，室内的天花藻井和壁画至今尚存。九顶塔的造型十分奇特，在中国古塔中十分罕见。

■**花塔**　花塔是出现和流行于宋、辽、金时期的一种独特的古塔类型，其典型特征是：塔的上半部装饰着各种繁复的花饰，宛如花团锦簇，令人眼花缭乱，故称花塔。其中所装饰的内容又极为丰富，有巨大的莲瓣，有密布的佛龛；有的雕饰出各种佛像、菩萨、天王力士、神人，有的则塑制了狮、象、龙、鱼等动物形象及其他图案，有的花塔原来还涂有鲜艳的色彩，十分华丽。花塔的出现和流行可以归结为两方面的原因：其一是古塔由功能性向装饰性过渡和由质朴向华丽演变的结果，其二是越来越多地受到印度、东南亚一些国家寺塔装饰雕刻的影响，使花塔逐渐成为一种纯粹的造型和雕刻艺术品。现存的十余座花塔多为单层砖造，个别为土塔，其中最著名的为广惠寺花塔，是现存花塔的佼佼者。该塔位于河北正定广惠寺内的丘冈上，系金代砖制花塔，型制为三层八角楼阁式，高45米，通体砖造。此塔的塔体造型极丰富多变。第一层塔身为八边形，四斜面附有扁平状六角形单层小塔，塔身正面及四小塔正面均有圆形拱门，塔身及小塔檐下均设有砖制斗拱。第二层塔身亦为八边形，四正面辟方形龛门，门侧设格子假窗，四斜面正中设直棂假窗，两旁为格子假窗。第二层塔身上出斗拱承托塔檐，檐上设八角形平座，座上再置第三层塔身，塔身四面辟方门，其余三面设假门，四斜面隐出斜纹格子窗。第三层塔身之上即是花塔的上半部花束形塔身，约占塔身全高的三分之一。塔身上按八面八角的垂直线，塑刻出虎、狮、象、龙和佛、菩萨等形象。自花束状塔身以上用砖刻制出斗拱、椽、飞檐和枋子，上覆八角形塔檐屋顶，顶上冠以塔刹。无论是造型还是装饰，该花塔都是这一时期的代表作品，端庄稳重中包含着挺峻秀美。当初该塔表面绘有彩画，富丽异常。

现存较著名的花塔还有敦煌城子湾花塔、井陉花塔、丰润车轴山花塔、北京坨里花塔、太原日光月光佛塔等。花塔保存下来的数量虽然不多，但因形式特异而弥足珍贵，特别由于它仅仅流行于宋、辽、金这一建筑风格变异时期，元以后而绝迹，因而对阐释这一时期的建筑风格更有重要意义。

■喇嘛塔　喇嘛塔的原型是印度的窣堵波，元代时，窣堵波经尼泊尔等地再度传入内地，成为当时佛塔的主要一种类型。因为藏、蒙喇嘛教建筑多采用这种形式，故又称喇嘛塔、藏式塔，当为中外文化交流及汉藏文化交流的一个见证，其中最有代表性的即为北京的妙应寺白塔。该塔位于北京西城阜成门内大街，原称圣寿万安寺浮图，始建于元至元八年（1271

年)，元至元十六年（1279 年）建成，为元大都最重要的建筑遗存，也是现存中国最大的喇嘛塔建筑。

白塔由台基、塔身和相轮塔刹三部分组成，台基高 9 米，分三层，底层为平面方形的石基，上面两层为平面亚字形的须弥座。须弥座上用砖砌筑出巨大的莲瓣，构成形体雄浑的莲座，用以承托塔身。塔身平面圆形，覆钵状，形似宝瓶，石砌砖表，实心。塔身比例粗壮，肩部圆转，下部斜向内收，表面原有宝珠、莲花雕刻，并垂挂珠网璎珞，现均不存。塔身之上为缩小的折角亚字形须弥座，座上矗立着下大上小急剧收缩的十三层砖砌实心相轮，即所谓“十三天”。相轮之上置巨大的铜制宝盖，亦称华盖，高达 9.7 米，宝盖四周垂挂流苏状的镂刻铜板和铜铎。宝盖上原安放有一宝瓶，现为一小喇嘛塔，高 5 米。塔体通饰白色，塔顶则显金色，金白相衬，显得圣洁而崇高。全塔总高 50.9 米，塔体比例匀称，造型古拙，气势雄壮。时人赞曰：“谁建浮图礼大千，灵光遥身白云莲。”

第七节 神秘笑靥——石窟与造像

与院落式佛寺同一时期发展起来的还有另一类佛寺形式，即石窟寺。这些石窟寺迄今仍有丰富的遗存，可供后人研读和欣赏。石窟的形成是4世纪前后从印度传入中国的，现存最早的石窟为新疆克孜尔石窟，又称克孜尔千佛洞、“褐色尔石窟”，开凿于4—8世纪，即东汉末期，6—7世纪为盛期，相继营造达五百多年之久，伊斯兰教传入后逐渐废弃。石窟群开凿在新疆拜城县东南60公里的悬崖峭壁之上，绵延数千公里，共有石窟236处，其中保存壁画的洞窟有74个，壁画总面积约1万平方米，壁画数量仅次于敦煌莫高窟。南北朝时期是中国古代石窟艺术的兴盛时期，开凿石窟已成风气，中国现存的大部分著名石窟即多为这一时期的作品，少量为后期作品。

在中国文化遗存中，佛教石窟占有重要地位，无论是丝绸之路，还是青藏高原，无论在东南沿海，抑或在中原名胜，都少不了石窟寺的身影。这其中规模较大且较著名的当属敦煌莫高窟、大同云冈石窟、洛阳龙门石窟，此外甘肃天水麦积山石窟（始凿于后秦）、新疆拜城克孜尔石窟、库车库木吐拉石窟、甘肃永靖炳灵寺石窟、河南巩县（现巩义市）石窟、河北邯郸响堂山石窟、山西太原天龙山石窟等也很有很高的艺术价值。

造像是石窟寺的主要内容。窟内佛像与受苦受难的基督圣像不同，它没有痛苦的神态，而总是眯着细长的眼睛，高居于须弥座之上，俯瞰着世界，嘴角露出一丝神秘的微笑。千百年来，它默默地接受着不知多少亿万次善男信女的膜拜，任鼓乐齐奏，香烟缭绕，注视着世事的变迁、沧桑的起落。

（一）窟型与窟檐

■窟型 从建筑的功能布局上看，石窟寺可以归纳为三种类型：一为塔院式（支提窟）——以塔为窟的中心，与初期佛寺以塔为中心是同一概念。典型的支提窟原型分为前后两部分，前部呈平面纵长方形，窟顶为圆筒拱形，是供信徒礼拜的“礼堂”；后部平面为半圆形，中央是圆形的石塔，窟顶为半穹隆顶。窟形的总平面像马蹄形，周绕石柱。中国的塔院式石窟是由这种石窟演化而来，同时它也是对当时中国流行的中心塔佛寺的模仿。云冈石窟中第2窟、第6窟、第21窟、第51窟等都是这种形制。第2窟保存较为良好，中心塔柱为三层，每层有周廊，四角有柱，塔柱上所雕斗拱、阑额等构件十分清晰。从中我们可以看到一斗三升、人字拱等样式，反映了当时的建筑形象。

二为僧院型（昆珂罗）——在方形的石室周围凿小窟若干，每窟供一僧打坐。窟中置佛像，僧人围绕佛像坐禅修行，类似原始的精舍。僧院型石窟实例可见莫高窟第285窟，正面开禅龛3个，两面开禅龛各4个，其形制源于印度的昆珂罗，传至中国，与佛寺中宅院式相对应。

三为佛殿型——平面呈方形或长方形，中心不设塔柱，正中窟顶作覆斗状或攒尖式。佛殿型可以被看作是昆珂罗的简化，一般在正面设佛龛，也有在正面及左右都设佛龛的，但不设禅龛。窟中以佛像为主要内容，相当于一般寺庙中的佛殿。唐代末期，出现了在窟中央设坛的布局，坛上列佛像，有的还在佛坛背后设屏，如莫高窟第98窟。可以看出，这是的窟已不再是整个佛寺的缩影，而是对一座佛殿内部格局的模仿。

■窟檐　石窟寺大多都有窟檐，这些窟檐忠实地反映着当时的建筑形象，它一方面为我们揭示出中国传统木构建筑结构的传承历史，同时也给我们展现出当时建筑细部尤其是斗拱的做法。窟檐可分为两种类型，一种如云冈石窟、天龙山石窟、响堂山石窟，其窟檐是从石质山崖上凿出的，以石雕反映建筑形态；另一种是将木构的窟檐建在崖面上，如敦煌莫高窟，这是由于敦煌鸣沙山的石质松软，不宜雕刻所致。石雕的窟檐完全仿木，柱、枋、斗拱俱全，檐椽、筒瓦也都清晰地雕出，准确反映当时的建筑面貌。如天龙山石窟中齐隋时期的窟檐，齐窟多用八角柱，隋窟则有用圆柱的。响堂山北齐洞窟中窟檐雕出仿木结构建筑形式的滴水、圆椽、筒瓦等，瓦垅上有八层叠涩脊，脊上浮雕大型山花蕉叶覆盖窟顶，大蕉叶拥托覆钵丘，丘上雕出象征塔刹的双层火焰宝珠。天龙山16窟完成于560年，其前廊面阔三间，八角形柱，比例瘦长，收分显著，柱础雕刻莲瓣，柱上栌斗、人字拱、一斗三升斗拱都雕刻得十分准确。木构的窟檐以洞窟为建筑主体，在其前面做檐廊。洞窟前凿崖为平台，檐柱立于崖石的地袱上。柱上的梁尾插到岩石里面，屋顶则倚靠崖石成一面坡顶型。莫高窟的窟檐保持了纯粹的中国传统木结构做法，说明石窟的中国化已十分成熟。

（二）石窟造像

石窟造像是石窟寺中重要的雕刻艺术。由于保存在石窟寺之中免受日晒雨淋的侵蚀，同时亦不像坛庙、寺观建筑中的塑像那样容易随着建筑的损毁而遭到破坏，而相对保存比较完好，故成为我国古代雕塑艺术中年代久远、数量众多、艺术价值极高的文化遗产。中国石窟造像艺术从萌生、发展到兴盛，融合了多种文化，不断变异，逐渐形成独特的艺术风貌。佛像是石窟造像的主要题材，早期传入中国的佛像主要以印度犍陀罗时期的佛经为根据，表现为“鼻高修直”“两目明净”“眉细而长”等特点。南北朝时期，石窟造像发展极盛，多种艺术风格并存，可谓中国雕塑史上大放光彩的时期。

北魏时期造像在很大程度上受到了西方艺术形象的影响，中国汉民族传统样式通过与欧洲、西亚雕刻艺术的相融相和，创造出新的艺术形式，如云冈雕饰中的莨菪叶、飞天手中的花环，都是从希腊传来后中国化了的形象；石窟顶棚的大莲花、浮雕塔的相轮，则直接受到了印度影响。佛像的形象早期风格以模仿犍陀罗式为主，面貌较为平板，缺少生气；而后开始向中国式过渡，佛像的形象庄严慈悲，较为活泼，富于表现力。衣褶形象上前者轮廓整一，线条规整，韵律感较为明显；而后者形象自然，富于弹性。可见，中国的石窟造像在努力探索着自己风格。

至齐周时，佛像雕塑中国化风格更加明显，佛像身躯及面貌更加圆润，逐渐由神过渡至人的形象。这时，石窟造像的中国化已从草创时期进入到发展时期。隋唐时代是石窟造像发展的全盛时期，造像的艺术表现概括手法已趋向成熟，人物造像更加写实，其造型和面貌变得丰满敦实，椭圆形成为人体结构的基本单位。佛像多身材肥硕，头部较大，雄壮有力；菩萨多身材窈窕，雍容大方，服饰轻薄自然，显露出女性的曲线美。此时期洛阳龙门石窟奉先寺卢舍那佛可算得上是石窟雕刻艺术之极品，被称为“七百余载……唯此为最”。石窟造像发展至唐末、五代，逐渐衰落，到宋元时期吸收了民间元素，又有新的发展，如观世音菩萨成为救苦救难的女性形象，表现手法也更加写实。

（三）石窟壁画

石窟艺术是综合性的艺术，根据自然条件的不同，也有不同的表现方式，有些地区山石质地优良，有利于直接在岩体上雕刻，则以石雕见长；有些地质条件较差，岩体松软，只能泥塑彩绘代替。石窟壁画是了解该时代佛教绘画的重要资料，同时壁画中的大量建筑物形象和生活场景，也是了解当时房屋居住情形的重要依据。在这些壁画中，我们可以认识各种建筑类型，了解建筑的结构特征和构造方法，同时还能了解一些建筑的营造过程以及使用情况。可以说，石窟壁画是了解南北朝至宋代建筑历史的资料宝库。

石窟壁画的类型主要可分为以下几种：

■**佛像画**　这是石窟壁画的主要类型，其中包括各种佛像，如三世佛、七世佛、释迦、多宝佛、贤劫千佛等；各种菩萨，如文殊、普贤、观音等；以及佛教弟子、罗汉、护法部众等；同时包括各种佛教说法图。这些佛像造型生动，形态各异，一般以佛的形象为主，也有时以菩萨为主。

■**经变画**　经变画是将深奥的佛教经典利用绘画的形式通俗易懂地表现出来，对于宣扬普及佛教思想，宣传佛理起到了重要的作用。这种形式在唐代达到了高峰。

■**故事画**　故事画内容很多，大多是佛教故事画，如佛传故事、佛本生故事画、因缘故事画、比喻故事画等，同时也包括中国传统神话题材的故事。佛传故事主要宣扬释迦牟尼的生平事迹，其中许多是古印度的神话故事和民间传说，佛教徒经过若干世纪的加工修饰，附会在释迦身上，一般画“乘象人胎”“夜半逾城”的场面较多。佛本生故事画是描绘释迦牟尼生前的各种善行，宣传“因果报应”“苦修行善”的生动故事，如“萨捶那舍身饲虎”“尸毗王割肉救鸽”“九色鹿舍己救人”“须阇提割肉奉亲”等。因缘故事画是佛门弟子、善男信女和释迦牟尼度化众生的故事，与本生故事的区别是：本生只讲释迦牟尼生前故事，而因缘则讲佛门弟子、善男信女前世或今世之事，壁画中主要故事有“五百强盗成佛”“沙弥守戒自杀”“善友太子入海取宝”等。比喻故事画是释迦牟尼深入浅出、通俗易懂地给佛门弟子、善男信女讲解佛教教义所列举的故事。同时还有些故事画明显是受中国传统文化的影响，与中国儒家、道家、远古神话相结合，以中国传统神话为题材的故事。

■**佛教史迹画** 与佛教故事画不同，佛教史迹画是指根据史籍记载画成的故事，包括佛教圣迹、感应故事、高僧事迹、瑞像图、戒律画等。它包含着历史人物、历史事件，是形象的佛教史资料。

■**供养人画像** 一些信仰佛教出资建造石窟的人为了表示虔诚信佛，留名后世，在开窟造像时，在窟内画上自己和家族、亲眷和奴婢等人的肖像。这些肖像，称之为供养人画像。

■**其他** 壁画内容还有一些山水画、建筑画、器物画、花鸟画、动物画等，同时还有大量的天宫伎乐、装饰图案等。这些图案大多与经变画、故事画融为一体，起陪衬作用。

（四）名窟一瞥

■**莫高窟** 俗称千佛洞，位于甘肃敦煌东南25公里的鸣沙山东麓，东向三危山，前临宕泉，1961年被国务院列为全国重点文物保护单位，1987年被联合国教科文组织列入世界文化遗产保护名录。莫高窟创建于前秦建元二年（366年），历经北凉、北魏、西魏、北周、隋、唐、五代、宋、回鹘、西夏、元各个朝代，形成南北长1680米的石窟群，共存洞窟700多个，其中有彩塑和壁画的洞窟492个，彩塑2000多身，壁画五万平方米，木构窟檐五座，是规模宏大、历史久长、内容丰富、保存良好的佛教遗址。

莫高窟的各窟均由洞窟建筑、彩塑和壁画综合构成。洞窟建筑形式主要有禅窟、中心塔柱窟、佛龛窟、佛坛窟、大像窟等，最大者高达40余米，30米见方，最小者高不到一尺。造像都是泥质彩塑的，有单身像和群像两种，塑绘结合的彩塑主要有佛、菩萨、弟子、天王、力士像等。佛像塑造得精巧逼真、神态各异，其艺术造诣之高深、想象力之丰富，令人叹为观止。

敦煌石窟是我国也是世界壁画最多的石窟群，有历代壁画五万平方米，内容十分非常丰富。敦煌壁画分为佛教尊像画、佛经故事画、佛教史故事画、经变画、神怪画、供养人画像、装饰图案等七类。壁画的主要内容是形象化的佛教思想，如早期洞窟中的各种“本生”“佛传”故事画，中晚期洞窟中的“经变画”和“佛教史迹画”等。古代的艺术家们，在形象地表现了这些佛教经典内容的同时，在壁画中还穿插描绘了当时的一些社会生活的场景，比如有中国古代狩猎、耕作、纺织、交通、作战，以及房屋建筑、音乐舞蹈、婚丧嫁娶等生产活动和社会生活的各个方面。壁画中各类人物的形象和供养人的画像，保留了大量的历代各族人民的衣冠服饰资料。在各个时代的故事画、经变画中，所绘的大量的亭台、楼阁、寺塔、宫殿、院落、城池、桥梁和现存的五座唐宋木结构窟檐，都是研究中国古代建筑弥足珍贵的形象图样和宝贵的实物资料。

敦煌壁画的建筑图画中，为我们全面地展示了建筑的庭院部署、单体建筑类型和建筑的建造情景。第61窟左方第四画中，描绘了一座三院的大寺院图，中央一院较大，左右各有一小院，分别有院墙围护。院中央是主要的殿堂，庭院四周绕以回廊，同时回廊的外柱间做墙，作为院墙。院落的四面都设有门楼，同时还有部分角楼，保持着防御性的遗风。这种典型的院落布局一直是中国建筑的主要特征，直至明清时期北京故宫仍保持这种中轴对称的形式。第296窟隋代壁画中有一幅建塔图，两名工匠正在修建塔的第二层，另外四名工匠在下面向上运砖。这种描写建筑施工场景的壁画是十分珍贵的，为我们生动地展示了古代建筑的营造情况。

清光绪二十六年（1900年），一个名叫王圆箓的道士因为一次偶然的机会，在现编号为第17的窟中发现了一个“藏经洞”，并发现了洞中掩藏的从4—14世纪的历代文物，总数达6万件。主要有文书、刺绣、绢画、纸画等文物4万余件。其中文书，大部分是汉文写本，少量为刻印本，汉文写本中佛教经典占90%以上。此外，还有传统的经史子集，以及“官私文书”，如史籍、账册、历本、契据、信札、状牒等多种形式的文献资料。这些文书对于研究中国古代的政治、经济、文化、军事以及中外的友好往来等问题，具有重要的历史、科学价值。敦煌文书的发现是研究中国与中亚历史、地理、宗教、经济、政治、民族、文学、艺术、科技等的重要资料。

■**克孜尔石窟**　4世纪前后，石窟从印度传至中国。现存最早的石窟为新疆克孜尔石窟，即克孜尔千佛洞，又称“褐色尔石窟”，大约开凿于4—8世纪，即东汉末期，6—7世纪为盛期，相继营造达五百多年之久，伊斯兰教传入后逐渐废弃。克孜尔石窟群的位置在新疆拜城县东南60公里处，背依明屋达格山，南临木扎特河和雀尔达格山，共有石窟236处，开凿于悬崖峭壁之上，绵延数千公里。其中保存壁画的洞窟有74个，壁画总面积约1万平方米，壁画数量仅次于敦煌莫高窟。

克孜尔石窟属于龟兹古国的疆域范围，是龟兹石窟艺术的发祥地之一，其石窟建筑艺术、雕塑艺术和壁画艺术，在中亚和中东佛教艺术中占极其重要的地位。龟兹古国地处古丝绸之路上的交通要冲，曾经是西域地区政治、经济和文化的中心，也成为佛教传入中原的一个重要桥梁。龟兹石窟窟群比较集中，壁画内容丰富，不仅有表现佛教的“本生故事”“佛传故事”“因缘故事”等壁画，还有大量表现世俗生活情景的壁画。在克孜尔的236个洞窟中，有70余窟的壁画保存完好。现存最早的壁画可能开始于4世纪的后半期，延续至7—8世纪。主要题材是说法图、佛传故事、佛本生故事和譬喻故事等，尤以本生故事画的形式最为独特，均以单幅的形式表现一个故事内容，这种独特形式对敦煌早期的壁画有一定的影响。

克孜尔石窟的洞窟形制大致有两种，一种是供僧徒居住和坐禅的场所，多为居室加通道结构，室内有灶炕和简单的生活设施；另一种为佛殿，是供佛徒礼拜和讲经说法的地方。佛殿又分为两种，其一为窟室高大、窟门洞开、正壁塑立佛的大佛窟；其二是主室作长方形、内设塔柱的中心柱窟，也有部分窟室采用较为规则的方形。最能体现克孜尔石窟建筑特点的是中心柱式石窟，窟内分为主室和后室，主室正壁奉主尊释迦佛，两侧壁和窟顶则绘有释迦牟尼的事迹如“本生故事”等。不同形制的洞窟用途不同，这些不同形制和不同用途的洞窟有规则地修建在一起，组合成一个单元。从配列的情况看，每个单元往往就是一座佛寺。

东汉以后，尤其至南北朝时期，开凿石窟渐成风气，中国现存的大部分著名石窟多为这一时期的作品。少量为唐宋时代作品。这其中规模较大且较著名的当属敦煌莫高窟、大同云冈石窟、洛阳龙门石窟及甘肃天水麦积山石窟（始凿于后秦），此外较为重要的石窟还有新疆拜城克孜尔石窟、库车库木吐拉石窟、甘肃永靖炳灵寺石窟、河南巩县（现巩义市）石窟、河北邯郸响堂山石窟、山西太原天龙山石窟等。

■云冈石窟　位于山西大同城西的武周山麓，沿山开凿，东西绵延长达一公里，分东、中、西三个部分，现存主要的洞窟有53个，110多个小龛，大小造像51000余尊。主要洞窟始凿于北魏文成帝和平年间（460—465年）到孝文帝太和十八年（494年）之前，其余小龛的开凿一直延续到孝明帝正光年间（520—525 年）。云冈石窟群规模宏大，雕刻精细，南北朝时著名的地理著作《水经注》记述其为“凿石开山，因岩结构，真容巨壮，世法所稀，山堂水殿，烟寺相望”，乃是对当时石窟盛景的真实写照。

云冈石窟以气势雄伟、内容丰富的石刻造像著称于世，窟中最大的佛像高达 17 米，最小的佛像高仅几厘米，各种造像生动活泼，栩栩如生。位于云冈石窟群的中部昙曜五窟是开凿最早的洞窟，气魄也最为雄伟，其编号分别为 16、17、18、19、20 窟。根据《魏书・释老志》的记载：北魏和平初年，当时著名的高僧昙曜奏请北魏文成帝于京城（平城，今大同市）西郊武周塞开凿五所石窟，并以魏道武、明元、太武、景穆、文成五帝为原形雕刻了五尊大佛像，即今日的昙曜五窟。16 号窟本尊释迦牟尼立像，高达 13.5 米，面目清秀，姿态英俊；17 号窟是一个交足倚坐于须弥座上的弥勒像，高 15.6 米，东西的壁龛里各立有一个佛像，身材十分魁梧；18 号窟的正中为身披千佛袈裟的释迦牟尼立像，高 15.5 米，东壁的上层有释迦牟尼各弟子的造像；19 号窟为释迦牟尼坐像，高 16.7 米，是云冈石窟的第二大像；20 号窟是露天的大佛，像高 13.75 米，面部丰圆，鼻高唇薄，大耳垂肩，两肩宽厚，袈裟右袒，造型十分雄伟，背光的火焰纹、飞天浮雕十分华丽，为云冈石窟雕刻艺术的代表作，也是云冈石窟的象征。

云冈石窟中的第 5、第 6 窟是一组连在一起的双窟。窟前有清顺治八年（1651 年）所建的五间四层木构楼阁，琉璃瓦顶，蔚为壮观。第 5 窟的窟形是椭圆形草庐式，有前、后室，后室中央有云冈石窟中最高的坐佛，高 17 米。四壁雕满了佛龛造像，顶部有飞天的浮雕，线条十分优美。第 6 窟的平面近方形，中央雕有两层方形的塔柱，高 15 米，下层四面雕有佛像，上层四角各雕九层出檐的小塔。其余各壁雕满了佛、菩萨、罗汉等像。顶部雕有三十三天神和各种骑乘。环绕塔柱和窟的东、南、西三壁刻有三十三幅描写释迦牟尼从诞生到成佛的故事。此外编号为 9、10、11、12、13 窟的五华洞也具有代表性，其中第 9、第 10 窟是一组双窟，平面近方形，皆分前后室。前室的南壁凿成八角列柱，东西两壁上部后室门楣上有精雕的植物花纹图案。第 11 至 13 窟组成了一组。第 11 窟正中凿出方柱，四面上下开龛造像，东壁上部有北魏太和七年（483 年）的造像题记。

第12窟前室北壁和东壁雕三开间仿木构的殿宇和屋形龛，窟顶雕乐天，手持排箫、琵琶、箜篌、鼓、笛等乐器，载歌载舞，神态飘逸，雕刻中的乐器是研究音乐史重要资料。第13窟正中雕刻一尊高13米的交脚弥勒菩萨，右臂下雕四臂托臂力士，构图十分奇特。南壁的门拱上雕刻着七尊站立的佛像。五华洞的石雕刻艺术造型丰富多彩，为艺术、历史、书法、音乐、建筑等的研究提供了很多形象资料。

东部窟群编号1—4窟，都是塔洞。第1、第2窟开凿的时代相同，洞内中央雕造方形的塔柱，四壁浮雕五层小塔和屋宇殿堂，为研究北魏建筑的重要资料。第3窟是云冈石窟中规模最大的洞窟，前立壁高约25米，分前后室。后室的正面两侧雕刻有一佛二菩萨，雕像面貌圆润，肌体丰满，从雕刻风格和手法来看应该是初唐的作品。第4窟南壁的窟门上保存有北魏正光纪年铭记，是云冈石窟中现存最晚的铭记。西部窟群的编号是从21—53窟，还有一些没有编号的洞窟，大都是北魏太和十八年（494年）以后的作品。这些窟中的佛像造型比较清瘦，多有傲然凌风之感，藻井中的飞天比早一些的飞天要飘逸洒脱一些。

■龙门石窟 位于洛阳城南12公里处，石窟所在地两山相峙，伊水向北流经此地，远望石窟如阙，故而古名“伊阙”。石窟分布在河岸的峭壁上，南北长约一公里，始凿于北魏孝文帝迁都洛阳（494年）前后，历经东魏、西魏、北齐、北周、隋、唐等朝代，连续营造了400多年，从五代到清代也有少数的雕凿，其中北魏窟龛占三分之一，唐代窟龛占三分之二。现存主要的洞窟有潜溪寺、宾阳洞、万佛洞、莲花洞、奉先寺、古阳洞、东山看经寺等，共有窟龛2100个，佛塔43座，碑刻题记3600方，大小造像10万多尊，其中最大的佛像高17.14米，最小的仅2厘米。

古阳洞是龙门石窟中开凿最早的洞窟，开凿于493年。窟内的两壁镌刻着三列佛龛，拱额和佛像的背光图案丰富多彩。供养人像神态虔诚而持重，衣纹富有动感。此外还有众多的造像题记，更是琳琅满目。书法质朴古拙，“龙门二十品”中的十九品即在此洞内，是研究书法艺术难得的珍品。

北魏宣武帝为孝文帝和文昭后开凿的宾阳洞，是北魏洞窟中规模最大的一窟，开凿于景明元年（500年），正光四年（523年）建成，前后历时24年，用工80万个。窟内有释迦牟尼像，高8.4米，两侧分立二弟子和二菩萨像，是典型的五尊像组合造型。造像的面容清秀，衣纹折叠规整，有厚度，明显地体现了北魏时期的艺术风格。顶部雕有莲花宝盖和飘逸自如的飞天。洞壁上遍刻大型浮雕，内容分为《维摩变》《佛本生故事》《帝后礼佛阁》《十神王像》四层画面。《帝后礼佛图》已于1945年被盗运往美国，现在收藏于纽约大都会博物馆。具有北魏晚期艺术风格的药方洞，因洞内镌刻了治疗疟疾、胃病、心疼、瘟疫等病症的140多种疾病的药方而命名，为中国古代医药学的研究提供了珍贵的资料。

奉先寺是龙门石窟中规模最大、艺术价值最高的一座石窟，唐高宗上元二年（675年）由武则天捐脂粉钱二万贯而建成。窟龛南北宽36米，深41米，造像布局为一大佛、二弟子、二菩萨、二天王、二力士共九尊像，性格鲜明，气质各异。主像卢舍那佛像通高17.14米，头部达4米，耳朵长1.9米。佛像面容丰腴，修眉长目，嘴角微翘，表情安详自然，神态端庄持重。佛像身披袈裟，衣褶自然下垂，形成有韵律的曲线，纹理清晰，线条饱满流畅。两旁立有弟子、菩萨、天王、力士等的佛像九尊，各具姿态，栩翊如生：弟子迦叶严谨睿智，阿难恭顺虔诚，菩萨端庄矜持，天王则威武刚健，英气十足。这组石窟的雕刻艺术技法精湛，水平很高，显示了盛唐雕塑艺术的高度成就。

龙门石窟的造像艺术集世俗化和民族化于一体，完全摆脱了早期造像艺术的神秘色彩和外来的影响。到了盛唐时期，石窟的造像更是神采四溢、疏朗奔放，是中国古代雕刻艺术品中的佼佼者，体现了当时的雕刻水平。

第八节　淳朴家园——民居与村落

中国现存民居建筑大多为明清时代的遗存，丰富而多样，为中国古典建筑文化提供了极有意义的材料。各地区各民族由于生活习惯、思想文化、建筑材料、构造方式、地理气候条件等诸多因素的差异，形成居住建筑的千变万化，诸如北京四合院、浙江“十三间头”、藏族的雕房、内蒙古的蒙古包、维吾尔族平顶木架土拱房、陕西与河南的窑洞、瑶族与壮族苗族的吊脚楼、傣家干栏式竹楼、彝族的土掌房、纳西的井干房、黎族的船屋、云南的“一颗印”住宅等等，都在推演变化过程中形成各种平面布置，以适应不同环境的要求，最终形成一个地区或一个民族的特色和传统。

由于气候和民俗等因素的影响，各地民居的室内外空间组合各有不同，庭院的格调和特有的地方做法为地方民居增加了特有的美感，如北京四合院的舒展、苏州庭院的雅洁、白族民居天井的书卷气、昆明一颗印的小巧、丽江民居的活泼、庄窠式回居的朴实、吉林民居的宏阔、潮州民居的华丽、山东荣成渔村民居的厚重等等。北方民居内外空间区分严格，具有鲜明壮朗的空间感；而南方民居采用内外空间渗透的方式，具有模糊不定的灰空间特性。至于气候温热的喀什、大理则把室外间处理成廊厦，而多雨、湿冷的桂北壮族地区则将室外家务活动完全移到居室内部。庭院与天井是传统民居的重要组成部分，庭院的形状、开闭，以及花木、墙体、小品、铺地的精心选配，形成独特的艺术性格。此外，传统民居建筑也非常重视建筑与地形地貌的结合，室内外空间的交融，内部空间的灵活布置和巧妙处理。

民居的结构构造简便轻巧，也不受固定程式的约束，且往往因地制宜，就地取材，发展出各地特有的地区做法，比起高大的宫殿、庙宇的大式木构架具有更强的应变能力，如墙体可以有编竹墙、竹篾墙、竹栅、竹排、编竹夹泥墙等多种构造形式，稻麦草可做屋面、草辫墙等。个别地区尚有特殊的地方材料做法，如内蒙古地区牧民以牛粪掺泥抹在木板外壁做保温材料，黑龙江地区以黑土胶泥卷成土毡置于屋面上做防水材料，冀东地区广泛使用青灰做屋面防水材料。地方材料的应用为各地民居建筑增添了形式美，如云南傣族竹楼的编竹墙上由竹篾的光泽形成活泼的几何图案，厦门一带使用的胭脂红砖，艳丽非常，与块石混砌，十分新颖别致。

（一）古村落的风水格局

中国传统的村落在长期的发展过程中逐渐形成了不同于城市的布局形式。一般来说，村落的布局较为自由，多是根据地理环境和生活习惯自发形成的，但同时在很大程度上也受到宗族、宗教以及传统文化等方面的影响，人为因素在其形成过程中起了很大的作用。在古代，村落的选址十分讲究，通过长期生产和生活经验的积累，人们不断地总结经验，逐渐形成了一套村落选址和规划的方法，称之为“风水”，又叫“堪舆”或“地理”。剔除风水中的某些玄学成分和迷信色彩，我们可以看到它在建筑选址时考虑地质、地貌、水文、日照、风向、气候、景观等方面的合理性和有效性。风水尤重对“气”的考虑，为了营造山环水抱、藏风聚气的格局，要直观地考察现场情况，以协调人居环境与自然环境的关系。水的引入，不但可以调节小气候，也是形成“气”的重要手段，而重山环绕，则可以避风，还可以使“气”驻留下来。风水术对人居与自然关系的考虑也符合中国“天人合一”环境观，建筑以群山为背景，增加景观的层次感；以水为前景，取得开阔的视野。建筑因山而气派，因水而生动，呈现出一段段优美的中国山水画卷。

■**藏风聚气的理想模式**　负阴抱阳，背山面水，这是风水观念中村落选址的基本原则和格局。中国传统观念中，山之南水之北为阳。负阴抱阳要求基址坐北朝南，背后有主山称来龙山，是为屏障；山势向前面两侧延伸，连接为左辅右弼的态势，又称青龙白虎山，使基址的背后呈群山环抱的格局。基址的前面有月牙形的水塘或弯曲的水流，河流水道向南突出，称“冠带水”，以免基址被冲刷。再前面有案山，作为村落的对景。对于更大的聚落，山水的构架更为宏大，要求在主山的背后还有少祖山、祖山，并以山脉相连，称龙脉；青龙白虎山两侧又有护山；案山之前还有远处的朝山；水从案山和朝山绕过，在村的出入口两侧有水口山，称为狮山或象山。主山与青龙白虎山、案山、水口山围合成基址的第一道屏障，祖山少祖山与护山、朝山围合成第二道屏障，这样基址就位于这样一种山环水抱环境的中央，四面重山围合，前面流水穿过，形成背山面水的基本格局。风水中所营造的这样一种藏风聚气的理想模式符合中国的生活习惯和审美要求，这样一种围合向心的空间构成正是中国人内敛性格的反映，自古以来被视为理想的生活环境。晋陶渊明在《桃花源记》中生动地描绘了这样的情景："林尽水源，便得一山，山有小口，仿佛若有光。便舍船，从口入。初极狭，才通人。复行数十步，豁然开朗。土地平旷，屋舍俨然，有良田美池桑竹之属……"这种生活环境经历代文人的咏叹，上升为古代中国人宜居的理想境界。

■村落的典型格局　影响村落形成的因素是多方面的，除了传统观念上的因素外还包括对社会、经济、防御、生产、地理、环境等方面的考虑。在中国漫长的封建社会中，战乱不断，盗匪猖獗，防御成为十分重要的因素。许多传统村落表现出强烈的聚合性，村落内的广场、庙宇、宗祠或井台等具有一定象征意义的精神空间成为村落的中心，建筑由此向外有秩序地自然生长，形成一种渐进的向心结构，从而构成了大多数村落的基本格局。中国农村经济是一种自给自足的半封闭经济，给这种内向围合的聚落模式提供了可能。

许多村落表现为层层相套的形式，最外围是村落的边界，常以一些建筑标志或丛林溪流为划分，称为水口。经过一段平缓的过渡空间，到达村口。村口空间较为开阔，通常布置一些高大明显的建筑物，如祠堂、庙宇、书院、牌坊等，作为入村的提示。进入村庄，建筑鳞次栉比排列在街道两旁，通向村落的中央。在一些商业发达、规模较大的村镇，主要街道两旁布置有店铺，成为商业街。村落的中心一般为较为宽阔的广场，是居民的公共空间。居民的住宅由此中心展开，以狭窄的街巷相连。整个村落向内聚合，有强烈的向心性。在江南地区，还有一些临水的村庄，建筑沿河道展开，背水面街成一字形，整个村庄以水的形态为依据，成为极富特色的江南水乡。但不管哪种形态，聚合性和向心性成为中国村落的主要特征。

（二）水乡与水街

在我国江南地区，以太湖为中心广袤的平原上，散布着许多水乡城镇。优越的地理条件使得江南地区经济繁荣，物产丰富，自古以来便有

“鱼米之乡”的美誉。这些江南水乡河湖交错，水网纵横，“小桥、流水、人家”成为水乡景观特色的概括，留下了无数文人骚客赞美的诗画，诉说着美丽动人的故事。水乡人也用自己勤劳智慧创造着生活，演绎着水乡的历史。水乡之美，不仅在于环境清幽，气候宜人，更在于江南人宁静恬美的生活。江南人热爱生活，以其特有的灵秀，创造了宋锦、苏绣、泥人、香扇等无数民间艺术精品。江南人的精细，也创造了古朴灵巧的水乡小镇。江南水乡在漫长的发展历程中逐渐形成了以河道、街巷、商铺、石桥等为特点的水乡风情，各个要素自然而生，并无法则，却又合情合理，顺序得当。水乡的形成，如同树的生长，以水为枝干，脉络清晰，结构紧密。在水道的两侧，生长着临水建筑，形态各异，古朴典雅。建筑贴水成街，就水成市，有聚有散，错落有致，房依水而建，水绕房而生。水乡的街坊尺度宜人，空间狭长，适于步行。行走于江南水乡，红花绿柳，曲径小桥，到处都有惊喜。石桥是水的点缀，也是水与街的交点。形形色色的石桥、青石板铺装的小巷为水乡平添几分幽雅和灵气。

■水乡的脉络与形态　水乡是以水为中心发展起来的小镇，水是小镇的骨干和脉络。在布局上水乡并无成文的规矩，也没有固定的理念，皆因势因地，自然形成。但是，人们在长期的生活实践中，生活的经验和习惯也使得水乡的布局上呈现出一定的规律。一般来说，水乡的布局可分为线性布局和网状布局两类。前者是最为简单的形式，房屋沿小河两岸发展，逐渐延伸，呈线性分布。河道上架小桥，联系两岸交通。河道成为最主要的景观，小舟行于河上，但见各式各样的民居从两侧展开，而每遇一小桥或是一转折处，又会翻开新的一幅画卷。如江苏甪直镇，镇区街道沿“上”字形主河道发展，街坊道路为江南水乡的一河两路格局，房屋依水傍街而建。水系的流转曲折和建筑平面布局形成忽开忽合的空间关系，景观效果优美并富于变化。

位于河道交叉处的小镇格局较为复杂，一般成网状。交织的河道将小镇分成若干小块，每块内商业与居住混杂，并无分区。街道以小桥相联，联成网络。在纵横交织的河道叠加之处，或开朗，或紧促，产生丰富的景观节点。水乡同里，位于太湖以东，周边河湖交错，密如蛛网，有同里、九里、南新、叶泽及庞山等。全镇0.67平方公里，河湖环抱，十五条河流将其分成七个小岛，民居依水而筑，栉比鳞次，家家临水，户户通舟，是典型的江南水乡古镇。

■河道与桥 水乡的最主要特点便是水，建筑因水而建，因水而生。河道的特点直接影响了水乡的面貌。水乡的街道格局往往以河道为骨架，因水成街，因水成市。一般有两种情况，一种是沿水体设街道和商业，形成功能全面、景观丰富的水街。两岸茶楼酒肆，笙歌乐舞，河道中乌篷小船穿梭其间，桥水相连，亭台互掩。同时有些河道作为运送货物的主要交通还设有码头，与街道联为一体，船行往来，络绎不绝。水街吆喝叫卖声不断，招牌幌子五彩纷呈，令人过目难忘。另一种是建筑紧贴水而建，另一侧成为主要商业街，形成前街后河的布局。前店临街，以利商业，突出闹的特点；后室临水，方便生活，保持安静。这种布局功能分区合理，满足使用要求，是水乡建筑的主要布局方式。

河道上的桥是水乡的一大特点。桥的作用是联系两岸交通，上面走人，下面通舟，可以看作是街道与河道的节点。根据交通走向、街河宽度等因素，桥呈现出不同形态，如一字桥、八字桥、上字桥、曲尺桥等。桥是人流的密集地段，自然也成为商业的活跃地段。桥头地区一般较为宽阔，主要是作为交通的缓冲空间，避免桥上发生拥挤，而这正好成为摆摊叫卖的好地方。桥附近尤其是位于街道转角处商铺，更是开设酒楼的黄金地段。形形色色的桥是水乡的重要景观。水乡的街道一般较为狭长，唯有在桥头处突然开朗，站在高高拱起的桥上，两侧河道与前后平地尽收眼底，心情也随之放松。

水乡的人爱桥，常常将桥与美好的愿望结合起来，如在同里便有著名的“太平桥”“吉利桥”“长庆桥”。吴地旧俗，妇女于元宵或正月十六夜相率出游历三桥以祛疾病，谓之“走三桥”。而今，婚宴喜事、生日庆贺、婴儿满月，都要“走三桥”。“走三桥”被赋予了更多的意义，成为吉祥、安康和幸福之桥。

■水乡民居 江南水乡的民居因地制宜，尤其是河道两边的建筑，更是千变万化。总的说来，根据其所处的位置可以将其分成面水、临水、跨水三类。面水民居一般建于水面比较开阔的河道两侧，岸边为街道，建筑与水的关系较远。临水民居是指建筑紧贴水面而建，街道设于另一侧，形成前街后河的格局。建筑平面进深一般不大，每户临水设有水埠，方便洗濯用水等。这类建筑所临水面一般较窄，建筑与水的关系密切，河面上形成倒影，更富水乡情趣。另外还有一种特殊的类型，是在较窄的河道两侧建居室，中间以廊相连，廊下走水。整个建筑跨河而建，十分灵巧。

江南民居结构简单，做法灵活，与北方官式建筑有很大区别。建筑无论平房楼房，皆用木构架加填充墙的做法，从结构上可分为穿斗式、抬梁式及前两种的变体。变体的特点是根据使用功能的需要，设置双步梁或三步梁承接短柱和檩，构造作法灵活变通。楼房的构架也基本如此，不同的是对上层空间的利用更为灵活，结构上采用出挑、退入、加坡等手法。出挑的空间可用作居室的一部分或窗台、桌面、储藏空间，也可作为壁龛、凸窗等。坡顶建筑常作阁楼，以增加使用面积。

江南民居粉墙黛瓦，色调以灰、白、赭色为主。民居的内外檐装修多为棕色木质，质朴而素雅。槛窗花格有海棠、菱花、书条、井字等形式。窗下裙板有用素平木板，也有用浅雕，题材为吉祥图案或花卉。个别建筑在裙板外覆以万字或寿字栏杆，散发出清新淡雅的气息。

（三）合院式民居

合院式住宅是中国最典型的民居形式，由于各阶层地位和生活方式的不同，合院住宅的具体形式也千差万别。如北京四合院可以有一正一厢、三合院、四合院、两进院、多进四合院、带侧院及花厅的四合院，以及开设侧轴线的大型四合院，尚有北入口的倒座式四合院，东西厢入口的四合院等。湖南湘潭地区的民居基本平面可分为一字形、曲尺形、门字形、H字形，当地俗称之为一条墨、推扒钩、一把锁、一担柴，凡较大型的住宅都是在这四种平面基础上相互叠加、复合组成的。潮汕地区的民居基本单元是门型和口型的“爬狮”与“四点金”，以此为基础反复组合，增加“厝包”“从厝”“后包”的办法，可以演化出各种平面组合，如“三壁莲”“三落二从厝”“三落四从厝”“四马拖车”“八厅相向”等平面形式。此外如浙江的“几间几厢房”式，闽粤的“三堂加横屋”式，皆可演化一系列从简到繁的标准住宅形式。这种系列化、程式化的设计方式可简化工作程序，保证平面、立面的比例、尺度关系及组合群体的协调性，而且施工简便，构件统一，面积灵活，可适应各种使用要求。

■歙县的潜口民宅　中国民居对室外空间的使用非常重视，将其视为生活空间不可缺少的要素。庭院与天井均为民居的重要组成部分，对其形状、开闭，以及花木、墙体、小品、铺地等皆精心选配，形成独特的艺术性格。安徽歙县的潜口民宅是较为典型的合院式样民居类型，且具有徽州独特的建筑风格。这里的明清建筑，如宅第、祠社等的四周都有高墙围绕，房屋的外墙只开少数几个小窗，通常用磨砖或墨色的青石雕砌成各种形状的漏窗，点缀在粉墙之上；山墙多为阶梯的形式，高出屋面，有些墙头也采用卷草如意一类的图案做装饰；大门的框架大多是用青石砌筑的，上有门罩或门楼，多用磨砖砌成，上面还有各种各样十分别致的雕刻作为装饰。一般的民居，多是三合院或四合院的，在院内多开辟有小型的庭园，平面多为方形，房屋多是两层，偶尔有三层的。进门的前庭多为天井，两旁建有厢房，楼下的明间作为堂屋，左右间作为居室。楼上多是“跑马楼”，四角都围以雕刻精细的木栏杆，牛腿、槅扇、梁头等处都有各种各样的纹饰。明代早期的建筑“司谏第”，是明初的进士、吏科给事中汪善后代的宅第，因为汪善在朝中担任谏官，故名“司谏第”。宅子建于明弘治十三年（1500 年），现存前厅 3 间，进深 6.6 米，面阔 7.8 米，木构架、梭柱、月梁、梁上的瓜柱下垫有雕刻的花朵，叉手、单步梁和斗拱上都有精美的雕刻。

■丁村民宅　位于山西襄汾城南，计有明清两代的民居院落 20 余座。明清时代的庭院式民居，非常注意空间层次的序列安排，以增强延续感。层次的取得除了依靠空间的开合交替、体量变化之外，以建筑手法进行空间分隔也起了很大的作用，如照壁、影壁、垂花门、砖门楼、屏门、游廊、过洞、花墙等，使居民进入住宅后，院落中每一空间都有完整的景观。

丁村民宅中时代较早的是明万历二十一年（1593 年）到四十年（1612 年）建造的，较晚的是清朝康熙、咸丰年间所建，至今还基本上保留明着清时的布局。民居分为北院（明末）、中院（清初）、南院（清末）三个建筑群，有正厅、厢房、观景楼、门楼、绣楼、倒座、牌楼、牌坊等各种建筑共计 282 间。所有的院落都是坐北朝南的四合院部局。明代的院门位置大多在东南角，清代的院门则较为灵活多变，位置不同，造型也风格各异，但其整体结构严谨规整，平面布局匀称美观。民宅的建筑构件上多有人物、花卉、飞禽走兽、古典戏曲、历史故事等题材的木雕和砖雕，“岳母刺字”“龙凤呈祥”“喜鹊闹梅”“八仙图”“和合二仙”等图案，朴实缜密，造型优美，刻工精致流畅，人物栩栩如生，是中国明清民居中雕刻艺术的上佳之作。

■党家村古民居建筑群 位于陕西韩城东北，始建于元代，明永乐十二年（1414 年）起扩建，界划出长门、二门、三门住区与发展区，清代继续修葺、扩建。村内有建于 600 多年前的 100 多套四合院和保存完整的城堡、暗道、风水塔、贞节牌坊、家祠、哨楼等建筑以及祖谱、村史等，被专家称为东方人类传统民居的活化石。全村结构由巷道组成，街道呈“井”“十”“T”字形格局，青石铺路，东西向的主巷穿村而过，次巷、端巷与主巷连接，并符合地形排水方向。巷道地面一律墁石，断面凹形，交通与排水共用之。现存民居群由村、堡组成，共计 120 余座（其中祖祠 12 座），房屋近千间。宅院均为四合院布局，院落有门楼、照壁、侧壁等。门楼上都有木雕、砖雕、石雕的匾额，门前都有抱鼓石、上马石和拴马铁环，门窗、柱基石精雕细刻。建筑或构筑物类型主要包括塔、碑、楼、街巷、宅院等，以及清末建造的寨墙和村中用于守望的看家楼等。

■东阳户宅 坐落于浙江东阳东郊的东阳户宅是由许多组轴线组成的建筑群，主体的部分被流经的雅溪所环绕。用鹅卵石铺成的一条大街贯穿东西，街北的“肃雍堂”一组轴线是主要的建筑，堂的东侧与之平行的有“世德堂”轴线和“大夫第”轴线，西侧与之平行的是“世进七第”轴线，靠北与肃雍堂平行的有“五台堂”轴线，南面临街有“柱史第”“五云堂”“冰玉堂”等轴线，其中有不少是明代的建筑。雅溪以西的主要建筑还有卢氏相堂、善庆堂、嘉会堂、宪臣堂、树德堂、惇叙堂等，厅堂的主体部分是用硕大的木材作为梁架构建的，装饰华丽，富丽堂皇，大多数是清代中期的建筑遗留。街北的肃雍堂是卢氏宗族的公共厅堂，是整个户宅的主轴线，建筑规模庞大，在整个建筑群中的地位显得十分的突出。大堂面阔三间，进深十檩，有左右挟屋。大堂由两个人字形的坡顶组成，梁柱用材讲究，雕刻细腻精致。梁柱之间不用瓜柱，而是采用坐斗及重拱，梁头伸出柱外，雕刻成各种的图案。不论是斗、拱，还是梁、枋、檩，只要是可以雕刻的地方，都刻有花纹、线脚等纹样，能彩绘的地方都施有彩绘，十分富丽华贵，显示了江浙一带高品质民居的风格。

■北京四合院 这是最为典型的中国古代庭院式住宅，一般有前、中、后三院，或内、外两院。大门设于外院或前院的东南角，进入大门迎面为影壁，尘嚣为之一扫，入门西折即为前院。前院与内院隔以中门和院墙，前院外人可到，内院非请勿入。前院通常进深较浅，院中布置门房、客厅、客房，并在隅角设杂物小院。中门常为垂花门，位于中轴线上，界分内外。内院由正房、厢房以及正房两侧的耳房组成，正房为长辈的起居处，厢房为晚辈的住房。正房以北可另辟狭长院落为后院，布置厨、厕、贮藏、仆役住室等。较大的四合院增加院落数进，或加设跨院，也可扩地经营宅园，布置山池花木。

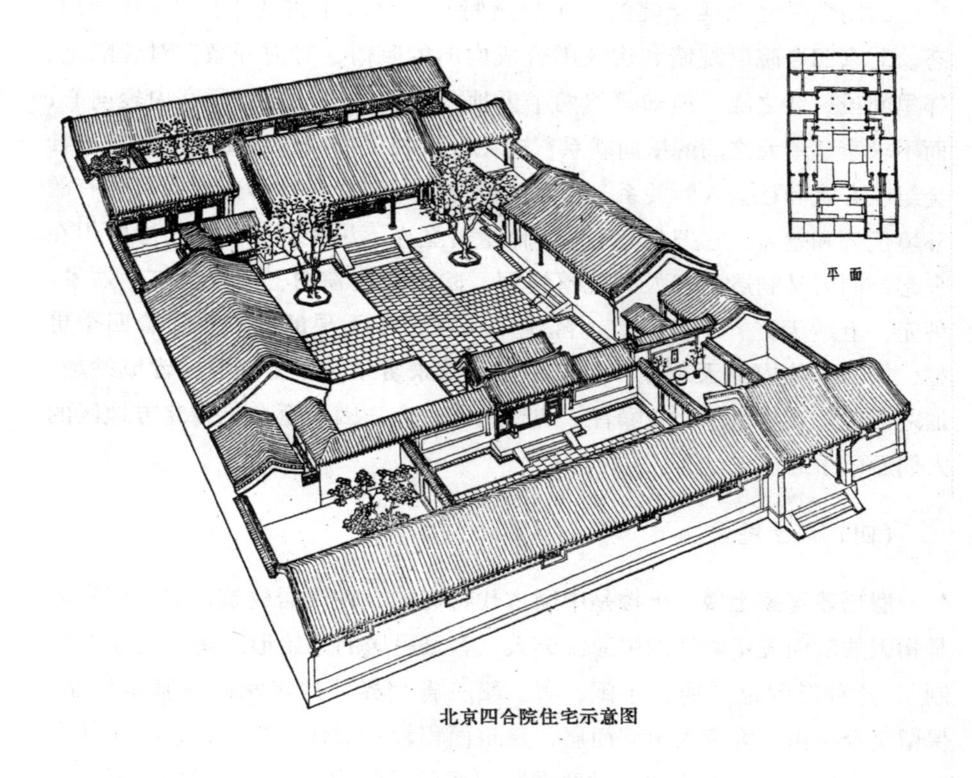

图 31　北京四合院示意图

北京四合院中轴线对称，主次分明，反映了中国传统的儒家礼制思想。在儒家看来，生活于社会中的人，存在着个体与个体、个体与群体、群体与群体之间的种种复杂关系。这些关系不是杂乱无章的，而是井然有序的，即君臣、父子、夫妇、长幼、尊卑皆有定数，皆因“阴阳”而定，由此构成一整套人伦之网。儒家希望通过这张网，来实现“助人君”“明教化”“经国家”“定社稷”“序人民”的目的。在老北京的四合院里，中国古代的封建大家庭同居一处，自然产生了种种宗法礼仪要求，同时也有“忠孝悌恕贞信”等道德规范要求。依照儒家所言，礼为根本，若礼能被遵守，“仁乐忠孝悌恕贞信”也在其中了，这正是古代建筑内含的特殊文化功能。人们生活在这种环境中，潜移默化地受到熏染和影响，他们的政治观点、人生观、社会行为，以至言谈举止自然会留下这些约束的痕迹，而这也正是四合院建筑的文化功能之所在。

封闭性是北京四合院的一个显著特点，反映了古代中国人的内向心态。北京四合院以院墙和房屋围合成内向的院落，对内开敞，对外隔绝，邻里间虽一墙之隔，但却俨然两个天地。这种模式只强调家庭内聚向心，而不求家庭单元之间的横向联系，这无疑反映了中国传统文化所特有的社会组织方式和社会人际关系。然而这种内向封闭式的院落也形成了独有的环境优势和魅力，它把功能不同、体量造型亦不尽相同的各种房屋组织在一起，同时又制造了宜人的院落空间，院内栽花植树，陈设鱼缸、盆景、鸟笼，上纳天光，下接地气，隔绝中又获得了无限的开放。随着四季更替，人们于院内春天观花，夏日纳凉，秋来赏果，冬至踏雪，皆成妙趣。加之四合院有防风沙、防噪音、防干扰的优点，因而至今仍为北方地区的人们所乐于居住。

（四）风土民居

■福建客家土楼　土楼是中国古代特有的一种聚居建筑形式。客家人是指因战乱而逐步南迁的中原汉族人，客家民居的原始形态是“三堂两横制”，这种形制也是通行于闽、粤、赣三省交界处的客家民居基本形制，保留至今。由于客家人聚族而居，建筑面积较一般住宅扩大许多。居住在龙岩、永定的客家人将“三堂两横”民居的后堂改为四层，两侧横屋改为三层、两层、单层，再结合山坡地形布置，形成前低后高、左右辅翼、中轴对称的“五凤楼”形制。进一步发展则将全宅四围全部改为三四层高楼，即形成方形大土楼的形制，更加便于防卫，福建永定县高坡乡的遗经楼是这类土楼的代表。方楼由五层高的一字形后楼与四层高的口字形前楼围合而成，前楼为内通廊式布局，后楼为单元式样的住房。院子的中心布置了一组以祖堂为核心的天井式建筑，是举行祭祀活动和婚丧喜庆的场所。这种院中院的布局被称为“楼包厝，厝包楼”式。在方楼大门前面还布置有一组由两层楼房围和的方形前院，前院小巧紧凑，是族人学文习武的场所，也构成了进入方楼前的空间过渡，同时也烘托出了方楼的宏伟高大。

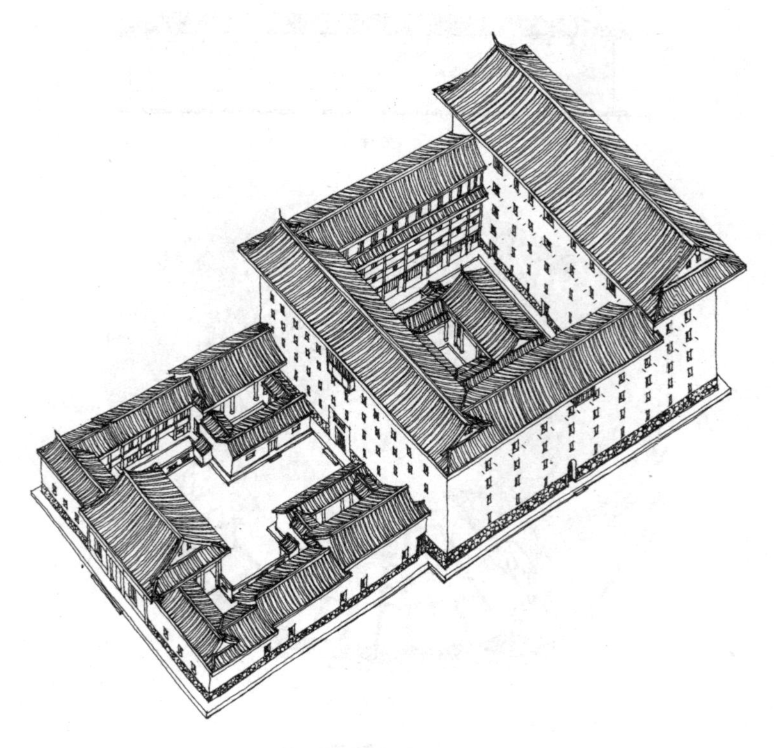

图 32　福建永定遗经楼

由于早期方形土楼存在着设计上的缺点，如出现死角房间，全楼整体刚度差，构件复杂，较费木材等，因此永定县南部及南靖县一带的客家人接受了漳州一带圆形城堡的形制，创制了圆形大土楼。漳州地处滨海，海盗匪患严重，很早时期居民即已借鉴圆形碉堡的形式而建造出适合自身居住的民居，又称圆寨。福建华安县仙都乡的二宜楼为圆形土楼的代表作品，整个建筑由内外两个环形土楼组成，内环仅一层高，外环高四层，仅第四层开小窗，具有极强的封闭性。外环分为十二个独立的居住单元，内环被布置为各户的前庭，内外环用联廊相接，其间形成各单元独立的户内天井。各单元内侧有走廊相联，平时以门相隔，遇有特殊情况可开启形成通道，在第四层厅堂靠外墙一侧留有一米宽的内部环形甬道，甬道与各户厅堂有门相通，遇有敌情，全族迅速登临甬道，由四层的窗洞观测情况，进行防御。圆楼中心的庭院除作为交通集散之用外，还是聚会、晾晒农作物的场所。

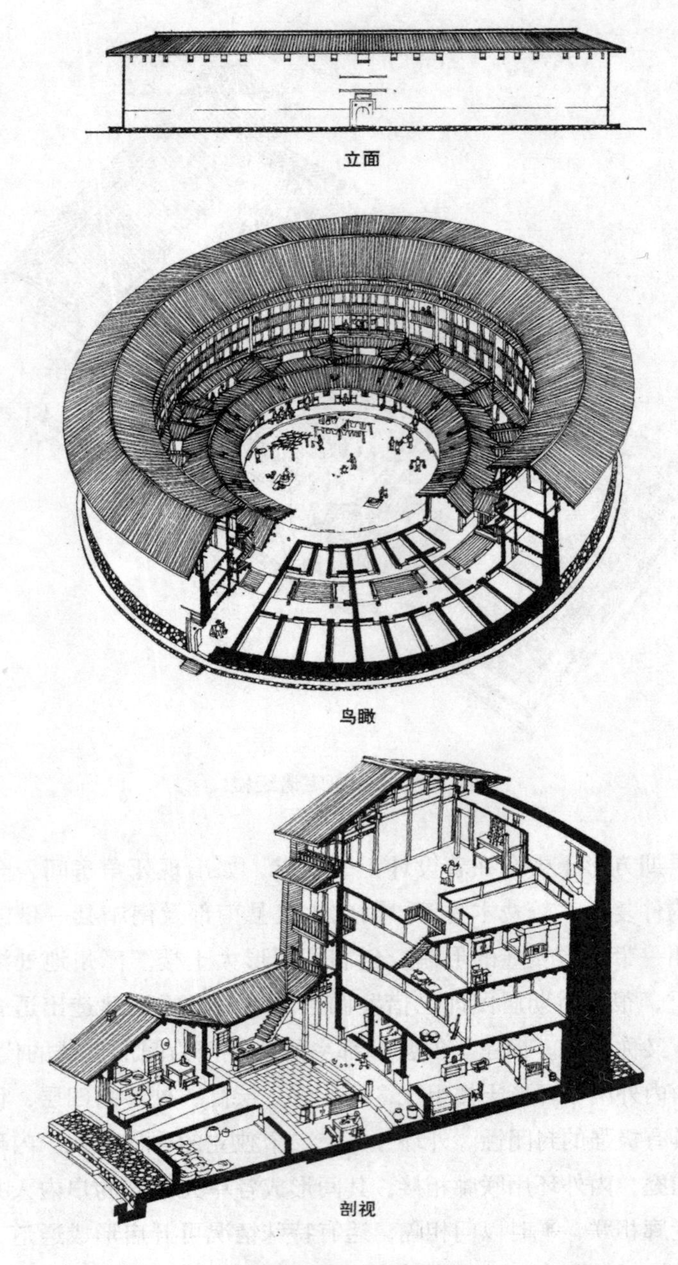

图 33　福建华安二宜楼

■西北窑洞 西北地区气候干燥少雨，居住在陕西、甘肃、陕西及河南一部分黄土高原地区的居民采用了窑洞的居住形式，同时也创造了特有的生态居住方式的文化。

窑洞民居历史悠久，分布广泛，在黄河流域约63万平方公里的黄土高原上，约有4000万人居住在各种样式的窑洞中。这些窑洞因山就势，修筑简便，冬暖夏凉，造价低廉，具有广泛的适用性。由于地貌和习俗的不同，窑洞也有靠崖式、下沉式、独立式等多种形式。靠崖式是黄土高坡的断崖一侧挖掘拱形的洞穴，在窑口边缘用土坯或砖砌出拱券窑脸，装置门窗。这种窑居可根据生活需要和地形条件挖成单孔、双孔或多孔形式，还可在窑前加建地面建筑，围砌院墙，形成别具一个的院落。如陕西米脂县江耀祖庄园，由上、中、下三排窑洞院落组成，外围筑有18米高的城堡，东北角设有角楼，墙垣上设有碉堡，南侧为拱形的堡门和曲折的隧道。整个窑洞庄园因借地形变化，起伏跌宕，与自然环境融为一体，十分壮观。下沉式窑洞的特点是在黄土塬地平以下挖掘出下沉式的方井院落，四边或三边掏掘窑洞，形成别致的地下四合院格局，实例如甘肃宁县早胜乡北街村的地坑院民居和河南三门峡西张村的下沉式窑洞院落。独立式窑洞是在山前或山坡较缓的平地上，靠山一侧用黄土夯筑或用砖石砌筑窑墙，其上砌筑土坯拱或砖石拱，拱上复土，起到保温、防水的作用。有的地方利用下层窑洞的屋顶作为上层窑洞的前院，形成层层跌落的景象。一口口曲线型的窑洞民居与层层叠崖形成了刚柔和虚实的对比，在广袤的黄土高原上的背景衬托下，显得既质朴无华，又雄浑厚重。

（五）少数民族民居

中国少数民族地区的民居建筑常常在空间与地形的密切结合，内外空间的交融，空间的层次感，内部空间等方面具有灵活的布置和巧妙的处理。四川丘陵地区民居曾广泛应用台、挑、吊、拖、坡、梭六种手法在复杂的地形上盖房子。浙江山区亦多利用分层筑台，来争取建房用地。尤其是出挑与吊脚更是滨水地区及西南山区常用的方式。如湘西吊脚楼、重庆吊脚楼，以及黔东南苗族的半边楼，都取得了扩大空间的实效。

■苗族吊脚楼 我国的黔、滇和湘西是苗族的主要居住地，其居住点称苗寨，一般由几家或几十家组成单元寨，再由一个个单元寨形成群寨。

每个寨子的选址都十分讲究，既要保证基址稳固安全，又要有防御性；既不能占食良田，又需要满足近田傍水之利。因此，苗寨均是疏密有序地分布在山坡、山垭及山区里开阔的平坝和交通较为方便的地方，从而形成了高坡寨、山腰寨和山脚寨三种主要类型。由于寨内的屋舍均是顺应自然地势灵活布置，因此，寨子的整体轮廓高下错落，起伏多变，很有天然图画的韵味。苗家的单体住宅一般以开间为单元横向展开，既有仅一开间的小室，也有多至五开间的大屋，视每户的人口和资财而定，但以三开间最为普遍。典型的就是二层加阁楼的吊脚楼。楼底层不住人，用于堆放杂物和关养家畜，构造上为半敞开或全敞开，既经济又实用。顶部的阁楼层主要作储藏室。居住与起居活动被安排在二层，中部设置为堂屋，前部有火塘，供全家聚坐取暖，屋前以吊脚或悬挑的方式悬吊出前廊，作为家务、晒衣、休息以及“对歌”“坐月”等活动的一个多功能空间。此外，偏厦中设置灶房，屋舍尽端或山墙一端加设晒台。由于苗寨所在地区木材较为丰富，故苗家建筑多以木结构为主，结构形式相当成熟，亦颇巧妙。由于全部木结构均袒露在填充墙之外，因而屋舍整体表现出朴素的结构美和构造美。特别是宽达一米五的挑廊用穿插枋和吊柱组成空中横向排架悬吊在前檐下，使整个建筑的立体造型显得轻巧和空透，具有十分浓厚的乡土特色和民族特色。

有的地区则是在自然地形困难的条件下开发出居住用地，如贵州布依族采用挖填相济、采筑同步、统筹施工的办法建造石头房，一举解决用地、材料与施工现场间的矛盾，同时也保证了建筑石材在色泽、厚度、纹理方面的一致性，创造出较高的艺术质量。河南、陕北的窑洞建筑更是充分利用地形的创造性设计，若按墙壁、屋顶围合成的居住空间为正空间的概念出发，则窑洞创造的是负空间，它外观无形无色，它的形体转化为室内空间，是用减法创造的空间。

■傣寨竹楼　在我国云南、广西、贵州等亚热带地区，气候炎热、潮湿、多雨，当地少数民族常采用下部架空的干栏式的住宅形式，其中以傣族的干栏式住宅最具代表性。干栏式住宅不但利于采光、通风，而且防水、防盗、防虫兽，因此早在《旧唐书·南蛮传》中就记载道：“山有毒草及虱蝮蛇，人并楼居，登梯而上，号为‘干阑’。”

分布在云南西双版纳和瑞丽的傣族村寨，其住宅建筑较多地保留着本民族的特点。村寨中的每一户住家都有自己的一区独立的竹篱院落，院中种植果木瓜蔬，环境怡爽。入柴门至屋舍披檐下的木楼梯，登楼即达二层楼的前廊。因为当地气候炎热，人们喜欢在户外活动，二楼的前廊就成了家人从事家务劳动及接待宾客的地方，也是整个建筑最有生活情趣的空间场所。在前廊的一端，常延伸为晾架，人们在这里晾晒农作物、衣服及柴草。室内平面一般为矩形，常作内外室之分，外室有火塘，阴雨天此处即为全家人的起居室，同时也是客人的夜宿之处；内室则为全家人的卧室，多套在外室内，用隔墙相隔。

傣族的干栏式住宅通常全竹或半竹（楼层、隔墙用竹子），屋面则有草葺和瓦葺两种。屋顶的造型一般为方整的歇山式，屋面坡度陡峻，出檐很大，一方面有利于排水和降低室温，另一方面也使得整个宅舍的造型轻巧、空灵、飘逸。近代多采用红瓦屋顶，使一栋栋房舍像一朵朵彩蝶飞舞在绿荫中，给村寨带来了神奇的魅力和绚丽的风情。

第二章 中国园林艺术

早在远古洪荒时代，人类依赖自然而生存，大自然就是人类的一切，人们对大自然中的高山大川、江河湖海充满了崇敬和畏惧的心理。在科学还处于蒙昧时期，自然界的电闪雷鸣、山野中的猛禽恶兽更加剧了人们对大自然的恐惧。但随着人类世代相袭的艰辛努力，逐渐增长了适应自然和驾驭自然的能力，使人类由自然的奴隶变为自然的朋友和主人，大自然在人类面前变得温顺、美丽起来，青山绿水、鸟语花香、芳草林荫渐渐具有了审美意义，人们从自然当中开始获得美的享受。

人类文明的不断进步，使人们的物质生活得到了改善，同时也促进了人们对精神生活的需求，改造生存环境、提高生活质量、享受大自然赐予的愿望变得强烈起来。当人类社会活动的中心形成了人口和建筑密集的城市，便愈加显露出对大自然的眷恋。早在公元前11世纪，中国便开始了营造园林的活动，帝王贵胄们在山水秀丽、林木茂盛之地掘池筑台，莳花植草，放养鸟兽，营构成游憩生活的园林环境，供天子和诸侯狩猎游乐。此后，从秦汉到唐宋至元明清各代，造园活动更是兴盛有加，绵延不断，形成了独具民族特色的园林艺术体系，对东亚和西欧的园林发展产生了深远的影响，为人类文明和世界文化做出了卓越的贡献。

园林是一种古老又常新的艺术。由于人类社会的高度发展使人类的社会生活离自然越来越远，而人类本是自然的一部分，有着大自然赋予的自然属性，生存环境的日趋精密化使人回归自然的愿望愈加强烈。世界上无论有多大的民族差异和地域差异，只要其经济文化发展到一定阶段都不同程度地形成了自己的园林文化。在漫长的历史发展中，通过传承与相互影响，最终形成了人类灿烂的古典园林文化。当人类演进到近代并步入工业社会以后，社会生活发生了巨大的变化，现代工业带来了前所未见的物质文明，但同时也带来了噪音、污染。规模空前的大城市虽便利了生活，但也产生了拥挤、烦嚣的弊病，原有自然环境的不断破坏和逐渐消失，使人们更加向往自然的平静与和谐，由此出现了与以往古典园林有很大不同的现代城市园林。古典园林的服务对象是帝王、贵族、商贾和有闲阶级，而现代园林则为全体社会成员服务。

园林艺术是运用土石、水、花木、建筑等造景手段再造赏心悦目的自然环境或人工的自然环境，即在营建园林过程中，需改造地形，筑山叠石，引泉掘池，造亭垒台，莳花植树。它看似简单，但实际上需要地貌学、生态学、园林植物学、建筑学、土木工程等多方面的知识，同时还要运用美学理论，其中包括绘画理论和文学创作理论。就一件园林作品而言，其本身就常常融造园工程、建筑、园艺、雕塑、壁画、书法等多种艺术于一体，因此，欣赏园林艺术能得到多种艺术的熏陶和审美享受。换言之，欣赏园林艺术也要求我们有一定的艺术素养和知识储备，如此才能使我们在艺术鉴赏中有更多的获益。

第一节　源远流长的艺术

中国古典园林是一种既摹绘自然又超越自然的园林艺术。她的景观特征是将万木争荣、百鸟争鸣的大自然浓缩于一园，即通过概括与提炼，将大自然的风景再现于园林之中，并在园林中创造出各种理想的意境，从而形成了中国园林所独有的写意特征。

中国的园林艺术源远流长，文化内涵亦极深厚，风格鲜明而独特，迥异于欧洲和伊斯兰园林，被认为是最能代表中国传统文化的艺术形式之一。千百年来，中国古代的造园匠师们辛勤耕耘，薪火相传，不断将传统园林文化发扬光大，使中国古典园林艺术之花怒放于世界园林之中，流光溢彩。

中国古典园林肇始于商周时代的“囿”。当时的囿可以说是一种天然山水园，它是商周时代的君王用于种植刍秣、放养禽兽以供畋猎游乐的场所，兼有生产、渔猎、农作、游赏和休养等多种功能，如《穆天子传》中记载：“春山之泽，水清出泉，温和无风，飞鸟百兽之所饮，先王之所谓‘县囿’。”这时的园林以面积广大称著，像《诗经》中所记载的周文王园林，广七十里。园中有高大壮观的土台称灵台，有蓄养着各种鱼类的大水池，水池称灵沼，放养着鹿鸟等动物的山林称灵囿。人们可以在灵台上眺望周围的景色，在灵沼旁俯观水中游鱼嬉戏，在灵囿里与鹿、鸟为伴自由悠闲地游逛。虽说这时的园林规模很大，但还尚未被当作一种艺术创作活动，原因是人们还没有从对自然的依附中脱离出来。虽然这时已露人工造园的端倪，如《诗经》中谈到周文王灵台时说：“经始灵台，经之营之，庶民攻之，不日成之。”但从严格意义上讲，这个时期的园林主要还是利用自然界固有的山泽、水泉、林木以及鸟兽聚集之地而形成的天然山水园。到春秋战国时期，这种天然山水园才逐渐开始向人工造园转变，此时不但园事特盛，而且园林本身也从“原始”状态中脱胎出来，成为真正意义上的人工园林，使园林从生产生活走向艺术创造。

公元前505年（吴王阖闾十年），吴王夫差在苏州西南12.5公里的姑苏山上为西施修筑了称作“姑苏台”的大型园林。据记载，姑苏台主台高广八十四丈，高三百丈，视野达三百里，周回盘曲的廊院横跨五里之长，崇饰土木之作耗费了国库五年的收入。这种用土石堆筑的高台既可以独立使用，也可以作为宫殿建筑的基座，即当时盛行的所谓“高台榭，美宫室”。这种做法，在实用上有防御与安全及通风防潮作用。在园林艺术上，则可借以远眺风景，同时创造出天人相通的感觉。记载中还说：在姑苏台内有春宵宫、天池、海灵馆、馆娃宫、采香径等，其中天池是人工开掘的湖，池中有青龙舟，以为水嬉；海灵馆是蓄养鱼鳖的人工池塘，池上设有馆阁屋盖；采香径路转九曲，铺以大理石，莳以香花，采花径上，其香自生。由此可见，当时不仅是园林的规模很大，而且园林的艺术构思和工程技术方面也都达到很高的水平。另如楚灵王章华台、韩王酸枣离宫、秦王盖苑、赵国云阁、丛台、越国淮阳宫、魏国圃田、吴国的会景园及梧桐园等，同样都是人工的自然山水园。这时园林的游赏目的已趋突出，以人工手段对自然加以改造，使之成为人的审美对象。这已开始萌发为一种造园意匠，从而孕育了园林艺术的新气象，并引发了秦汉园林艺术的新格局。

秦汉时期，无论是皇家宫苑，还是私家宅园，已开始调动一切人工因素来再造第二自然。这一时期的园林，不但规模之大、数量之多、景象之华美开创了造园史的记录，而且在园林整体及内部景观的思想寓意和主题经营上也颇有展拓，开启了后代主题园林的先河。此时园林的早期代表可以以秦代上林苑和阿房宫为例。上林苑位于秦都咸阳，是一组占地广袤的宫苑建筑群。著名的阿房宫即建于上林苑中，杜牧《阿房宫赋》中曾对它的壮丽雄奇进行了无以复加的描述：“覆压三百余里，隔离天日。骊山北构而西折，直走咸阳。二川溶溶，流入宫墙。五步一楼，十步一阁。廊腰缦回，檐牙高啄。各抱地势，钩心斗角……长桥卧波，未云何龙？复道行空，不霁何虹？高低冥迷，不知东西。歌台暖响，春光融融。”秦代的阿房宫及其上林苑可以说集中体现了这一时期帝王宫苑的创作思想与成就。当时方士所宣扬的神仙说使秦始皇产生了长生不老、永享荣华的思想，反映在园林中，自然是飞阁复道纵横密布，山林云雾高下冥迷，皇帝似神仙般地往来于各个宫观楼阁之间。这种对自然风景进行艺术加工，并赋予自然风景以明确主题思想的园林艺术实践，标志着中国古代园林已发展到一个重要阶段。

汉代造园在秦代风景区式宫苑的基础上进一步发展，开始了人工模仿与创造自然风景的造园活动。其规模之大较秦代有过之而无不及，如汉代在秦代上林苑故址上建成汉上林苑，苑址跨占长安、咸宁等五个县的耕地，苑的范围有四百余里，关中八水：灞、浐、泾、渭、酆、鄗、潦、潏贯穿苑中，另有天然湖泊十处。掘有昆明池、昆灵池、蒯池、西陂池、麋池、积草池、太一池、龙首池等池沼，昆明池的面积从现存的遗址看，达百余公顷。池中建有豫章台为岛屿，池东西两岸凿有牛郎、织女石像，象征银河天汉。这两件石刻作品至今仍保留着，当地人称其为石爷、石婆。苑中的奇花异草近三千余种，珍禽贵兽达数百种之多，如虎、鹿、猩猩、狐狸等，莫不具备，还有一些珍贵的动物，如所谓九真之鳞、大宛之马、条支之鸟、黄友之犀，都是异国进献之物。苑内建有离宫别院七十余所，宫观台榭遍布苑中。建章宫是上林苑中最重要的宫苑之一，宫中开凿有太液池。池中堆筑象征东海三神山的瀛洲、蓬莱、方丈三座岛屿，池边种植雕胡、紫萚、绿节之类的植物，池中种植荷花菱茭等水生植物。成群的鹈鹕、鹧鸪、䴔䴖、鸿鶂，以及紫龟、绿鳖游戏于岸边，用沙棠木制造、以云母饰于鹢首的轻舟穿梭于池上。

除皇家苑囿外，此时的私家园林也有所发展。如汉梁园，以山池、花木、建筑之瑰丽及人文荟萃而名噪于时，当时名士司马相如、枚乘在园中写就了著名的汉赋《子虚赋》《七发》，直到唐代仍有许多文人赋诗作文赞美它。据记载，在梁园内有猿岩、栖龙岫、雁池、鹤洲、凫渚等，这些都说明园中已开设了具有不同主题的景区。在使用功能方面，汉代园林出现了满足射猎、走狗、跑马、游船、宴乐、欣赏鱼鸟走兽、观看百戏杂耍等游乐活动的设置。

在园林艺术思想方面，随着道教思想的流传，神仙境界的营造在园林景观创作中的得到进一步的发展和实践。造园师营造了一种海上神山、蓬岛瑶台的新景象，即在人工挖掘的大水池中布置象征蓬莱、方丈、瀛洲三座神山。这种道教方士们的理想中的虚幻境界，丰富与提高了园林，艺术的构思，促进了园林艺术的发展。很明显，以山、池、花木、建筑、动物为造园要素的中国古典园林形式在两汉时期已基本形成，以人工再造自然的园林观、对园林实用功能的安排、园林艺术的构思以及园林工程技术等也基本上完成了奠基阶段。此后三国时代的园林，如魏武帝的铜爵园、魏文帝芳林苑等早期的魏晋园林，则都是沿承汉代风范。

纵观秦汉时期的园林，呈现出以人工模仿自然山水的早期写实主义特征，即以规模宏大的人工手段超自然地再现天然山水。如《西京杂记》记述茂陵富人袁广汉时说：袁广汉北邙山园东西四里，南北五里，激水注其内，构石为山，高十余丈，绵延数里，养白鹦鹉、紫鸳鸯、牦牛、青兕，奇兽异禽委织其间。积沙为洲屿，激水为波澜。其中江鸥海鹤，延蔓林地；奇树异草，靡不培植；屋宇连绵，阁廊环绕。再如，汉梁冀洛阳园，采土筑山，十里九坂，以象二崤（洛阳之西的崤山）。深林绝嶂，有若自然，奇禽驯兽，飞走其间。总的来看，这一时期的园林，还仅仅是注重于形式，园林的精神功能尚未成为主要因素。作为一个艺术门类，此时的园林尚缺少深层内涵，缺少精神的表现和对意境的追求，与园林景物之间的交流或者说情景交融这种中国古典型的审美形式以及古典园林中为人所称道的人文景观还尚未形成。

到了魏晋南北朝时期，由于战乱频繁、人心颓废，魏晋玄学作为两汉独尊儒术、思想一统的反拨而风靡一时。迫于社会的动荡、灾难与政治上的打击、仕途升迁的无望，促发了人们对超然物外的自然山林与田园村野的热爱与追求，从而导致了自然风景园林的新发展。此外，魏晋以来逐渐兴起的山水画，以及歌颂自然与田园生活、标榜隐居出世的文学作品，都对园林创作产生了直接和深刻的影响。这一时期，不但统治阶级耽溺于园乐，知识分子亦放情于山水，并以此为逃避现实的手段。据《洛阳伽蓝记》记载，当时的洛阳城中“争修园宅，互相竞夸。崇门丰室，洞户连房。飞馆生风，重楼起雾。高台芳榭，家家而筑。花林曲池，园园而有。莫不桃李夏绿，竹柏冬青。”与此同时，园林景观也再不仅仅是客观的欣赏对象，它们同时还是抒发园主情怀的凭藉，成为园主的精神体现和情感的物化形式。这一时期的早期代表作品是西晋石崇的金谷园，园主在其《思归引》序文中说：五十以事去官，晚节更乐放逸，笃好林薮，遂肥遁于河阳别业。阻长堤，前临清渠。柏木万株，流水周于舍下。有观阁池沼，多养鸟鱼……出则以游目钓鱼为事，入则有琴书之娱，又好服食咽气，志在不朽，傲然有凌云之操。由此可知，石崇营建金谷园的一个重要目的，就是为了享受吟咏山林、抒怀畅志的意趣。这种写意可说是借园林景物写园主胸臆。又如，北魏张伦的宅园，园中的景阳山“重岩复岭，深蹊洞壑。高树巨林，足使日月蔽亏。悬葛垂带，能令风烟出入。崎岖古路，似壅而通。峥嵘涧道，盘行复直。令山情野兴之士游以忘归。”从这一段描述可见，景阳山已不是天然山岳的简单摹写和模仿，而是对山的总体审美特征的提炼和概括。

东晋时期，园林中的写意趋向更加显露。孙绰在言及自己的宅园时说：余少慕老庄之道，仰其风流久矣。乃经始东山，建五亩之宅，带长阜，倚茂林。时人徐勉亦自述其小园云：中年聊于东田开营小园，非存播以要利，正欲穿池种树，少寄情赏……为培嵝之山，聚石移果，杂以花卉，以娱休沐，用托性灵……冬日之阳，夏日之阴，良辰美景，文案间隙，负杖蹑屩，逍遥陋馆，临池观鱼，披林听鸟，浊酒一杯，弹琴一曲，求数刻之暂乐，庶居常以待终。再如庾信的宅园：“性托夷简，特爱山林，十亩之宅，山池居半。”依文中所述，园林中的景观已超越了形式美而成为人格美的欣赏对象，即封建文人、士大夫的种种情操品格借助对自然景物的选择、提炼、寓意，使自然与人格融为一体，如此才使园林景观成为所谓“仁智所乐”的对象。物我有了双向交流，既可以化物为我，又可以化我为物。景观环境的狭小、景物形貌的简陋都可以被超越，园林设计不但可以“随便架立，不存广大”，而且甚至“唯功能处小以为好”。“一枝之上”，可使“巢父得安巢之所”；“一壶之中”，可使“壶公有容身之地”；“一寸二寸之石，三竿四竿之竹”也可以畅竭襟怀，抒尽情思。这种取向说明，此时园林对意境的追求已与对自然美的追求同样重要，景致的优劣已不在其本身的繁简浓淡或神似形似，而贵在意足。只要林木翳然，“便自有濠濮间想”。

魏晋时期，在园林方面的另一个特殊现象是出现了大量的寺观园林。由于社会动荡，释道弥盛，故寺庙亦极多。据《洛阳伽蓝记》记载：当时的寺庙多建有自己的寺园，其中有的园林如宝光寺、河间寺等处还是当时盛极一时的名园，为都城居民游赏娱乐的中心。若对当时的寺庙园林作一大致的划分，则可以形成三种类型：一是寺外园林，即在寺庙外围对风景优美的自然景观加以经营，形成以寺庙本身为主体的园林。这些寺院选址在奇山秀水的名山胜境，诸如泰山、华山、衡山、恒山、嵩山以及四川的峨眉山、山西的五台山、安徽的九华山、浙江的普陀山等。在一定程度上，历代佛寺、道观的设置，促进了这些风景区的开发。二是寺庙内部园林化。如永明寺，庭中遍植修竹高松和奇花异草。景明寺则房檐之外皆为山池，松竹兰芷，垂列阶墀；含风团露，流香吐馥。今太原晋祠可作为此种类型的晚期实例。三是在寺中或一侧建独立的园林，宝光寺就是如此："四池平衍，果菜葱青……园中有一海，号咸池，葭菼被岸，菱荷覆水。青松翠竹，罗生其旁。"（《洛阳伽蓝记》）此类园林常常名为西园，以附会于"西方净土"。这三种类型的园林虽有所区别，但却有着一个共同特征，即注重超脱尘俗的精神审美功能。如北魏洛阳景林寺："寺有西园，多饶奇果。春鸟秋蝉，鸣声相续，中有禅房一所，内置祇园精舍。形制虽小，巧构难比。加以禅阁虚静，隐室凝邃，嘉林夹牖，芳杜匝阶。虽云朝市，想同岩谷。"再如庐山东林寺：内置禅林，森树烟凝，石径苔生，使人不禁神清而气肃。

寺观园林的风格特征是理性美，它的产生开启了对园林景观对象的理性探求和领悟，并影响到整个园林艺术。此一时期，士大夫们对直觉地把握幽玄的义理及心灵体验式地理解自然对象表现出了极大的兴趣。他们在陶醉于云日辉映、空水澄鲜、池塘春草、园柳鸣禽的图景的同时，领悟着或者物我同一、天地同流的理，或者是陶冶性情、颐养天年的理。此外，寺观园林也创造了一些别具特色的景观形式，并对以后的园林创作产生了影响。如明代王世贞的宅园，园中景观"小祇林"、藏经阁、"梵生"桥、"清凉界"等的意境即取自佛理。再如清代颐和园后山的虚弥灵境、北海琼岛的永安寺、苏州拥翠山庄的灵澜精舍、沧浪亭的瑶华境界等等都是作为一种浓缩的寺观园林景观点布在园林之中，成为意境创造的一种重要手段。

唐宋时期是中国古代园林艺术发展的又一高峰。唐贞观、永徽年间，朝廷励精图治，国力渐强，宫苑建筑也日有兴建，如在西京长安建西内苑、东内苑、禁苑和曲江芙蓉园，郊外则有玉华宫、仙游宫、华清宫、九成宫等。宫苑的规模都十分宏大，其中禁苑一地就周回一百二十里，苑内有宫亭二十四所，如著名的望春宫、鱼藻宫、桃园亭、梨园等，苑内还有鱼藻、九曲池、九曲山等众多景观。曲江芙蓉园，又称曲江池，环池建有观榭，园中青林重复，绿荫张盖，碧水弥漫，景色十分秀美。每逢重阳佳节，长安的公侯贵戚、庶民百姓，倾城而至园中游玩。

宋代帝王宫苑，以宋徽宗时的寿山艮岳为最，山周四十余里，山之东有书馆、八仙馆、紫石岩、栖真磴、揽秀轩、龙吟堂；山之南侧寿山两峰并峙，有雁池、绛霄楼；山之西有药寮，有西庄，有巢云亭，有白龙渊、濯龙峡……四方怪竹奇石悉聚于斯，楼台亭馆月增日益，亦不可数计。当时为建艮岳，江南珍异花木竹石多被征运到汴京，劳民伤财激起民怨，以致成为梁山起义的导火线。在艮岳中，不仅集中了天下名花异草、珍禽奇兽，而且园中景致也极其丰富，有“长波远岸”的壮景，有“周环曲折”号有蜀道之难的天梯，有“山间酒肆，筑室若农家”的村野景色，有“苍翠蓊郁，仰不见天”的万竿竹木。从中不难看出，宋代造园已有了景区划分，不同景区有不同的主题和特色，同时也展示了宋人造园力图再现自然真趣的艺术追求。

经过南北朝的发展，由文人开创的写意园林唐宋时期也达于大成，此时不但出现了很多著名的写意园林，同时也出现了一大批著名的园林艺术家，并产生了相应的园林理论和著述。园林作为古代与诗画并列的并兼容诗情画意的艺术门类，也正是在这一阶段确立了它的历史地位和艺术地位的。

作为园林艺术的主要内容，唐宋文人明确地提出了园林的精神功能和社会功能。周淳在《咸淳临安志》中云：“昔人有言，天下之乱候于洛阳之盛衰，洛阳之盛衰候于园圃之兴废。夫善觇人园者，乃或于是得之。所谓不知其形视其景非邪，然园圃一也。有藏歌贮舞流连光景者，有旷志怡神蜉蝣尘外者，有澄想暇观运量宇宙而游牧其寄焉者。嘻！使园圃常兴无废、天下常治无乱，非后天下之乐而乐，其谁能叙园亭。”依文中所言，唐宋时期的园林除为满足居憩游赏的功能之外，人们已更注重园林陶冶情性、抒发襟怀的功效。这方面典型实例首推王维的辋川别业、白居易的庐山草堂和履道里宅园以及李德裕的平泉庄、牛僧儒的归仁里宅园、裴度的集贤里宅园等。其中辋川别业和履道里宅园所以尤为后世极尽推崇，就在于他们把意境的追求与创造提高到园林艺术的首位。王维在辋川中创孟城坳、华子冈、文杏馆、斤竹岭等二十景，均是以景写意，寓意景中。王维以画设景，由景得诗，以诗入画，可谓到了融会贯通的境地。这种由诗与画的艺术实践出发，将诗画意境手法用之于园林创作，换言之，这种身兼造园艺术家的诗人画家，在唐以前是未曾见的。

诗人白居易的履道里五亩宅园是城市园林的典范之一，其立意、布局和设景的写意意向说明了园林生活此时已成为士大夫整个生活的一部分，甚至成了他们的半个精神世界。如白乐天言其与园林的关系时说：“如鸟择木，姑务巢安。如蛙居坎，不知海宽……优哉游哉，吾将终老乎其间。”作为形与意的统一，此园在创造意境的技巧上也已颇有造诣，白乐天自赋诗赞云：“浦派犹回误远近，桥岛向背迷窥临。澄澜方丈若万顷，倒影咫尺如千寻。”

园林审美的这一意向和特征至宋为大规模、大范围、高水平的园林实践所完善。作为写意园林的主要成熟标志，是此时形成了一整套中国古典园林的符号语言，从园内的物质内容到精神功能，从园林的立意布局到园内景区的主题分配，从景物本身的表义内涵到景物之间的符号关系都有了深刻独到的见解和相应的表现原则。无论是皇家贵胄的禁苑，还是文人百姓的宅园，都存在着一套彼此相通的语言代码。只不过各有各的语句特色，在句法一致的基础上又各有句式上的千秋，各有独自的意味深长之处。正如《爱日斋丛钞》中所言：“各家园池自有各家景致，但要得语言气味深长耳。”譬如，司马光独乐园，园中之景有见山台、钓鱼庵、弄水轩、读书堂、浇花亭，分别取意于陶潜、严子陵、杜牧之、王子猷、白乐天，借此抒其鷦鷯巢林、鼹鼠饮河、曲肱而枕、唯意所适之乐。即使园子本身“在洛中诸园最为简素”，但因景真意足，而使洛人“春时必游”。宋人晁无咎所建“归去来园”，内有以松菊、舒啸、怡赋、暇观、流憩、寄傲、倦飞、窈窕、崎岖命名的景观及登临游息之地，其中一户一牖“皆欲致归去来之意”，旨在“日往来其间则若渊明卧起与俱”。洪适盘洲园中的“洗心”“啸风”“践柳”“索笑”“橘友”“花信”“睡足”“林珍”“琼报”“绿野”“巢云”“濠上”“美可茹”“云起”等景观也均是寓情于景，情景交融。如“云起”一景，园主自谓“行水所穷，云容万状，野亭萧然，可坐而看之”，使人不禁想起王维的“行到水穷处，坐看云起时”的名句，油然感受到一种超然物外、心无挂碍的禅境。

文人园林的产生虽然可追溯到南朝，但作为一种蔚然成风的崇尚则是成于两宋，其原因来自三个方面：首先是宋代的文人政权、文人政治和文人化社会结构使文人的地位有了空前的提高。其次，从整个造园主体来看，也存在着一个从皇胄依次向官豪、文人、商贾、士庶逐渐扩展的过程。就两宋时期来说，园林的拥有者正是由少数门阀贵族及官宦向大批的庶族地主和文人过渡转移的时期，而后者又多是经科举而朝，并具有一定的文化身份，这一特征自然要在园林艺术中寻求表现。再者，大量的诗人画家参与并领导造园，必然使魏晋以来孕育于园林中的文人风格得以深化和发展。

概括说来，文人园林的典型风格是讲究文采，其中包括立意、景观主题的构思、景物的取材和寓意、景观和景物的题署方式等各个方面。唐宋时期的文人园林把人的思想情感，特别是封建文人的种种情操和品格融入景观对象之中，咏月、吟桂、拜石、敬竹，其感物伤情秉承离骚美学之遗风。此时的文人士大夫所以这般多情善感，是因为他们同时受着入世与出世两方面思想的影响和磨砺。在宋代以前，人们通常是以世袭的贵族门阀地位为荣，但至宋代，则转为以爵为荣，而科举制度为文人士大夫阶层获取这种荣耀提供了可能性。于是，中科入举及“出处进退”成了他们一生的中心问题：未做官的梦想着做官，做了官的又想着飞黄腾达不断升迁。而一旦身居官位又忧心忡忡，生怕一朝醒来丢了乌纱，所谓“退亦忧，进亦忧”。作为出仕、贬谪、去官三步曲式的这种种忧虑的安慰和心理平衡，文人士大夫于是故作“高韬”，退而“隐逸”，自鸣“清高”。在这种思想背景下，文人士大夫中遂滋生出所谓“坚贞不屈”“屈而不辱”“偃而犹起”以及“凌云”“清拔”等等节操美和品格美的审美取向和趣味。文人士大夫进而把这种节操和品格物化于园林景物之中，或把在形貌上与这种节操品格相吻合的自然景物对象化和典型化而引入园林，给此时的文人园林景观蒙上了一层文采。比如竹子，早期还不是园林语言，到了宋代，才以“三分水，二分竹，一分屋”的比例优势得到肯定和确定。此时养竹赏竹在文人园中蔚然成风：苏舜钦的沧浪亭中“前竹后水，水之阳又竹，无穷极”；沈括梦溪园“有竹百个”；叶梦得在《避暑录话》中说：“山林园圃，但多种竹，不问其他景物，望之自使人意萧然。”在某种程度上，竹子似乎成了园林中风雅的代名词，故苏轼有诗云：“可使食无肉，不可居无竹。无肉令人瘦，无竹令人俗。”竹子雅在何处呢？不外乎是因为被人格化的竹子有文人士大夫心中的节操美和品格美，所谓“虚心异众草，劲节逾凡木”，“苍然于既寒之后，凛乎无可怜之姿”等等。与之相似，园林植物中的松、梅、菊、桂、榉、梧桐、银杏以及莲、萱草等也同样都有寓意和品格。此外，品石、流觞、投壶等等活动也都盛行于宋代园林，而后成为园林的一般性语汇。

在入世思想余热尚存的同时，宋时的出世思想也开始弥泛。与盛唐相比，宋代的国力已一落千丈，动乱的社会现实在文人士大夫心中投下了一道深深的阴影——忧患意识总使人们心灵深处受着压抑，与辽金屡战屡败，割地赔款的屈辱使人们对前途感到渺茫，此外，封建理学使伦理观念愈加森严，残酷地束缚着个性的自由发展。在这种现实胁迫中，士大夫性格中“不达则独善其身”的一面遂显露出来，于是，园事大兴，文人士大夫以园林为巢穴，退居其中，借景吟情，稀释内心苦痛，使人归复于平衡。譬如黄庭坚《独游东园》诗中所云：“万事同一机，多虑乃禅病。排闷有新诗，忘蹄出兔径。莲花出淤泥，可见嗔喜性。小立近幽香，心与晚色静。”此时由于禅宗的影响，园林除却以身外游的一面又增加了以心内观的一面，这无论在目的上还是在手段上都使园林景观意境达到了深化，景观构成则趋于简化。到了宣和年间，园林风格在追求写意的同时，也开始注重对形式美的追求，所谓巧、奇、繁、变。如万岁山艮岳的山洞：“洞中皆筑以雄黄及炉甘石，雄黄则辟蛇虺，炉甘石则天阴能致云雾，翳郁如深山穷谷”；洛阳杨侍郎园的流杯渠，以水急而流杯不旁触而闻名；董氏西园有“迷楼”：“屈曲甚邃，游者到此往往相失”，董氏东园的“醒酒池”：“水四面喷泻池中，而旭出之，故朝夕如飞瀑，而池不溢，洛人盛醉者，走登其堂，辄醒”。此外，如郭从义宅园，《清异录》中说：“洛下公卿第宅棋布，而郭从义为最，巧匠蔡奇献样，起竹节洞，人以为神工。然从义亦不甚以为佳，终往他所。”

完成这种风格转变的时期主要是在南宋，其典型代表可举南宋俞征的园中假山为例：“其峰之大小凡百余，高者二三丈，犀珠玉树，森列旁舞，俨如群玉之圃，奇奇怪怪，不可名状……众峰之间，萦以曲涧，甃以五色小石，傍引清流，激石高下使之有淙淙然，下注大石潭，上荫巨竹寿藤，苍寒茂密，不见天日。旁植名药奇草，薜荔、女萝、丝红叶碧。潭旁横石作杠，下为石梁，潭中多文龟、斑鱿，夜月下照，光景零乱，如在穷山绝谷间。”不难发现，此园山与其说是以意胜，不如说是以巧胜。故人称俞征乃是“出心匠之巧”，所谓“秀拔有趣者，皆莫如俞子清侍郎家为奇绝”。

唐宋时期，不仅造园思想趋于成熟，园林的内容也有所更新和充实，如这一时期宫苑中出现有马球场、蹴球场、温泉浴池等体育游嬉之类的实用内容。在园林类型上，唐宋时代发展起来的带有近世城市公园性质的园林如唐长安的曲江、宋临安的西湖等，对于当时城市居民的生活也占有重要地位。每逢佳日，这些风景点引得城中官绅士庶、平民百姓倾城游赏，人们在这里可踏青、看花、荡舟、纳凉、赏月、登高，以及观看杂技歌舞，使园林在性质和形式方面都出现了从未有过的变化。

明清时期，园林艺术有了新的发展。自明代始，由于社会结构的变化和商品经济的发展，使士商文化与市民文化日渐发达，世风亦随之发生变化。文学艺术领域如小说、戏剧、说唱等俗文学和民间的木刻绘画等十分流行，民间的工艺美术如家具、陈设、器玩、服饰等也竞放异彩。园林艺术也日趋繁盛，一方面是向对象化和程式化方向发展，许多园林佳作都成了艺术精品；另一方面是向使用性和生活化方向发展，使园林艺术较以往更加普及。通过千年的锻造和锤炼，中国园林艺术发展至明清时期可以说已臻于化境，不但造园思想越来越丰富，而且造园手法也越来越巧妙，创造并遗留下来许多闻名于世的园林艺术杰作：皇家园林中如北京的圆明园、颐和园、三海西苑，承德的避暑山庄；私家园林如苏州的拙政园、网师园、留园、沧浪亭、狮子林，扬州的小盘古、个园、寄啸山庄、片石山房，无锡的寄畅园，吴江的退思园，上海的豫园、秋霞浦、古猗园，南京的随园、瞻园、煦园，以及江南、华南等地大量的艺术精品。与之同时，涌现出了一大批造园著述，如《园冶》《一家言》《长物志》，也有许多著述以较大篇幅涉及造园理论，如《岩栖幽事》《太平清话》《素园石谱》《山斋清闲供笺》《考槃余事》《花镜》等。造园名家也是人才辈出，如计成、李渔、文震亨、张南垣、戈裕良、张然、张连、仇好石等。中国园林通过这一时期的总结与提炼，在艺术上达到了炉火纯青的境界，并形成了自己独特、完整的艺术体系。

17 世纪下半叶，中国园林艺术随中国的青铜器、漆器、绘画、刺绣、服装、家具等造型艺术和工艺美术一起传入欧洲，并引起极大的反响，其中尤使欧洲人感到惊奇的事情就是中国的园林艺术。与欧洲规整的人工园林不同，中国那种朴素雅淡然而丰富多变的自然景色引起了人们的极大赞赏，于是从英国开始，而后是法国、意大利、德国、瑞典等国家，掀起了模仿和建造中国式园林的浪潮。欧式园林中不仅出现了中国式的塔、桥、亭、阁之类的点缀性的小型建筑物，而且园内还布置假山、叠筑山洞，河流逶迤宛转，道路自由曲折，树木则疏密有致。虽说这股模仿浪潮开阔了欧洲人的眼界，丰富了欧洲园林的艺术内容，但由于中西方文化的差异，具有深刻文化内涵的中国园林艺术是很难为欧洲人所把握的。一位18世纪的英国建筑师钱伯斯曾感慨道："布置中国式花园的艺术是极其困难的，对于智能平平的人来说，几乎是完全办不到的。在中国，不像在意大利和法国那样，每一个不学无术的建筑师都是造园家……在中国，造园是一种专门的职业，需要广博的才能，只有很少的人能达到化境。"由此也可以看出，中国古典园林艺术确是一门有深厚博大的文化根基的高妙神奇的艺术。

对于中国园林这样一种具有深厚文化根基的艺术对象，人们的确很难一下子就领会了它的全部艺术真谛。但如果我们把握住它的主要艺术特征，即宛若自然的景观、深邃含蓄的意境、曲折多变的空间和千姿百态的景物，再通过用心的赏析，终会达到园林艺术的彼岸。

第二节　宛若自然的景观

一位18世纪的意大利传教士在回忆中国园林印象时曾写道，欧洲的园林“追求以艺术排斥自然，铲平山丘，干涸湖泊，砍伐树木，把道路修成直线一条，花许多钱建造喷泉，把花卉种得成行成列。而中国人相反，他们通过艺术来模仿自然，因此在他们的花园里，人工的山丘形成复杂的地形，许多小径在里面穿来穿去，有一些是直的，有一些则曲折，有一些在平地和涧谷里通过，有一些越过桥梁，由荒石磴道攀跻山巅，湖里点缀着小岛，上面建着小小的庵庙，用船只或桥梁通过去。”这位传教士的记述，可以说大体上反映了中西园林在景观特征上的差异。

西方古典园林偏好人工，地貌一般都是经过人工平整后的平地或台地，水体常是具有几何形体的水池、喷泉、壁泉、水渠，植物多为行列式，并且通常是把树木修成几何体形或动物体形，把花卉和灌木修剪成地毯状的模纹花坛。中国园林则崇尚自然，山是模拟自然界的峰峦壑谷，水是自然界中溪流、瀑布、湖泊的艺术概括，植物也反映着自然界中植物群体构成的那种众芳竞秀、草木争荣、鸟啼花开的自然图景。

中国古典园林的最本质的特征就是“自然”，这不仅是从中外园林的景观比较中得出的结论，也是古代中国人自觉追求的艺术目标和境界。从汉唐至明清，诸如“有若自然”“妙在自然”“浑然天成”“宛若自然”的说法屡见于园林史著。依常理而论，随着人对自然的征服及生产力的提高和物质财富的积累，人们本应赞美人工并以此表现人对自然的优势，如此才合乎社会进化的逻辑。但中国古典园林却恰恰相反，它极尽崇尚自然，如果说人工在这里有所作为的话，那仅在于它能“人工”地体现这种崇尚，并“人工”地再现自然之美。这促使我们深思，即古代中国人从“宛若”“浑然”中究竟得到了什么满足呢？他们在园林的“自然”中究竟感悟到了什么样的境界呢？如果我们追根溯源，也许最终会产生这样一种看法，即与其说是生理上的感官愉悦，毋宁说是对人生本身及人与生存环境之关系的深切关注。

早在春秋战国时期，伴随着物质文明的发展，阶级的对抗与冲突也日趋尖锐，在财富的彩锦之下，前所未见的虚伪、残暴、倾轧和罪恶给社会前景带来一种不祥之兆。哲学家老子敏锐地洞察了这种人为物使、人役于物的异化现象，开出了“自然无为”的济世处方，企图以此治愈社会发展的这一病症。在老子看来，文明所带来的种种罪恶是人们“有为”所造成的，要消除罪恶，就要以“无为”来代替“有为”，即时时事事都要听任自然，所谓“辅万物之自然而不敢为”。但这种“无为”又并非无所作为，并非“寂然无声，漠然不动，引之不来，推之不往”，而是因时就势，譬如“水之用舟，沙之用鸠，泥之用钅丰，山之用索，夏渎而冬陂，因高为田，因下为池”。因此，“无为”的结果乃是“无不为”。在老庄看来，大自然之所以美，并不是在于它的形式，而恰恰在于它最充分、最完全地体现了这种“无为而无不为”的“道”：大自然的一切产生、发展和变化都是无意识、无目的的，但其结果又都是合乎某种目的的；自然界本身并没有有意识地去追求什么，但它却在无形中造就了一切。正像哲学家庄子所言：“天地有大美而不言，四时有明法而不议，万物有成理而不说。圣人者，原天地之美而达万物之理。”

中国古典园林所以崇尚自然、追求自然、表现自然，实际上也并不在于对自然形式美的模仿本身，而是在于探求蕴藏在自然形式内部的美，而这个美，归根结底，也就是被老庄表述为“无为”的“自然”。在古典园林设计中所以讲究因借，讲究从高就下，讲究顺应地势，讲究不留斧凿痕，其理即在于此。作为特殊的艺术类型，中国古典园林表面上是对自然的模仿与提炼，实质上则是对潜埋在自然之中的“道”与“理”的探求。正是这种探求，使古代文人、士大夫从云日辉映、空水澄鲜、池旷春草、园柳鸣禽种种山水景观中感悟到一种理性的美，并从中体验出自我与自然融为一体的和谐境界，达到一种超功利的心理愉悦，正如谢灵运《山居赋》中所云：“山居兮清寂，群纷兮自绝。周听兮匪多，得理兮俱悦。”与此相应，人造园林的自然景观也就成为人们把握这种理性美的中介，成为理性美的认知对象，故《咸淳临安志》言及园林功能时说其可“澄想暇观运量宇宙而游特其寄焉”。

在古代中国，中上层社会中存在着两种居住方式，即宅居与园居：前者拘谨沉闷，渗透着封建伦理规范；后者则逍遥自在，是前者的解脱。宋人孔武仲在其《西园假山》一诗中说：“我今因一官，宅舍不容改。尘嚣日侵凌，视听乏爽垲。天机能几何，与物相菹醢。当求景物净，以涤身心浼。”为此在宅旁营建西园，采石叠山，掘池穿洞，移花栽木，聊以自给。这种“自然”的园林生活遂使尘嚣侵凌、为物所役又难以改变的世俗生活得到调节，使人的身心在对自然景物的观照和体验中得到不同程度的净化，故而感到“爽垲”。明人王世贞说：山居未免寂寞，市居过于喧闹，惟园居介于两者之间。此话不啻在表明这种一种意识：人既是自然的产物，又是社会的产物，无论脱离了自然还是脱离了社会都会产生失落感，因此在社会生活方式发展到一定阶段，以回归自然为特征的园居生活作为社会协同的宅居形式的补充，就必然成为人们的文化心理得以平衡的重要方式。这里似乎表明了这样一种象征意义，即人们总是保持着一种自然的反思和自省，使得社会趋向与自然进程在人的意识里总处于一种平衡之中，从而使人的自然本性与社会本性也处于一种平衡之中。由此来说，表现在古典园林中的这种具有古代中国人审美特征的园林自然观，也就绝不仅仅是一般意义上的对人类征服大自然的心理描述，而更主要的还是文化发展本身的必然产物，即通过园林艺术对人的生活环境的调节，来把握人本身的存在特征和意义。

明代著名造园家计成对中国造园的要旨曾做出过如下定语，即所谓“虽由人作，宛自天开”。园林虽由人造，但要有湖山真意。北京颐和园有一处景观题为“湖山真意”，苏州网师园也有一景题作“真意”，就体现了这种意向。但中国古典园林的造景又不是机械模仿自然界中具体某一景物，而是艺术家把自己对大自然的感受，通过石、水、建筑、植物等媒介，艺术地再现出来。因而，园林中的山水草木又与自然界的不同，“一峰则太华千寻，一勺则江湖万里”，一湾溪水，可以予人涉足乡野田畴的印象，几丛峰石，可以发人身临高山深壑的联想。造园过程实际上是一种对自然界高度提炼和艺术概括的再创造。

第三节　深邃含蓄的意境

就像赋诗作画一样，古代中国人造园也都有一个主题，不仅一座园林有一个总的主题和构思，园中各主要景观也大都各具不同的主题。如苏州网师园以渔隐为主题，隐含着江湖归隐之意，其园中景物如树木花草、鸣禽、游鱼、岩石以及榭轩亭堂等也都是围绕着“渔隐”这一主题来安排的，由此构成一曲既统一又变化的立体乐章。再如扬州个园中的“四季假山”，分别以春、夏、秋、冬为主题进行创作，其中的“秋山”全部用黄石叠筑，无论形体和色彩都着力表现“秋”的特征，再配以秋季观叶的树种，予人以金秋时节万山红遍的遐想。

比较于相对外在的标识性的主题，含蓄的意境美则是中国古典园林艺术所进一步追求的更高境界。所谓园林的意境，是运用艺术手段创造出一种特定的环境气氛，使人有所感触、联想和想象，从而产生美的感受。园林意境的特点在于它比其他艺术门类更少局限性，它可以通过视觉、听觉、嗅觉、触觉来身临其境地感受艺术对象，如“穿池状浩瀚”是形之美，“吟蛩鸣蜩引兴长，玉簪花落野扩香”是声和味之美，“草色溪流高下碧，菜花杨柳浅浑黄”是色之美，“荷雨洒衣湿，蘋风吹袖青”则是触感之美。在这里，视、听、嗅、触的每一种感觉都能唤起你美的享受，它们相互诱发，相得益彰，使人们的感受更真实、也更生动。在中国古典园林中，不但园林的不同景区各有独特的追求，就是一山一水、一草一木也常常是寓意深长，耐人寻味。比如，苏州拙政园中的听雨轩，本是园中一个自成格局的小院，主体建筑的门楣上悬挂着一块匾额，上书“听雨轩”三字。如果你有心探寻，就会发现所谓“听雨”的奥秘：原来在院落一隅掘一潭碧水，水旁几丛芭蕉青翠欲滴，凝思片刻后，你会猛然领悟出“雨打芭蕉室更幽”的意境，更感觉到环境的幽寂，不由得产生一种怡然的心境。中国园林艺术之所以有着丰富的主题思想和含蓄的意境，原因在于中国园林美学思想的丰富和中国传统文化的博大精深。这些支撑园林内在精神的主题思想主要来源于儒家的比德思想和道家的神仙思想，同时也在一定程度上受到禅宗思想的影响。

（一）比德思想

中国古典哲学中有一个重要的命题，即所谓“究天人之际”，意思是要搞清人与自然对象的相互关系。在传统的儒家哲学中，这种关系就表达为天人合一。人、天、地合称“三才”，彼此间可相参而合流。那么如何才能达到“合”的境界呢？宋代理学家程颢说：“学者须识仁，仁者浑然与物同体。”即“合”不仅在于认识，而且更在于体验，只有这样才有可能达到合内外、同彼己的超然境界。假若仅仅是认识到了“合”的道理，而未有任何实际体验，那么即使意念中竭力取消物为物、我为我的界限，最后仍落得“以己合彼，终未有之”。在我国的古典园林中所以特别重视寓情于景，情景交融，寓意于物，以物比德，就在于它折射了这种合内外、同彼己的思想。人们把作为审美对象的自然景物看作是品德美、精神美和人格美的一种象征，自然美的各种形式属性如色彩、线条、形状、比例等等，本身往往在审美意识中不占主要地位，人们更注意从自然景物的象征意义中体味物与我、彼与己、内与外、人与自然的合和同一。比如在儒家看来，山的美在其生草木、繁鸟兽、聚财用，并将其所有奉献四方而无私为，又能出云雨以通于天地之间，带来雨露之泽，使万物以成。水的美在其“缘理而行，不遗小间，似有智者；动之而下，似有礼者；蹈深不疑，似有勇者；障防而清，似知命者；历险致远，卒成不毁，似有德者；天地以成，群物之生，国家以平，品物以正。”古代中国人的这种审美方式，在园林景物的取材和景观立意上可谓得到了极好的体现。前者如松、竹、梅、菊、荷以及各种形貌奇伟的石品等，造园者通过类比使人们联想到某种高尚的品德，从而获得美感，此即古典文论中“比”的手法。进而再通过轩榭、芭蕉、水潭的组合使人产生“雨打芭蕉室更幽”的联想，通过池、岛和岛上林木亭阁的组合使人联想到仙岛神山，通过丘岗、台的组合联想到“采菊东篱下，悠然见南山”，由溪、桥、鱼联想到濠上穷理，由木瓜径、桃李屏联想到“琼报”，由湖、坞、舫联想到遁迹渡险等等，此即古典文论中的“兴”。

从审美意识的层次来讲，“比”与“兴”自然都比较浅显，因为它们在联想的广度和深度上都有很大局限性，即前者联想的两端相互类似，横向逻辑关系很清晰；后者联想的两端其关系亦简明无歧义，从而限制了艺术对象的内涵和外延。然而实际上这并未给园林艺术带来过大缺憾，其原因在于园林艺术表面上看是具象艺术，实则是高度抽象的艺术。由比兴手法产生的主题联想主要是靠景观题署来标记或提示的，但由于景观对意境存储的高容度，其所标示的主题实际上只是景观所能揭示的审美境界的一部分，一般也就是园主感悟到的那部分。因此对不同的观赏者来说，他既有可能从景观中体悟到题署并未揭示的园主潜意识中的审美情趣，也有可能把自己独特的艺术感受投射到景观之中，从而摄取出完全不同于景观主题的意趣来。这就是我们今天观赏古典园林仍有美感的一个重要原因，也是人们不必每每寻匾联猜字谜亦可有所收受的原因之一。

但客观而论，比兴又确是古人设计园林时所必用的一种主题形式，从千百年来这一形式的沿用不替来看，比兴在审美层次上的浅显并不是它可能被取代的理由，相反却表明了园林艺术所具有的表现功能。在这个意义上讲，同时也是在这个层次上讲，园林艺术也是一种符号艺术，而比德恰恰就是符号中的语义学。

（二）神仙说

与宗教思想不同，土生土长的神仙思想给古代中国人描述的是一幅可望似又可及的“美好”图景。《列子·汤问篇》中说：在渤海之东有五山，即岱舆、员峤、方壶、瀛洲、蓬莱，其上台观皆金玉，其上禽兽皆纯缟，珠玕之树皆丛生，华实皆有滋味，食之皆不老不死；所居之人，皆仙圣之种。《十洲记》中亦载道：在八方巨海中有十洲，其上有神芝仙草，服之令人长生。又有玉石千丈，出泉如酒，饮之使人不死，洲上林木丛生，高或数千丈，大或二千围，有金琉璃宫、紫石宫，皆仙家风俗。这些画面所描绘的景象在古人看来并非全是虚妄，对当时人们的想象力所能达到的程度而言，这种对仙境的描述和憧憬是很自然的，表达了人们所追慕的生活理想。在园林中，这种理想化作了种种物象，成为历代园林的景观主体之一，秦始皇“依长池，引渭水……筑土为蓬莱山”，汉武帝掘太液池，池中堆蓬莱、方丈、壶梁、瀛洲诸山。自此，园中掘池筑岛再现神山，就成为一种普遍性的造景手法。但实际上神仙思想并非只是促成类似的池岛形式一种布局，而是影响着整个园林的主题意境和环境氛围的创造。《投辖录》中曾载宋真宗建造的一处园林：“群公及内侍人入一小殿，殿后有假山甚高，而山后洞，上既先入，复招群公从行，初觉暗甚，行数十步则天宇豁然，千峰万嶂，杂花流水，尽天之伟观，有二道士，貌亦奇古……所论皆玄妙之旨，而肴醴之属又非人间所见也，鸾鹄舞于堂，竹箫振林木……上曰此道象所谓蓬莱三山者。”

在园林艺术中再现虚幻的仙境，实际上并非仅是指对某种确定的景观形貌的追求，而是意在满足人们对捕捉和陶醉幻梦的心理要求。这种要求在园林中可以外现为两种体验，一种是金石玉树的洞天府地，以其种种可发人奇想的实在景观模拟幻觉中的仙境，求得耳目间的愉悦。如以“园池声妓服玩之丽甲天下”的宋人张功甫，于南湖园架霄亭于四松间，以铁链悬之于半空，当风月清夜，与客人乘梯登之，飘摇云表……恍然如游仙。又如明代的玉阳洞天别业，其景观诸如玉光阁、灵应亭、凝玉亭、沸玉桥、隔凡桥、玉虚堂、丹室、环玉冈、仙寓、来仙桥、盘玉隈、集灵谷、缥缈峰、三珠洞、双仙石、瑶台等等，无疑是在创造一种人间仙境。另一种是与上述以物寓境的体验方式不同的方式，即较注重意境本身的高妙，并以此展示园主神仙般的飘逸风度及身在俗中、心在俗外的心巧。

从秦汉至明清，这种追求仙境的意趣无疑给园林的造景带来很大影响，或者是琼楼玉宇，灵池瑶台，构尽人间幻界；或者养鹿畜鹤，闲逸潇洒，“自谓是羲皇上人”，景异而境一也。就中国古典园林的景物本身而论，虽然是源于对自然对象的摹写，但也无疑渗透了古代中国人对人生世俗图景的种种构想，或者幼稚，或者虚妄，或者俗艳，或者清幽，但总是不同程度地流露出一种对生活本身的赞美和对理想人生的追求。同时，这种追求在客观上也起到深化造园手法的作用，并大大丰富了园林景观的内涵及外在的表现力。

（三）禅宗思想

禅宗对古典园林的影响并未表现在园林景观的符号语言上，因为禅宗本来就否定语言表达的无限性和可信性，它的影响主要是通过对中国文人、士大夫性格和审美情趣的渗透，折射在园林风格和景观意境的审美观照中。从审美观照的样式来看，禅宗可谓有这样几个特点，一是“梵我合一”的一元世界观，即所谓我心即佛，佛即我心，认为万物种种无非是我心幻化，如风吹幡动这一现象在禅师看来既不是风动，也不是幡动，而是人心自动。二是解脱的自悟方式，也就是通过渐修或顿悟发现本心，所谓“识心见性，自成佛道”。三是直观的认识方法，即“见心识性”只能靠“以心传心”“自解自悟”这种内心的神秘体验，“不着文字，不执文字”。因为佛法神奇，“唯内所证，非文字语言而能表示，超越一切语言境界”，语言的存在只会增加“滞累”。

按照禅宗的看法，既然“法界一相”，世界万物之有差别，都是佛法或本心的幻化，那么高山大川所能具有的一切，一株花草或一枚品石也同样具有，反之亦然，正是“青青翠竹，皆是法身，郁郁黄花，无非般若”。这实际上就为园林这种在形式上有限的自然山水艺术提供了审美体验的无限可能性，即打破了小自然与大自然的根本界限，这在一定的思想深度上构筑了文人园林中以小见大、咫尺山林的理论基础。因此，常与皇家园林不同，渗透着禅趣的文人园林多显露出以小为尚的倾向，这一方面是表现在园林面积、规模的小型化上，另一方面则更在于立意于小，如“一亩园”“半亩园”“壶园”“勺园”“芥子园”等等。在园林面积的小型化同时，园林景观和景物也向小型化发展，静观的因素不断增加而自然景观的可游性则相对降低，如山向叠石、水向小池潭、花木向单株的转化，其中最有代表性的莫过于叠石和点石了。李渔的芥子园北山可谓这种趋向的典型，其山中纵然有茅亭、栈道、石桥，但尺度小得已失去游赏的可能性，故而只能隔窗静观其景，而这扇窗子也就随之称为“尺幅窗”。

总之，由于禅宗思维方式的影响，在人们心中物与物及物与我的界限已被打破，外界的小可以是大，正像沈三白《浮生六记·闲情记趣》中所说那样：“以丛草为林，以虫蚁为兽，以土砾凸者为丘，凹者为壑。”反过来，也可以像陆机《登台赋》中所说的那样把扶桑比同“细于毫末”，把昆仑山看成“卑于覆篑”。

谈到禅宗的“顿悟”和“直观”，我们也可以说它有可能为园林艺术的审美体验提供了一种有意味的观照方式。我们知道，禅宗的认识方法是将外界物象视为内心的幻化，所谓“山林花鸟皆念佛法”，同时又把内心的主观意向投射于物象，所谓“我心即山林大地”。这种“悟”，显然不是纯思辨的推理认识，而是个体的直觉体验，它所要求的并不是与感性隔绝，而恰恰是在感性中通过悟境达到精神上的超越，以此导致人与自然的更深一层的交流融合，使人对一草一木、一山一石、一池一溪都有亲切和愉悦的感受。用园林中的景观景物揭示禅意或观照者通过它们体悟禅意不是靠主题，而是靠意境；意境必须通过体验才能感悟，它来自一种超功利的直觉的审美关照方式，因此，意境既是艺术家内心情感、哲理体验及其形象联想的最大限度的凝聚物，又是欣赏者在联想与想象的空间中最大限度驰骋的再创造过程。这就要求园林中的景观与景物要有最大限度的联想和想象的容量。换句话说，景观意境应尽可能含蓄。

在这里，符号的象征作用显然是不能胜任的，实际上，像中国古代文人、士大夫心灵中的那种对“空”“意”的感受以及渺茫无着的人生感叹、淡淡的乡愁之思等也很难用具体的象征手段来表现。传说怀让禅师参悟八载才忽然悟到自己为何物，但当问他此物为何时，他却道：“说似一物即不中。”意即一旦用具体的物象来比拟，就会损失了真意。园林中所以常用真意而不用具体的主题标识，其道理恐怕也正在于此。皎然在《诗式》中提到“静”“远”的意境时说：并非是松风不动，林鸟未鸣，乃是意中之静；非如渺渺望水，杳杳看山，乃谓意中之远。这“意中之静”“意中之远”，显然是不能用具体的象征手段来表达的，只能靠含蓄的表现来触发灵性。苏州拙政园门荷风四面亭、网师园的风到月来亭等景观就都需要“悟对神通”“迁想妙得”来把握这意中之景。既然景观贵在有意境，意境又妙在含蓄，妙在有象外之象，言外之意，就必然导致园林中简淡的手法和品格。其特征似如司空图所言：“不着一字，尽得风流。”或如严羽在《沧浪诗话》用“羚羊挂角，无迹可求”来形容“如空中之音、相中之色、水中之月、镜中之相，言有尽而意无穷”。在禅宗看来，规定性越小，想象余地就越大，因而少能胜多，只有简到极点，才能余出最大限度的空间去供人们揣摩和思考。清代程正揆在《青溪遗稿》中说：“论文字者谓增一分见不如增一分识，识愈高而文愈淡。予谓画亦然，多一笔不如少一笔，意高则笔简。”他更借宋代禅师宗杲的话道：“予告石溪曰：画不难为繁，难于用简，减之力更大于繁，非以境减，减以笔，所谓‘弄一车兵器，不如寸铁杀人’者也。”就园林而言，特别是受禅宗影响较深的文人园林，也同样是崇淡尚简的，宋人朱长文营建乐圃，“虽敝屋无华，荒庭不甃，而景趣质野，若在岩谷，此可尚也。”宋代理学家邵雍则更在诗中言道：“更小亭栏花自好，尽荒台榭景才真。”

具体说，园林的简淡可以通过两方面来表现和体验，一是景观本身具有平淡或枯淡的视觉效果，其中简、疏、古、拙等都可构成达到这一效果的手段；一是通过“平淡无奇”的暗示，触发你的直觉感受，从而在思维的超越中达到某种审美体验。比如“在涧”“淡烟疏雨”“花源云构”“桐阴蒿径”“在河之干”“竹深荷净”“漱晚矶”“水边林下”等等，乍听起来有何新奇，但细细品味，却是比“凌风”“浮云”“四美万景”“漱芳”“含清”之类更有回味处。《青源惟信禅师语录》中曾记述有这样一段话：“老僧三十年来参禅时，见山是山，见水是水；乃至后来亲见知识，有个入处，见山不是山，见水不是水；而今得个体歇处，依然见山是山，见水是水。”字面上虽然相同，但实际上却有天壤之别，即后者已融合了惟信禅师三十年的参悟与沉思。这对我们理解何谓“淡者屡深”，“枯淡中有意思”，“所贵乎枯澹者，谓其外枯而中膏，似澹而实美”或许不无启发意义。

探寻和体味中国园林的意境，我们或许可以从诗画的意境入其门庭。就中国古典园林的意境而言，她与中国传统诗歌和山水画的意境美是彼此相通的。园林中无处不入画，无景不藏诗，园林艺术仿佛就是立体的画、凝固的诗，正因为如此，人们又称园林的意境为诗情画意。

步入北京颐和园的谐趣园，眼到之处；总有一些匾额对联，借以提示景观。如“菱花晓映雕栏目，莲叶香涵玉沼波”，及“窗闲树色连山净，户外岚光带水浮”等等，园中的景致就反映着这些诗意。园中还有一条曲廊，直题为“寻诗径”，其意就在于诱发游人探寻的兴趣，从而使人们在小小的空间内寻寻觅觅，徘徊竟日而余兴不尽。

在中国园林中，每一景区、景观往往是以某一座建筑为主角，用它们来对园林景观起画龙点睛的作用，而这些建筑本身一般又都要有匾额、楹联或诗文，以便烘托出园林意境的主题思想及其独特的情趣，进而启迪游人丰富的想象力，把物象景观升华到精神高度，使园林意境得到更深的开拓。一般说来悬置于门楣之上的题字牌，横置者称为“匾”，竖挂者称为“额”，门两侧柱上的竖牌，称楹联式对联。此外，也有将题咏刻在山石上的，仿佛风景区的摹崖石刻。如果你游览过中国园林，或许曾有过这种感觉：当你触景生情有感而发，但又不知何云时，瞥见匾联上的题咏，一时间顿开茅塞，觉得心中的真实感受得到了表达而为之畅然。

中国园林的景物题名有各种类型，其中多数是直接引用前人已有的现成诗句，或略作变通，如苏州拙政园中的绣绮亭，引自唐代诗人杜甫诗句：“绣绮相展转，琳琅愈青莹。”宜两亭引自白居易诗中的“明日好同三更衣，绿杨宜作两家春”，借喻这座小亭位置适中，拙政园中西两部分景色悉入亭中。浮翠阁是引自宋代诗人苏东坡“三峰已过天浮翠”的诗句。留听阁则取唐代诗人李商隐诗中“留得残荷听雨声”的风雅意境。说到留听阁，与之相类似的题署举不胜举，如苏州耦园的“听橹楼”，扬州小玲珑山馆的“清响阁”，嘉兴倦圃的“听雨斋”，嘉兴南园的“听月楼”等等。其中耦园的听橹楼更别有韵味，耦园的南面紧靠小新桥巷，巷临河道，水中船来舟往，时有桨橹之声，将园中小楼题名“听橹”，使这一处景观意境全出，也将园外的桨橹之声纳入到园内之中了。

把绘画艺术的创作手法运用于造园，并在园景中体现画境，这是中国园林的又一大特色。在颐和园万寿山西部的山腰，有一组景区称作“画中游”，这里亭阁错落，叠石掩映，犹如画中。循山洞拾级而上，驻足高阁之中极目远望，但见湖光山色，长堤卧波；俯览则屋宇连檐，翼角争斗。东望高台重阁，琼楼玉宇；西眺则西山翠屏，玉泉塔影，真若画境一般。这时你再回味“画中游”的题谓，觉得有多么贴切。

在园林中，具有画意的景观构思最经常的是由人们称之为借景、对景和点景手法来表现的。所谓对景就是景观画面相对，其中每一方既是观赏点，又同时是被观赏的对象，使游人既在画中又在画外，如颐和园的佛香阁对昆明湖中龙王庙，北海的漪澜堂对五龙亭，均为妙笔。在对景中，特别以不经意中而发现者为最佳。例如，拙政园中部从枇杷园通过圆洞门“晚翠”，无意中望见池北“雪香云蔚亭”掩映于林木之中，恰似一幅山水画，意外地给人以一种美的感受。

如果你留心的话就不难发现，在中国园林中的道路、走廊、入口等空间转折变化的地方，常要设置一些对景，并常用门窗、墙洞、漏窗来框景，目的即是以此来提示景观中的画意。有时即使无景可对，匠师们也常要在屋隅廊侧开一扇透窗，或留出一井小院，点缀几丛怪石，栽上几株花草，使人感到柳暗花明，曲径通幽，时时有景，处处生情。假如把一座中国园林中的所有景观串联起来，你将会感到展现在眼前的好似是一幅连续的动态立体长卷。若把这幅长卷展开静观，其中每一部分又都是一幅幅相对独立而完整的画面，诱人琢磨，令人品味。

园林中的借景指的是借园外之景于园内，或园中景观相互因借，以增加景深层次，扩大空间感，如无锡寄畅园借园外惠山风光，颐和园借西山等。在江南园林中，由于空间较小，还常采取远借手法以弥补这一缺陷，如设置楼阁，或在高阜上设小亭，用以眺望远景，如苏州拙政园的见山楼、沧浪亭的看山楼、留园的冠云楼和舒啸亭等。除因借静止的景物外，它如飞雁月影、暮鼓晨钟等等也可成为应时而借的对象，造园大师计成在其《园冶》中就曾这样写道："萧寺可以卜邻，梵音到耳。"

除借景、对景外，点景也是一种常见的造景手法。如苏州网师园的池塘东岸，是一道白色风火山墙，造园匠师在池岸边巧妙地掇叠了几点黄石，疏植几株绿树，使本来十分单调的墙面变成一幅清淡素雅的画面。

在中国古典园林中，除借鉴诗歌、文学、绘画艺术来表现诗情画意外，甚至还有直接仿诗仿画的做法，如清代张惟的赤涉园："南涧西崖皆黄石坡，高者为石壁，仿黄子久。"（《海盐县志》）冒襄的水绘园，其园记中云："绘者，会也。南北东西，皆水绘其中，林峦葩卉，峡风掩映，若绘画然。"（《水绘园记》）此外，如徐白的水木明瑟园中的"木芙蓉溆"一景，乃"大痴山池一曲"（《春草园小记》）。而此景中的掇石更为有名，其所以至此，原来是能以石"堆大痴家法"，所谓大痴系指元代著名山水画家黄公望。

第四节　曲折多变的空间

中国古典园林艺术是一曲空间艺术的绝唱。这话说来并不夸张，因为与观赏山水画或盆景艺术作品不同，中国的古典园林的艺术特征首先是它的空间特性，它要求人们必须置身于这一艺术对象之中去观赏、去感受。早在两千多年前，中国哲学家老子就发现了空间的特性和价值，他说："埏埴以为器，当其无，有器之用；凿户牖以为室，当其无，有室之用，故有之以为利，无之以为用。"意思是说罐子和房子真正有用的地方不是罐壁和墙壁，是里边的"无"，即空间。同样，园林中最具艺术价值的也是园林空间，这种空间是由山水、花木、建筑等组成的具有特定气氛的环境，使人或者感到庄严、明朗、亲切，或者幽雅、宁静，抑或忧郁、神秘。说到空间形式的巧妙和变化多端，可举扬州小洪园为例："石路十折一层，至四、五折，而碧梧翠柳，水木明瑟，中构小庐，极幽邃窈窕之趣，颜曰'契秋阁'。过此，又折入廊，廊西折，非楼非阁……过此，又折入廊中，翠阁红亭，隐跃栏槛。忽一折入东南阁子，躐步凌梯，数级而上，额曰'宛委山房'。阁房一折再折，清韵丁丁，自竹中来，而折愈深，室愈小，……月延四面，风招八方，近郊溪山，空明一片，游者其间，如蚁穿九曲珠，又如琉璃屏风，曲曲引人入胜也。"（《扬州画舫录》）这个特点在现存的苏州园林中有着突出表现。

中国园林的空间艺术的表现特征也许可以归为"以小见大，咫尺山林，曲折蜿转，对比变化"这十六字中，简言之，即以有限的空间形式创造出无限的空间幻境。为取得这种艺术效果，中国园林一般先是把整个园子划分成几个景区或景观单位，以避免一览无余和单调无味，然后是采用各种障景手法，使景观相互独立，以求空间的丰富多变。障景有实障与虚障之分，实障是一种隔断性障景，多用假山、建筑组成，但实障也并非截然分开，而是"隔而不围"，使游人通过障景的阻断与导引的双重作用进入另一个景象空间，如利用隐现于假山间的透迤小径、横跨小溪的小石拱桥暗示出另一个空间即将展现。

虚障是渗透性障景，似隔而非隔，在阻隔中又透露出某种诱人的引导信息，同时增加景观层次，创造出“小中见大”的空间效果。在江南私家园林中，虚障多用漏窗、空廊、花木等，如拙政园小沧浪，即以廊桥作为北望的障景，妙在它轻盈空透的造型构成似隔非隔的景象，既没有完全阻碍视线的伸展，又增加了园景的一个层次。除了分割景象空间外，障景还用来处理园门、隐蔽边界、围墙等，以起到拓展空间感的作用。

为了与园林中各景区不同的意境或主题相互对应，园林内的空间形式往往也多种多样，处理手法也有很多变化。比如说，一般在进入一个较大景区前，常有曲折、狭窄、幽暗的小尺度空间作为过渡，以收敛人们的视线，然后转到较大的空间，取得豁然开朗的效果，并对比出较大空间的宽敞辽阔。为此，常在进入园门以后用曲廊、小院作为全园主空间的“序幕”，以衬托园内主景。例如进拙政园腰门后，先要经过两个半封闭的小空间才能来到主园；入颐和园东宫门后，先要经过仁寿殿、乐寿堂一组规整、封闭的宫廷院落，再转入前山前湖的开阔景区。在北海的静心斋以及苏州的网师园、留园、狮子林等也都不同程度地运用了这种欲扬先抑的手法。

园林空间设计中的另一种常见的手法是在大空间之中或旁侧设置小空间，构成园中之园，通过大小的对比，增加园林空间整体的丰富性。如在北海东岸一带的画舫斋、春雨林塘、濠濮间、云轴厂、崇椒室等几组庭院，小巧玲珑，精雅别致，在波光浩森的太液池畔，若隐若现，构成了一组别具风格的群体，同琼华岛上的广亭危榭、飞廊复阁遥相呼应，起到了铺垫、渲染和衬托的作用。再如拙政园，也是在园中一侧设计了梧竹幽居、海棠春坞、枇杷园、听雨轩等几组独立的小空间，它们或以春雨秋实为题，或以海棠梧桐为景，与主园的大空间形成各种对比，给人以充分的艺术享受。

中国古典园林除了是一种空间艺术外，还是一门时间的艺术。游赏过中国园林的人都知道，园林中的小径和回廊总是曲曲弯弯，七折八转，其目的一方面固然在于通过景物的掩映，使空间感觉更加深幽，另一方面则在于通过游览路线的延长而延长你的游览时间，使你感到小不见小，近不觉近。从这一点来讲，延长游览时间也算是拓展园林空间的一个手法。实际上，所谓园林中的时间艺术也就是人们接受和领悟空间的心理活动所需时间的反映。对游人来讲，游园是一个连续的观赏过程，对设计者而言，则是一个时间的组织过程，其具体体现就是园林中观赏路线的构思经营，比如何时路转，何时远眺，何时观景，都有经营意匠。随着观赏路线的展开，或者高而登楼上山，或者低而过桥越涧；或入室内而幽闭，或出屋外而开朗；或可远眺，或可近观，使游人感到步移景异，气象万千。如此说来，园林艺术的欣赏乃是一个静观与动观相结合的特殊审美形式，正因为如此，我们才常说“游园”“逛公园”，而不说“看园”，这确是很有道理的。

第五节 千姿百态的景物

（一）筑 山

山是园林的骨架，在中国园林中一般都要有人工堆掇的不同体量、不同尺度和不同风格的“假山”。的确，它们是“假”的，但反过来，它们又是艺术的真实，因为每一座假山都是对自然界中真山的艺术提炼、概括，是真山典型化的艺术再现。我国园林中堆掇假山的历史很早，汉代就已经有“聚土为山，十里九坂”“构石为山，高十余丈”之类的记载。但早期的假山一般都规模较大，刻意模仿自然，所谓“起土山以准嵩霍”之类，故艺术性较差。魏晋，特别是唐宋以后，假山逐渐向小型化发展，注重写意与象征性，所谓“聚拳石为山”。明清时期随着叠山理论的更加成熟，又出现了一种新的筑山方法，即用较为真实的尺度创作一区真山片断，所谓丘壑一角，麓坡半边。如苏州艺圃，在园墙边堆起舒缓的土坡，其间散点着裸露的石骨，配以浓郁的林木，使人感觉若处在山脚下，而引发对山深林密的联想。

堆山叠石是一种艺术创作和艰辛的劳动，既要“搜尽奇峰打草稿”，胸中自有丘壑，又要掌握娴熟的叠石技术，这样堆叠出的假山才能既有真山的气韵，又有假山的意趣。如扬州个园假山，以笋石配以翠竹，湖石假山掩映玉兰、梧桐，黄石假山衬以松柏、枫树，宣石假山伴以腊梅、天竺，构成了春、夏、秋、冬四季景色，十分迷人。

假山在园林中不仅是景观对象，而且也是一种空间组织的手段，它既可以分割空间，又可以联系空间。由于山势上下起伏，山径左右迂回，使游览路线和时间不知不觉地得到延长，从而起到使空间拓展的作用。山洞的设置可以说是这种构思的突出体现，它们往往与山道组织在一起，游览起来洞内洞外，忽明忽暗，变幻无穷。往往以为通途的都是绝境；看来无路的，急转之中却又峰回路转，柳暗花明。如苏州狮子林的假山，范围虽不很大，但山洞路径曲折变化，犹如迷宫一般。

在中国古典园林中，古代的叠山匠师们以大自然中的峰峦、麓坡、岩崖、洞隧、壑谷为创造源泉，营建出很多具有高度艺术成就的园山精品。如北魏时期张伦所造景阳山，山中有重岩复岭，深溪洞壑；崎岖石路似崎而通，峥嵘栈道盘行复直。北宋宋徽宗时所造艮岳更是前代筑山之大成，创造出中国园林史上最负盛名的人工假山。主山高九十步，周回十里，全系“累土积石而成”，气势磅礴，翠如锦绣。山中奇花异草，怪石异木，莫不具备。山中还放养了无数珍禽异兽，并派专人训练，每当皇帝驾临，一声呼唤，禽兽便咸集于前。此外，还用油绢囊以水湿之，布于山中，张收云气，等皇帝临幸时括囊以献，称为“贡云”，又在山洞里广贮炉甘石，以致天阴时云雾蓊郁如真山大壑。当时，为了建造这座艮岳，朝廷从全国各地收集和运送花石，即所谓“花石纲”，弄得民不聊生。到了北宋末年，金兵入侵，为了保卫京都汴梁，朝廷不得已把艮岳的禽兽作为食物犒赏了三军，山中的花木也当作燃料被伐却一空，珍贵的山石则被当作大炮的石料凿掘而尽，可惜一代名山就这样消失了。

现存的叠山遗构也不乏佳作，如无锡寄畅园八音涧，系黄石堆叠的峡谷，长三十余米，或明或暗，或宽或窄，曲折婉转，变化莫测。峡底西高东低，有泉自惠山来，穿绕而去，峡中滴水之声，空谷回响，犹如八音齐奏。人行其中，如在深山涧谷中，加之涧顶翠叶浓密，岩石缝隙中一条条粗壮的树根盘根错节，更使人感到洞谷的深邃幽奇。再如环秀山庄的假山，当你跨过园中水池上的小桥，迎面是一堵陡峭的石壁。在水池与峭岸之间，一条山道曲曲折折、高高下下伸向东南，路径愈趋狭窄，眼见路已贴入石壁，却又转入一道峡谷中。正疑无路可行，但见峡谷陡壁中现出一个山洞，透过岩缝石隙，光线洒进洞内，只见洞壁上石穴丛结，青苔斑驳。石洞内，借天然山石凿作而成的石桌、石凳宛若造化神功。在这里，你简直看不出丝毫人工砌筑之痕，而像是神仙的洞府。出山洞，步入山涧中，只见周围石壁耸立，峭壁直插半空，岩顶枝叶扶疏，枝干摇曳，叶影迷乱；脚下则水映山光，溪声潺潺，更使你觉得幽静深邃，仿佛置身于千岩万壑之中。越过峡谷，面前是一条陡峻的上山磴道，在磴道一侧你又会发现一个石洞，洞口方方正正，摆设着精刻细琢的石桌、石鼓，与先前所见石洞恰成天然与人工的对比。出石洞再沿磴道盘旋而上达于山顶，顿觉豁然开朗。山顶上峰石起伏，石隙间古木交错，藤蔓缠绕。游人循石梁，跨峡谷，止于悬崖边，俯瞰下边园池桥径，如处崖顶，如临渊谷。

环秀山庄的假山还只算是小型园林中的假山，较大规模的假山则自然当推皇家园林了，如北海琼岛石山及静心斋的假山、颐和园画中游的假山、承德避暑山庄的金山等，均是叠山艺术中的大手笔。北海后山的假山石很大，据说部分是金灭宋后从汴京艮岳掠运到北京的，故石料极佳，而功费自然也就十分昂贵了。

在中国古典园林中，除人工堆掇的山体外，还有一种象征性的假山，或称假山的变体，即近于雕刻造型的独立石峰，以其特殊的石纹、石理以及天然形态给人以美的享受。古代的中国文人还曾给这些品石分门别类，列出品名，并撰写了专门的石谱。太湖石被推为最上品，尤为文人、士大夫们所宠爱。太湖石实际上是一种经水溶蚀的石灰岩，因主要产于太湖而得名。这种石头洞窝极多，形态奇特，有所谓“瘦、皱、漏、透”的特点。现存苏州师范学院附中原清代织造府西行宫内的“瑞云峰”和上海豫园“玉玲珑”，是其中最有名的两块峰石，二者都是北宋末年朱动向宋徽宗所进呈的“花石纲”的遗物。此外，苏州留园的“冠云峰”“岫云峰”“一梯云”、石门福严禅寺的“绉云峰”、南京瞻园的“倚云峰”等也是现存的著名太湖石峰。

（二）理 水

与叠山一样，中国园林中的水也不是对自然界简单的模仿，而是一种艺术再现。它把自然界中的湖泊、池塘、河流、溪涧、濠濮、渊潭、瀑布等经过艺术加工而造成不同的水体景象，给人以不同情趣的感受。水在园林中具有极为重要的地位，不独因为它与山石树木及建筑配合在一起创造出变化万千的水景风光，还因为它丰富了园林的游赏内容，诸如采莲、垂钓、泛舟、流觞。所谓流觞是在人工凿筑的曲折回转的石渠里，浮酒盏于流水之上，文人墨客围坐其间，边饮酒，边吟诗作赋，遣散文思雅兴。这种方式后来逐渐演变成了园林中的一种理水形式。

在较大型的园林中最常见的水体是湖泊，特点是水面广阔而集中，如北京颐和园、承德避暑山庄、南京瞻园、上海豫园、无锡寄畅园及苏州拙政园、留园、狮子林、怡园等，均是模仿自然湖泊沼泽的风景特点，湖岸曲折自然且贴近水面，或突出石矶、滩头，或设水湾、港汊、河口，再配以疏柳、密芦、纤桥、渡亭之类，于是一派水乡泽国的湖泊风光跃然目前。面积较大的湖泊常设置岛屿，一方面可以增加景致，增添景深层次，另一方面可以用池岛附会海上神山的传说，引发人们的种种幻想。在古代，传说东海之中有三神山，山上金银铺地，琼楼玉宇，山里生长着灵芝仙草，人食后可长生不老。秦始皇曾派徐福率三千童男童女驾船渡海寻不老药，并作长池，引渭水，筑土为蓬莱仙山。汉武帝时也曾在宫苑内掘太液池，池中堆蓬莱、方丈、壶梁、瀛洲诸山，象征东海神山，以此寄托自己的向往之情。后来这种池中筑岛的形式逐渐成为园林中的一种常见的水景，被历代园林所广泛采用，如现存北海琼岛、颐和园昆明湖龙王庙及拙政园中的池岛等。

与大型园林的湖泊型水体不同，小型园林则多以池塘、渊潭、溪涧、濠濮、源泉、瀑布等水体见长。池塘有自然与规整之分，前者如绍兴沈园的葫芦池，池岸自由，形似葫芦；后者如兰亭洗砚池，严谨规整，予人以端方砚台联想。渊潭岸高水低，面积更较池塘为小，例如苏州沧浪亭西部的渊潭，潭底深幽，潭壁陡峭，使人感到如临深渊。溪涧的特征是峡谷扶溪，而濠濮的景象则是水涨谷岸，前者可见于拙政园西部的叠石溪涧，后者可见于北海的濠濮间及苏州耦园东花园的濠濮。至于源泉可举出苏州网师园的涵碧泉，而瀑布则可以苏州狮子林与环秀山庄为例，其中环秀山庄的瀑布是利用屋面收集的雨水而组织成流瀑景致，狮子林则是在问梅阁设置水柜，游赏时开闸放水，形成跌落而下的山泉瀑布。园林中的水体虽有大小、集散之分，但更多见的还是大小结合、集散相衬的布局。一般来说，水面以聚为主，以分为辅，聚则辽阔浩淼，分则萦回环抱，二者相互对比映衬，同时点缀以堤、岛、桥，形成丰富多变的水景。

总的说来，水景是园林景观的重头戏。园林中有了水就可徒增魅力，特别是集中的水面能造成了开阔的空间感，使人心旷神怡。水面还能映射出岸边亭台楼阁、草木花石的倩影及天空中流云飞鸟，使园林的景观生机盎然，而园中流动的溪水则使人心动意随，浮现出一个视觉之外的空间幻觉。正因为如此，造园家理水，或使其蜿蜒而至花木幽深处，或将石岸迭出悬挑之势，使其深藏石下，抑或将水湾延伸到建筑基座之下，总之使水有潜流远去之意，或暗藏源头的感觉，无形中拓展了园林的空间。此外，园中自古又有曲水流觞的水景之法，尽显传统文化之雅趣。

（三）建筑意匠

建筑是中国古典园林的造园要素之一，它一方面满足园林中诸如居住、游憩、读书、抚琴、对弈、啜茗及宴会宾客等等实际需要；另一方面，它也作为景观对象本身，与山水花木相互结合，以其入画的形象，创造出千姿百态、赏心悦目的园林景观。可以毫不夸张地说，中国古典园林中所具有的诗情画意相当一部分是得之于建筑和建筑的提示点缀，而园林中所谓皇家风格、文人风格、民间风格在很大程度上也取决于园林建筑的风格。比如颐和园，在碧波荡漾的昆明湖与重翠浓荫的万寿山之间，重点布置着一组组金碧辉煌、雍容华贵、端庄秀丽的楼台殿阁，表现出皇家园林琼楼玉宇的豪华气象。而江南文人园林的建筑则比例修长、颜色赭黑，配以白粉墙、灰瓦顶，衬托在灰白色的湖石之间，掩映于翠绿色的花木之中，形成一种清新雅逸的格调，如同一幅淡淡的水墨画卷。

中国传统的古典木结构建筑的体系是完备而独特的。它那如鸟展翅欲飞的空灵美和曲柔美，它那以简单的个体组合而成的丰富多变的群体造型，它那露明的木构件及装饰所表达出来的线条美，以及或浓或淡的色彩美，都具有很高的艺术成就，给人以强烈的美感和深刻的印象。若与一般传统的中国木构建筑相比，园林中的建筑除了具有上述特征之外，还另有自己灵巧、精美、富于变化的特点。

中国园林中的建筑本是自然山水的点缀，故而建筑与自然的关系及建筑的整体布局都浸透着一种极尽巧妙而和谐的构思，所谓宜亭斯亭，宜榭斯榭，随曲合方，得体相宜。或一隅池院，或半壁山房，全在匠心独用。此外，园林建筑单体在尺度上一般也远较宫殿、坛庙、住宅等建筑类型为小巧，其用意一方面在于突出自然山水的主导作用，另一方面则在于以建筑的小来反衬出整个园林空间的大。

中国木构建筑本身已是一种经过数千年凝练的建筑体系，而园林建筑又是传统木构建筑的再一次筛选和提练，故而建筑的单体造型的立意构思及营造手法极为精致，绝无堆砌，建筑的内外装修、装饰及陈设亦极为精细但并非繁琐。

一般说来，中国建筑中所常见的类型都在园林中有所表现，并且往往都经过造型变化而更具特色。此外，有些类型如“舫”则是园林中特有的类型，故园林中的建筑形式往往更加丰富、更加新奇。在类型上，园林建筑可以说极其繁多，但也可简单归结为如下几种：厅堂、轩榭、楼阁、舫、亭、廊、桥、墙以及小品等。

1. 厅堂

在北方皇家园林中又称殿堂，是园林中的主体建筑，为主人聚玩、宴请宾客的主要场所。其位置一般都居于园林中最佳处，既与生活起居部分有便捷的联系，又有良好的观景条件和朝向，体型亦较高大，装修精美，往往是园林主体空间的构图中心。如苏州拙政园的远香堂，留园的涵碧山房和五峰仙馆，狮子林的燕誉堂等，皆居于园林的主景区或景致丛聚之处，它们或高大轩敞，雍容华贵，或周围绕以墙垣游廊，构成一区庭院，或前后散置石峰，疏植花木而自成一组景观。假若厅堂四面开敞，窗外空间畅阔而建筑本身又似融于秀色可餐的园景中，则此厅堂可称“四面厅”。若厅堂内部用屏风式隔扇分为南北两部分，南部用于冬春，厅外以花木设景；北部用于秋夏，厅外或山或水，或山重水复，这种形式的厅堂被称为“鸳鸯厅”，常布置于环境略狭促处。若空间环境更小，厅堂的规模也相应更小，造型装饰也更简洁，且主要面向设景的一面。景象主要为一荷花小池，这种厅常称为荷花厅。若所面向的只是一个无水池的封闭小院，只布置点缀一些花石，则又常称为花厅或花篮厅。

2. 轩榭

轩榭的体量不大，但数量较众且装饰精巧，它们多与环境结合紧密，或坐山傍水，或依花伴木。比较之下，轩更多俯临之意，或独傲山头，或耸峙水际，位置高旷，体态轩昂，如苏州留园的闻木樨香轩、拙政园的绮玉轩、网师园竹外一枝轩、上海豫园两宜轩、颐和园谐趣园的墨妙轩和霁清轩等；而榭则更多凭临之意，或亲吻于水面，或掩映于花中，造型则低平而舒展。

3. 楼阁

楼阁是园林中的高层建筑，是登高远眺之处，同时也是创造景观层次的一个有力手段。楼一般呈横向体量，常无平座及腰檐，朝向一面观景，如颐和园夕佳楼、苏州留园明瑟楼、拙政园见山楼等。阁则多为集中式体型，有平座俯临，四面观景，视野开阔，如颐和园佛香阁、拙政园留听阁、留园浮翠阁等。此外，楼又有平地登高远眺之意，阁则多地处高敞而凭高远眺。

4. 舫

舫又称“旱船”“船厅”或“不系舟”，是园林建筑中特有的一种类型，其原型本是古代的画舫楼船。按风格划分，舫可有两种。一种是亦步亦趋地模仿真的画舫，置于水中，如颐和园和苏州狮子林的石舫及南京煦园的不系舟；另一种则是采用写意手法，建于水边，体型划为三段，前部是高而开敞的轩廊，象征头舱，中部是低平的水榭，象征中舱，后部最高，为一双层楼阁，象征尾舱，在头舱轩廊的前面设置有一小月台，相当于甲板，实例有苏州拙政园的香洲、怡园的画舫斋等。另外，也有把一般水榭建筑提名为舫的做法，如苏州畅园的船厅“涤我尘襟”、上海豫园中的“亦舫”等。游人在这些匾额的提示下，产生联想，神游于碧波之间，从而意会到画舫荡漾的意境。

5. 亭

亭是中国园林中体量最小而数量最多的点缀性建筑。由于亭子的体态小巧玲珑，极易与山水花木结合，不但不喧宾夺主，反而能起到画龙点睛的作用，故亭在园林中的位置一般不受限制，既可建于山巅水畔，也可置于花间路旁。亭者，停也，凡可驻足小憩、观景、眺望、回味及景色佳妙而需点缀之处皆可造亭。与其应用范围之广相应，亭子的造型亦极丰富多变，有长亭、方亭、圆亭，也有三角、五角、六角、八角亭；有单檐亭，也有重檐亭；此外，还有做成折扇形平面的扇广亭，两亭相衔的鸳鸯亭，梅花形平面和洞窗的梅亭，以及为节省空间只依墙而建的半亭等等。

6. 廊子

廊子在园林中既是建筑物之间的联系纽带，又同时是风景的导游线，它不仅有遮阳避雨的实际使用功能，还有围合、划分空间的造景功能。同时廊本身的造型也很丰富，有空廊、暖廊、半廊、复廊等。空廊两面敞透，廊子两侧的柱间设低矮的坎墙或坐凳栏杆，供游人随遇休憩，如颐和园长廊、苏州鹤园的长廊。暖廊则是柱间装设可避风保温的隔扇或坎墙半窗的游廊，如常熟虚霩居水上的游廊。半廊是一侧依墙、一侧开敞的游廊，如南京瞻园东墙下的半廊、南浔宜园馆春廊等。在实际应用上，半廊往往与空廊结合使用，它们在景观上起到遮掩围墙、丰富背景的作用。复廊是一种双面游廊，又称内外廊。复廊中间是一道隔墙，墙上开有漏窗或洞窗，使游人左右顾盼，流连忘返。除这些之外还有两层的重廊。而若从廊子的总体造型及其与地形环境结合的角度来考虑的话，又可把廊子分为直廊、曲廊、回廊、爬山廊、涉水廊、叠落廊、桥廊等等。总之，园中的廊子，其体形宜曲宜长，随形而转，依势而曲，或蟠山腰，或穿水际，通花渡壑，蜿蜒透迤，使园林洋溢着流动的生机。

7. 园墙

园墙有界墙与内墙之分，界墙高大以隔离内外，创造一个虽身处市井却又独得天然之趣的环境；内墙小巧玲珑，形式多样，用以分割空间、组织景观和游览路线，使园中有园，景中有景，同时它本身通过艺术处理也成为一种特殊的造景手段。园墙一般应随地势起伏婉转，尽量避免僵直呆板，为生动景观，可造成阶梯墙、云墙。墙的构造、材料、色彩也可多种多样，其中以白粉墙用得最普遍，它色调清淡素雅，配以褐色木构建筑和绿色植物及玲珑剔透的山石，犹如在白纸上作画。还有一种避免墙面单调的常用方法，那就是在墙面上开洞门、洞窗和漏窗。洞门和洞窗多有一圈清水磨砖的边框，灰白对比非常素洁。洞口的形状则是应有尽有，千变万化，如有鹤卵形、蕉叶形、汉瓶形、海棠花形、大小如意头形、葫芦形、桃形、银锭形等。洞窗与洞门的作用主要在于沟通墙两侧的园林空间，同时也可利用洞口框景，构成一幅幅立体画面。所谓漏窗，是在窗洞上用薄砖、瓦片砌成各种图案，如十字、人字、六方、八方、菱花、万字、笔管、套环、套方、锦葵、波纹、梅花、海棠、冰片、联瓣等等。此外也有塑造成透雕形式的，图案题材多取象征吉祥或风雅的动物、植物，如象征长寿的鹿、鹤、松、桃，象征高贵吉祥的凤凰、蝙蝠、石榴，以及风雅的竹、兰、梅、菊、芭蕉、荷花等等，甚至还有戏剧人物和故事。漏窗的特点是可以使墙两侧相邻空间似隔非隔，似透非透，景物若隐若现，富于层次，同时也可使墙面上产生虚实变化。

8. 桥

桥是园林中跨溪渡涧的工具，同时也是重要的造景要素。桥的造型种类很多，如拱桥、平桥、亭桥、廊桥等。北京颐和园西堤上的玉带桥是一座造型十分优美的石拱桥，它采用蛋形陡拱，桥面呈双曲反抛物线，桥身和石栏均用汉白玉琢制而成，体态典雅，线条流畅。再如颐和园中横跨于南湖岛与东岸之间的十七孔桥，好似长虹卧波，构成了十分优美的景致，同时划分开水面，增加了水面空间层次。与拱桥不同，平桥多采用平石板架临在水面之上，或直或折，或续或断。平桥的特点在简单、轻巧，因贴近水面而显得亲切。廊桥是在桥上建廊，或者说是以廊为桥，如拙政园的小飞虹廊桥，广东余荫山房的浣红跨绿廊桥。亭桥即是在桥上建亭，实例有扬州瘦西湖五亭桥，颐和园西堤上的荇桥、镜桥、练桥、柳桥等。廊桥与亭桥以一身而兼二用，既当途以通路，又造景供观赏，同时还可驻足休憩，从而起到轩榭的功能作用。

（四）花木绿化

中国古典文学名著《红楼梦》在描述大观园景致时曾有这样一段描写："转过山坡，穿花度柳，抚石依泉，过了荼蘼架，入木香棚，越牡丹亭，度芍药圃，到蔷薇院，傍芭蕉坞，盘旋曲折，忽闻水声潺潺，出于石洞，上则蔓薜倒垂，下则落花浮荡。"游人一路寻去，仿佛是在感受一个个用花木创造出来的美妙世界，这段文字让我们不难想见植物在创造园林景观中扮演着多么重要的角色。古代园林名著《园冶》中道，"梧荫匝地，槐荫当庭；插柳沿堤，栽梅绕屋；结茅竹里。"寥寥数语即点明了园林植物与景观环境的关系。在这里，植物不仅仅是用来创造一个舒适宜人的自然环境，更重要还在于创造出一个寄托人们美好思绪和诗情画意的主题景观。

园林植物的景观塑造作用可以表现在很多方面，首先是它可以赋予园林变化丰富的色彩，表现季节的特征。初春来临，枝翠叶绿，红英点点，使人感到万象更新，一派生机勃勃。仲春时节，百花吐蕊，群芳斗艳，寄托了人们对美好生活的向往。暮雨则风扫落英，鱼吮残红，又使人油然升起伤春之意。待仲夏时节，叶茂枝繁，水碧池塘，园中则是一片清凉世界，有时细雨绵绵，雾罩朦胧，又如身处幻境之中。至若雨过天晴，蝉噪林间，则别有一番幽深静谧的感受。夏去秋来，枫红菊黄，既向人们展示了一幅色彩绚丽的天然锦绣，也使人们心中隐隐荡起一丝愁绪。待隆冬万木萧疏，风寒雪冷，一片苍然肃寂，然而松竹傲雪，梅桔凝霜，又启人奋发亢进。中国古典园林正是巧妙地利用了花木的这些特有的季节特征，结合以环境和人的审美感受，创造出各种感人的气氛。

其次，用植物创造与组织别有风味的园林空间，也是植物特有的一种艺术功能，如北宋富郑公园，在竹林中引流穿径，造土�、石�、榭筼、水筼洞等竹景。植物不仅可以与建筑、山石相互结合围成空间，也可以借助其似隔非隔的特点，使人感到在竹丛、藤萝、树木之后还别有洞天。

中国古典园林的花木虽说很讲求自然美，但它们也同时作为人格美的对象化，起着净化、提高观赏者情操和品格的作用。它们作为某种理想化的人格的外化，赋予景观环境以崇高、优雅、恬淡、宁和等等性格。比如竹子空腹虚心而不折，弯而不曲，偃而犹起，被誉之为高风亮节；松、竹、梅一起还被作为孤高傲世的象征，合称为“岁寒三友”；荷花被比喻成“出淤泥而不染”的君子。此外也有一些花草被当作浅俗的比喻，如紫薇、榉树象征高官厚禄，玉兰、牡丹谐音玉堂富贵，石榴取其多子，萱草可以忘忧等等。另外，芍药荣华，莲花如意，兰花幽雅，秋菊傲霜，芭蕉长春等等，都是常用的具有象征主义的花木赋义手法。

至于植物的具体栽植方式，中国园林则崇尚自然而然的风格和手法，追求天然趣味，这显然与西方园林几何化布置方式截然不同。中国园林不是按植物园那样把植物按类科进行行列栽植，当然也不是随意乱植，而是根据环境主题、地形地貌条件，以及不同树种的形态、色彩特点相互配合，穿插布置。栽植的具体方式以反映植物的自然态势为原则，或群植，或丛植，或孤植。群植即以大面积地栽植树木，使之成片成林。此种方式多见于皇家园林及规模较大的园林，树种既可相同，亦可不同，同则千株一色，不同则万木争荣。

丛植是中小型园林及大型园林中的局部景区常常采用的方式。在园中一区一隅，或路旁岩边，种植数株能形成景观主题的植物，从而赋予所在环境一种特殊气氛，如颐和园丁香路的丁香，苏州拙政园枇杷院中枇杷，狮子林中问梅阁前的梅花，网师园小山丛桂轩处的桂树等均是如此。丛植的树木多讲求植物组群的高低错落，疏密相间，浓淡相宜，其中每一株的配置，都要经营得妥帖精到。

孤植即单株栽植。要想一枝独秀，就要求花木本身的形体姿态值得玩味，同时适于近距离观赏，因此园林设计中常把这种植物安置在与人接近的地方，如阶下、庭前，或与石峰和建筑相互组合，形成一景或一景的主题。此外，在曲廊幽径的转折处和桥头路口等也常见有孤植的花木，作为景观变化的一种标志或引导。

中国园林中的语汇要素除上述的山、水、花木、建筑外，动物也是其重要的一个组成部分。园林中常见的动物有鹿、鹤、龟、鱼、水禽等，明清以前的皇家及贵族的园林中还曾蓄养过猿、狗、牛、马、熊、虎等。园林中蓄养动物，特别是自由放养，用意在于增加山林湖泽的野趣。当人们看到鹿蹚岩脚、鹤舞庭院、燕穿檐角、鱼翔碧潭、鸟飞林中、蝶游花间，会觉得自己犹置身于大自然的怀抱之中，此时再传来鹿鸣、猿啸、鹤唳、莺啼、蝉噪、蛩泣之声，更觉得身处心随，好像受到大自然的亲切抚慰，而完全融汇于天籁之中。

第三章 布达拉宫

布达拉宫位于西藏拉萨平原的红山之上，它集古城堡、宫殿、灵塔、喇嘛寺院、佛学院为一体，是现存西藏规模最大、形制最完整的建筑群。布达拉是梵文的音译，意为脱离苦海之舟。藏族僧众将其比作观音菩萨的法场普陀罗山，视为心目中的圣地。1961 年被列为全国第一批全国重点文物保护单位，1994 年 2 月被联合国教科文组织列入世界遗产名录，是举世闻名的人类文化遗产和万人敬仰的佛教圣地。

第一节 雄伟红山，壮丽宫殿

宫殿在藏语中称为颇章。是历代赞普（藏王）处理政务和居住的地方。西藏历史上曾建有许多著名的颇章，如吐蕃王朝所建造的青瓦达孜宫、子母宫等。随着西藏政教合一制度的形成，后来的宫殿逐渐成为教派法王和宗教领袖们所有，并成为西藏宫殿区别于其他地区宫殿的一个显著特点。布达拉宫既是西藏达赖喇嘛驻锡的宫殿，也是西藏有史以来最宏丽的颇章。整个建筑群占地面积 366775 平方米，建筑面积达 138025 平方米，从红山山脚到山脊，覆盖着整个山体，气势雄浑，景象壮美。布达拉宫的营建跨越了十三个世纪的漫长岁月，经历了社会与历史变迁的洗礼，是西藏社会兴衰的折光和沧桑历史的佐证。

（一）松赞干布始建红山宫殿

据藏文史籍记载，公元前 3 世纪左右，雅隆部落的聂赤赞普（藏王）建立了奴隶制的博王国，并成为西藏历史上第一个藏王。为保卫赞普和抵御与征伐外部敌人，聂赤赞普建立了自己的军队，并大力扶植本土宗教

——苯教，营建了雍仲拉牧寺，宣扬君权神授，同时建造起了著名的宫殿雍布拉康。随着生产的发展和国力的增强，博国的赞普前后征服了拉萨河流域的补尔哇和年楚河流域的藏蕃等奴隶制小邦，将前藏各地和后藏大部分地区都置于赞普的控制之下。在赤伦赞时期，博国赞普已成为西藏实际的统治者，赤伦赞被尊称为“朗日伦赞”，意指功比天高，盔似山坚。

公元7世纪初，朗日伦赞的儿子松赞干布继任赞普。为了便于对整个西藏地区进行掌控，松赞干布将首府从雅隆地区迁至今拉萨，并在拉萨的红山上建造了红山宫殿，即布达拉宫的前身，自此拉萨就成为西藏吐蕃王朝的政治、宗教和经济中心。松赞干布在位时期，正值唐朝贞观年间，高度发达的大唐文明对吐蕃王室产生了极大吸引力，松赞干布采取了一系列措施加强与唐朝的接触，并积极引进中原地区先进的汉族文化。641年，松赞干布迎娶了唐太宗李世民的宗室女文成公主为妻，唐朝授予松赞干布驸马都尉和西海郡王名号，松赞干布上书唐朝表示效忠，由此开创了吐蕃和唐朝二百余年频繁交往的历史。松赞干布时期，唐朝不但向土蕃派遣了造酒、纸墨工匠，赠送了蚕种，还接收西藏的贵族子弟入唐学习诗书。唐蕃之间亲密的政治往来和广泛的文化经济交往促进了吐蕃社会的发展，对藏汉民族的友好产生了深远的影响。704年，赤德祖赞即位，多次派遣官员到长安请婚联姻。710年，金城公主赴藏，这次联姻是继文成公主和松赞干布联姻之后，汉藏友好史上的又一重大事件。赤德祖赞在给唐玄宗李隆基的奏章中说：“外甥是先皇帝舅宿亲，又蒙降金城公主，随和同为一家，天下百姓，普皆安乐。”

据称当年建造红山宫殿时，来自大唐的文成公主和来自尼泊尔的尺尊公主都参与了建设前的选址勘察工作。根据勘察和计算的结果，她们认为西藏大地犹如一位仰躺的魔女，红山形如卧象，是观世音菩萨的魂灵所在。若在此山上建造圣自在观音殿，并让观世音的化身松赞干布居住其中，便可以镇住魔女。在这两位才女的建议和策划下，一座“无比稀有，美丽堂皇”的王宫被修建了起来，此后在王宫南面又修筑了高达九层、宏伟宽敞的后宫。两宫之间，连以铁桥，桥下悬挂绫幔，垂饰风铃。王宫的周围环卫着雄伟的城堡，城堡围墙高耸坚固，城的四面各有城门，城门上建有门楼，楼上皆饰珠宝。城内的宫殿多达九百间，加上山顶上的王宫，共计一千间。如此堂皇美丽的红山宫殿，可惜没能保存下来，早期建筑的遗迹，现仅剩下法王洞和超凡佛殿两处了。现存于布达拉宫白宫门廊北壁的壁画，还保留有当年红山宫殿的形象，人们可以从中依稀领略当年红山宫殿庄严宏伟的气象。

（二）历世达赖营建布达拉宫

9世纪中叶，土蕃社会内部的各种矛盾日益激化，最终酿成了长达二十余年的内战，统治西藏地区二百多年的土蕃王朝终因四分五裂而彻底崩溃，红山宫殿也因毁于兵燹而灰飞烟灭了。直至15世纪中叶，布达拉宫的重建又提到议事日程。此时值清朝初期，西藏地区处于蒙古和硕特部的军事控制之下，在蒙古军队的支持下，15世纪开始创建的格鲁派（黄教）已在西藏各教派中取得了绝对的优势。清朝政府从当时的西藏实际出发，一方面敕封和硕特蒙古领袖固始汗为“遵行文义慧敏固始汗”，让他以汗王的身份代表清政府管理西藏地方事物；另一方面则给予黄教领袖以崇高的荣誉，先后敕封阿旺洛桑嘉措（即五世达赖）为“西天大山善自在佛所领天下释教普通瓦赤喇嘛怛喇嘛达赖喇嘛”，敕封罗桑益西（即五世班禅）为“西班禅额尔德尼”，从此确定了“达赖”“班禅”两系传承的名号和他们的宗教领袖地位。1642年，为巩固政教合一的地方政权，五世达赖决定在布达拉宫旧址上重建布达拉宫，1645年正式动工，1652年工程即全部告竣，噶丹颇章地方政权机构随之从哲蚌寺迁至布达拉宫。自此以后，直至21世纪50年代初，布达拉宫一直是西藏政教合一的权力中心。

此次重建的建筑主要是以白宫为中心，并在周围建造了四座城堡，宫前山下筑方形城墙，设有城门和角楼。1682年五世达赖圆寂，1690年，摄政王第司·桑结嘉措为纪念五世达赖喇嘛，在白宫的西侧又主持修建了五世达赖喇嘛灵塔及灵塔殿，并据此扩建成红宫，当时清朝康熙皇帝专门派遣了汉族、满族和蒙古族工匠进藏协助进行扩建工程。为使得这一浩大的工程顺利进行，第司·桑结嘉措把五世达赖喇嘛圆寂之事隐匿了十三年之久。1693年，红宫扩建工程举行了隆重的落成仪式，同时为此建造了纪念碑，但因匿丧之事，落成的纪念碑只好采用了无字碑的形式。

白宫与红宫的修建，奠定了今日布达拉宫的基本轮廓，其后的一百七十余年间随着历世达赖喇嘛灵塔殿的扩建，布达拉宫的规模也不断在扩大。在七世达赖喇嘛时期，布达拉宫又增设了秘书处和僧官学校，新建了三座大坛城。八世达赖喇嘛时期改建了丹珠尔佛堂。九至十二世达赖喇嘛时期对布达拉宫东日光殿一带、净厨房上下、衣服库上下、孜嘎等进行了全面的修缮。至十三世达赖喇嘛时，布达拉宫又曾进行了一次大规模的维修和扩建，并在布达拉宫前侧修建了雪域利乐宝库印经院，至此形成了近日所见的规模。

第二节 菩提圣地，雪域宗山

13世纪中叶，元朝皇帝忽必烈封西藏萨迦派高僧八思巴为帝师，授八思巴为“灌顶国师”“大宝法王”。自此以后，西藏“政教合一”的制度初步形成。清朝初年，五世达赖喇嘛建立起噶丹颇章地方政权，清朝顺治皇帝册封五世达赖为“西天大山善自在佛所领天下释教普通瓦赤喇嘛怛喇嘛达赖喇嘛”，此后又授权七世达赖喇嘛建立噶厦机构，统一管理西藏政教事物，西藏“政教合一”制度得以完善和加强。作为西藏“政教合一”制度的最高权力中心，布达拉宫自然要适应政、教两方面的需要，反映在布局上，红宫主要是举行佛事活动的宗教场所和放置历代达赖喇嘛灵塔的纪念堂，白宫则为历世达赖喇嘛的驻锡地和西藏地方政府的办事机构，二者构成了布达拉宫建筑的主要组成部分。

（一）弘扬佛法的宗教圣地

布达拉宫的核心建筑群是位于中央的红宫，系供养历世达赖喇嘛灵塔和佛像的圣所。宫内有五座灵塔殿和众多的佛殿，是一座较典型的纪念性宗教建筑群，建成以后二百六十余年来，一直是西藏政治、宗教的活动中心之一。驻藏大臣、达赖喇嘛和噶厦政府的许多重大宗教活动和具有浓重宗教色彩的政治活动，诸如“金瓶掣签”“坐床典礼”“诵经礼佛”“跳神法会”等都在这里进行。

1. 活佛转世与金瓶掣签

金瓶掣签是选择达赖喇嘛和班禅转世灵童，即继承人的一项政治宗教活动，是西藏活佛转世制度的集中体现和代表。“活佛转世”制度是西藏宗教的重要特点之一。所谓活佛转世，即一个活佛圆寂以后，按照他生前提供的线索或别人虚构的线索，去寻找他的转世“灵童”，然后依照一定的宗教仪式加以确认，使之正式成为该活佛的继承人。

活佛转世制度最早创立于西藏喇嘛教中的嘎玛嘎举派，15世纪初西藏的宗教领袖宗喀巴对佛教进行“改革”，创立了后来占统治地位的格鲁派黄教，确立了达赖和班禅转世制度。达赖和班禅喇嘛在藏传佛教中被尊为最高活佛，达赖一词在蒙古语意中为大海，喇嘛在藏语中意为上人或上师。明嘉靖二十一年（1542 年），按照宗喀巴的遗嘱迎请其后世弟子索南嘉措作为转世灵童，并到拉萨三大寺之一的哲蚌寺继任寺主职位。明万历六年（1578 年），蒙古土默特部顺义王俺达汗迎请索南嘉措到青海传教，赠以“圣识一切瓦齐尔达喇达赖喇嘛”称号，这句由蒙语、藏语、汉语多种语言组成的尊号，意思是“超凡入圣”、学问渊博犹如大海一般的大师，这便是达赖名号的由来。后来西藏喇嘛教中的格鲁派以索南嘉措为三世达赖，上溯其师承，以根敦嘉措为达赖二世，以宗喀巴的上首弟子根敦主为一世，后转世相承十四世。达赖喇嘛由此取得了蒙、藏佛教各派总首领的地位，达赖喇嘛被尊为观音菩萨的化身。其后，黄教的另一转世体系，即班禅转世制度也随之建立，至今传至十一世。

活佛转世制度，不单是一个宗教制度问题，它是西藏政教合一、僧侣贵族联合专政的社会政治制度的产物。达赖和班禅转世制度确立后，黄教各大小寺庙，均效法沿袭，于是出现了“多如牛毛”的大大小小的转世活佛。活佛转世制度的泛滥导致了宗教领主数目的增长，同时也导致了世俗领主数目的增长，这极大地加重了广大农奴的负担，给西藏社会的发展带来了严重的影响。历史上尽管活佛中也有转世在劳动家庭的，但一般重要的转世活佛大都出现在当权的农奴主、贵族之家，如大贵族拉鲁家就出了八世、十二世两世达赖，十四世达赖一家就出了四个大活佛。

在过去宗教占统治地位的西藏，活佛的地位是极其尊贵的，某家出了一位活佛，其经济利益、政治权势、社会威望都会得到极大的提高。正因为如此，隐藏在争夺转世灵童后面的往往都是一场场的政治斗争。九世、十世达赖喇嘛未亲政就暴亡，十一世、十二世达赖刚一亲政就暴亡，似乎都在表明这种斗争的激烈与残酷。为解决活佛转世的争执问题，同时提高清王朝在西藏的统治权利，1792 年在平定廓尔喀之乱后，乾隆皇帝特颁布了《钦定藏内善后章程》，规定达赖班禅的转世灵童的选择，要经过皇帝特赐的金瓶掣签来决定。仪式中，将所寻访到的数名灵童的名字、出生年月日写在签牌上，呈给达赖或班禅、摄政、佛师、驻藏大臣等过目，然后由秘书用纸张将签牌包好，投入金瓶中，由达赖或班禅同全体喇嘛一起诵《金瓶经》。念经完毕，由驻藏大臣起立向东磕头，然后用金箸在瓶中搅动三匝后箝出纸包打开来看，签上的名字就可确认为转世灵童。金瓶掣签的主要活动在布达拉宫红宫殊胜三地殿内清朝皇帝像前举行，由驻藏大臣主持。

2. 庆典活动

庆典活动主要有达赖“坐床”“册封”“亲政”大典和“新年贺典”。达赖灵童确定以后，随即要举行登上达赖宝座的典礼，称为坐床。这是一件很隆重的礼仪，清朝政府要派大员或驻藏大臣主持。坐床的地点原在布达拉宫司喜平措殿（即红宫西大殿），七世达赖以后改为白宫东大殿内举行。为庆祝达赖坐床，在布达拉宫前的广场上，来自西藏各地的藏式腰鼓队和各地的藏戏班子演出精彩的节目，西藏的青年男女穿着鲜艳的服装，唱吉祥歌，跳吉祥舞。另外还要举行长途赛马比赛，从新东嘎起（在哲蚌寺前面），一直到布达拉宫，在长约十五华里的大道上，西藏最优秀骑手你追我赶，策马驰骋，甚为壮观。

“亲政”指达赖亲自管理政务。按照规定，达赖满十八岁后，经清廷批准开始亲政，执掌西藏的政治和宗教事务，这一天在布达拉宫司喜平措殿（即红宫西大殿）举行隆重的达赖亲政大典。为了表示喜庆和祝贺，在布达拉宫的各屋顶上和拉萨全市的僧舍民房的屋顶上，都悬起五彩旗帜，各处的香炉内熏燃了松枝，彩旗猎猎，香烟缭绕，一派欢乐气氛。是日，拉萨青年男女，身穿色彩鲜艳的服装，在拉萨巴郭大街和布达拉宫广场上，跳着吉祥舞，唱着吉祥歌，打着皮鼓，吹着号角，自早晨一直闹到晚上。为了庆祝达赖亲政，这一天不仅拉萨如此热闹，全西藏地区的寺庙和村庄都在屋顶上悬旗熏香，各寺庙里面都在念经、打鼓、吹号、击钹。

一年一度的新年贺典也是非常隆重的。藏历元月初一为活佛新年，是一年中最重要的节日。这天清晨，达赖喇嘛和嘎厦政府的僧俗官员，哲蚌、色拉、甘丹三大寺堪布（主持）和朗杰札仓（布达拉宫的佛学院）喇嘛，云集红宫宫顶，面朝东方，向中央朝廷礼拜，并乞求一年和顺吉祥，其后再到红宫各殿堂拜佛。

3. 佛事活动

达赖喇嘛的许多佛事活动多在布达拉宫的红宫内举行。如每年藏历三月初春之际，为了预祝农业丰收，祛灾消祸，达赖喇嘛率领僧官、佛学院喇嘛在布达拉宫的福旋宫诵经三天，乞求丰年。每年藏历十月二十五日是宗教改革的领袖宗喀巴的圆寂日，夜晚藏民点燃酥油灯以示纪念，即有名的燃灯节。这一天达赖带领新任僧俗官员到红宫各殿堂内拜佛，并在立体坛城殿念经，待天黑后到殊胜三地殿窗前观灯。在一些重大宗教节日中，红宫西大殿内要举行规模盛大的集会和跳神活动，红宫中许多壁画就形象地描绘了这些宗教活动。

布达拉宫的法会以瞻佛会最为盛大壮观。每年藏历二月三十日，即小昭法会的最后一天，拉萨的哲蚌寺、色拉寺、甘丹寺、上密院、下密院、木如寺、西德寺等寺院的几千名喇嘛，身穿袈裟，手持各种乐器、祭器等物，自大昭寺出发，向西过琉璃桥，到布达拉宫前，举行盛大的宗教仪式和各种表演。这时，瞻佛台上挂出两幅巨大的佛像，万众欢腾，顶礼膜拜，而此刻的达赖则坐在殊胜三地殿窗前观看节日盛况。

布达拉宫不但是达赖和上层喇嘛举行佛事的场所，也是一般僧众参拜的对象。因为在封建农奴制时期，西藏社会是一个宗教化了的社会，宗教活动成为人们生活中不可或缺的一部分，每个人的日常生活都和宗教联系在一起。为了适应这种社会生活的需要，红宫不定期地向一般信徒们开放，并于三月十日、八月一日、十月二十六日向哲蚌寺、色拉寺、上下密院、佛学院的喇嘛们开放，让人们参拜灵塔和佛像。

祭祀也是布达拉宫佛事活动的一项重要内容。红宫本身是一座特殊的室内陵墓，历世达赖喇嘛圆寂后均于红宫内修建灵塔和灵塔殿，当灵塔工程完毕，即择吉日安葬遗骸。葬礼活动非常隆重浩大，十三世达赖喇嘛灵塔殿享堂北墙有一组壁画，形象地记述了十三世达赖从圆寂到安葬期间的一系列活动过程。

（二）行政中心的宗山城堡

五世达赖在蒙古和硕特部首领固始汗的帮助下，在拉萨建立了嘎丹颇章地方政权，拉萨遂成为西藏的政治中心。当时人们向达赖建议：按当时的摄政王管理政务的制度，应该有一个中心，即藏语中所称的宗（政权机构及其建筑）。如果没有，既不利于现在，也不利于长远，因此应该在布达拉山上修建宗山，于是固始汗、五世达赖、嘎丹王朝采纳了这个意见。这段记载说明了在嘎丹王朝掌握西藏政权以后，需要建立一个政教中心，这个中心应设在拉萨，而且设在红上，其形式要用西藏各地常用的将政权驻地建于山顶的宗山形式。

1. 政教合一

旧西藏政治制度的基本特点是僧侣贵族联合专政，即所谓政教合一。这种制度起源于11世纪，当时，僧侣与新兴的封建势力结合，形成了各地的统治势力。13世纪中叶，喇嘛教中的萨迦派受到元朝中央政府的正式册封，掌握了西藏的政治权利，寺庙随之取得了更大的特权，政教合一制度亦因之形成。到了五世达赖时期，特别是在得到清朝政府册封后，西藏的政教合一制度得到了空前的发展与充实，确立了一整套行政组织，规定了各级僧俗官员的品位、职称和名额，使僧侣上层集团和世俗贵族集团在政治上达到高度的结合。历世达赖既是最高的宗教领袖，又都是西藏最大的农奴主，同时也是西藏地方政府首领。达赖以“神”的名义总揽西藏三大领主的最高统治权。在达赖的领导之下，由僧侣上层和世俗贵族参加组成西藏地方嘎厦政府，以僧官嘎伦为首排列名次。嘎厦政府下面设有审计处和秘书处，审计处管理俗官的委派、调遣与训练等，还负责各地差税收入和财政开支；秘书处同时受地方政府和达赖的双重领导，负责保管达赖的信印和地方政府的一切公文。除上述两处外还设有二十多个办事机构，分别管理不同事物，各办事机关一般由僧俗官员共同担任。自嘎厦政府迁入布达拉宫后，西藏的重大政治活动和决策大多在布达拉宫进行。雍正六年（1728年）清政府开始在西藏设立驻藏大臣办事衙门，驻藏大臣在这里进行“叩谒圣容”“传宣圣旨”“晤见达赖”等活动，布达拉宫遂又成为驻藏大臣的重要政治活动场所。除了作为上述地方政府处理政务的场所之外，在布达拉宫还附属有法庭、监狱和常驻武装。所有这些政治活动使布达拉宫成为代表西藏最高政治权利的王宫和带有军事性质的城堡，是旧西藏地方宗山制度的集中体现。

2. 宗山制度

布达拉宫是西藏等级最高、规模最大的宗山建筑。“宗”的本意原为“碉堡”“山寨”“要塞”之意，后演变为西藏地方行政区域划分的单位，类似于区县，新中国成立前，西藏曾设有147个宗。古代的宗，一般是各大小酋长的驻地。由于宗政府出于防卫的目的大多建于山顶，像城堡一样，所以这类建筑被人们称为宗山建筑。通常而言，宗山即指西藏宗政府所在地。宗山建筑的最大特点是具有完备的防御体系，其外在特征为宫堡，其内容则包括宫殿、经堂、佛殿、宗政府办公用房、监狱、仓库等。建筑与山势结合，耸立于陡峭的山冈之上，占据着至高和险要的位置，同时也成为地方权利的象征。布达拉宫的功能以及内部组成与传统的宗山建筑一脉相承，建筑群本身就是一个庞大的宫堡，防御设施壁垒森严。在布达拉宫的西端建有吉布觉，在靠近红宫的位置有丹玛觉，东端有厦千觉，南面有玉杰觉。觉，在藏语中指护法神殿，形式为方形雕楼，是宗山建筑的重要组成部分。宫前有坚固的城墙，城墙的南面和东面两侧各设一座易守难攻的大门。南大门底层设有屏蔽墙，墙上设箭孔正对宫门，城门孔道顶部开有堕石洞，是进犯者难以逾越的封锁线。从前坡沿“之”字形登山石阶进入红宫和白宫，必须通过西侧的北行解脱道和东侧的圆满汇集道，这两处是扼守红宫、白宫的外要道。进入圆满汇集道之后，还要通过虎穴圆道和僧官学校两座关卡，才能到达白宫东侧的东庭院。环绕白宫、红宫还设置有天王堡（东大堡）、凯旋堡（南大堡）、福足堡（西大堡）和地母堡（北大堡），此外，在红山的东西两端地势险要处分别加建了东圆堡和西圆堡，在前后坡兴建了虎穴圆道和马道圆场，这些均为保护红宫、白宫的军事设施。布达拉宫下面四通八达的地垄也有隐蔽和疏散的作用。除宫殿、寺庙这些宗山建筑的一般内容之外，布达拉宫同样也建有粮仓、弹药库、监狱。在布达拉宫白宫、红宫下面的地垄墙内都建有仓库，其贮存的种类比一般宗山多，规模大，除粮库之外，还有酥油、干肉、茶叶、干果、食盐、药材、弓箭等仓库。

在西藏各地的宗山下面一般都建造有称为“宗雪”的村镇，对宗山起着护卫和供养的作用。在布达拉宫下则相应建造了称雪老城的方城，这是宗雪的一种演化形式。此城东、西、南侧置围墙，呈长方形，东西长 317 米，南北长 170 米。城墙高 6 米，底宽 4.4 米，墙顶宽 2.8 米，顶部置女儿墙，顶部内侧有人行道可通角楼和东、西、南门楼。东角楼原为布达拉宫制香厂，每年年底按规定将特制的藏香上交布达拉宫，供达赖喇嘛寝宫专用。其他角楼和门楼分别兼作军粮库和诵经室。城中建筑大都是直接为布达拉宫服务而建造的，如藏军司令部、印经院、造币厂、马骡院、监狱、粮仓、酒馆、麻花作坊等等，其性质类似宫城。此外，城中还建有一些贵族住宅，如比西、东波、齐康、莫恰、龙夏等。这些贵族住宅是布达拉宫建成以后逐步迁进来的，早期的城内无私人住宅。

布达拉宫这座规模庞大的宫堡不仅含有西藏宗山建筑原有的功能和防御性质，更重要的是它在政治上秉承宗山建筑的传统特征而成为西藏最高权力的象征。

第三节 建筑恢宏，文物璀璨

布达拉宫是西藏传统建筑的杰出代表。它巧妙地利用地形，平面布局不强调均匀对称，而是追求纵向延的空间序列。布达拉宫就地取材，利用当地的土、石、木等建筑材料和西藏传统的雕楼结构，建造起了覆盖整个红山的宏伟殿堂，层楼叠阁，壁立千仞，红白相映，雄伟壮丽。在建筑形态和造型处理上，布达拉宫充分运用了建筑的体量、质感、尺度、比例等造型手法，塑造出独特的建筑艺术形象，不但在外观上威严雄丽、摄人魂魄，同时也有内在的厚重性格和深沉底蕴。当人们步入柱网如林的殿堂中，置身于庄严肃穆的灵塔前，都会感受到一种神秘凝重的气氛。此外，宫内还珍藏有各种材料制成的佛像、经藏和大量色彩绚丽、内容丰富的壁画，以及明清以来中央政府对西藏地方政府的各种封敕、诰命，皇帝册封达赖喇嘛的金印、金册、玉册和御赐的金瓶以及赐予历世达赖喇嘛坐床、亲政大典使用的幔帐。宫内还藏有历代的唐卡、锦缎、瓷器珐琅器和玉器等，琳琅满目，价值连城。

（一）杰出的建筑成就

在无数藏传佛教建筑中，布达拉宫无疑最让人赞叹，令人倾倒，它所凝聚、升华出的威慑力量，曾经而且至今仍驱动着无数善男善女匍匐在其脚下。瞻仰这座恢宏博大、神秘莫测的宫殿，谁都会感受到自身的渺小，谁都会感受到心灵的震颤。

五世达赖在布达拉宫建成后，禁不住赋诗赞美布达拉宫的壮美：“相等帝释美妙宫，罗刹王威城相同，受用随增江诺金，普陀洛伽宴欢浓……”意思是说，布达拉宫犹如帝释天宫那样美丽，像罗刹王宫一样威严，有胜过多闻财神的财富，幸福欢乐跟普陀宫相同。从这首诗中，人们可以清楚地感受到五世达赖建造布达拉宫的意图，诗中的赞颂正是布达拉宫的设计指导思想。布达拉宫的构思设计充分反映了西藏佛教建筑的基本规制，集中表现出西藏宗教建筑和世俗宫殿建筑的风格，是西藏佛教审美观念的形象体现。布达拉宫是依照佛教想象中的世界图像进行设计的，它将宗教的想象和痴迷的情感倾注到象征佛国净土的建筑中去。它不像世俗宫殿建筑那样追求享受与游乐，而是注重意念、感悟与痴狂。通过繁复的平面组合、纵深的空间序列和富于震撼力的建筑形式，最终将幻景化为现实，为佛祖在人间安置了一块天国般的净土。在布达拉宫的建筑中，巍峨壮观的红宫和白宫是布达拉宫建筑群的主体和灵魂，傲然屹立山顶。宫内雕梁画栋，珠光宝气，终日阳光普照，犹如天国之境。其他各类建筑犹如众星捧月，簇拥左右。当人们站在幢幡飘荡、金碧辉煌、宽阔平坦的金顶上，仰望上苍，俯视莽原，似乎使人感觉到若与天相接，已超脱了世俗与苦海，这正是西藏宗教建筑所刻意追求的意境。

1. 与自然的完美结合

与自然环境的完美结合是布达拉宫最重要的特点之一。在整体布局上，布达拉宫巧妙地利用自然地形，将大小不同、类型各异的建筑有序地组织在一起，高下错落，楼宇层叠，并同时取得了主次分明、重点突出的艺术效果，烘托出了白宫、红宫的主体地位，既表现出对世俗王权及达赖喇嘛的敬畏，也传递出对佛教圣地和人间天国的憧憬。

布达拉宫没有将红山山头铲平，然后在开出的大片平地或台地进行建造，而是继承了藏式宗山建筑的传统手法，将高低错落的建筑与起伏跌宕的山体紧密地结合在一起。建筑好像是鬼斧神工，与山岩浑然一体，这正是布达拉宫的伟大之处和感人之处。从外观上看，具有显著收分的粗犷的石墙墙身似乎是从山底下自然生长出来一般，自然凸凹的山顶被组织到了布达拉宫的内部，建筑则成了红山的延续。布达拉宫以红山作基础，底面积大，重心低，予人以坚固稳定的视觉印象。建筑墙体本身显著的收分更强化了这种印象，强烈的收分使得建筑与上大下小的红山山势取得了呼应，加上透视的变形和建筑的下部坚实粗重、窗洞既小且少、向上逐渐空透轻盈的特点，更增加了建筑的伟岸与高耸的气势，获得了极为强烈的艺术效果。巨大的宫殿群以宛若天然生成的实体冲击着人的精神，硕大的体量和压倒一切的气势使面对它的人产生强烈的视觉撞击和心灵震撼。在物质的重压下，心理上的压抑感油然而生，通过压抑感而产生崇拜和敬畏，这正是布达拉宫建筑所追求的艺术境界。

布达拉宫的总体布局形式在充分反应建筑与自然完美结合的同时，还吸取了西藏宗教寺庙建筑常用的“都纲法式”做法，同时借鉴西藏古代宫堡和宗山建筑的经验，并满足“政教合一”的特殊需求，从而形成建筑艺术创作的主题思想。在布达拉宫建筑平面和形体设计中，设计者采用了许多人们熟知的形象，借助人们的联想来表达某种思想内容，如红宫的设计采取了坛城曼荼罗的模式。曼荼罗为梵语，旧译坛场，新译轮圆俱足，意思是意想中的主尊天堂和所追求的一种精神境界。密宗常将抽象的坛场做成实物，即在圆形台座中央放一方形的立体模型，以便记忆。五世达赖设计红宫时依据的便是时轮坛城的模式，他说："我不止一次地想到要用这些思想来设计。"他把红宫主体建筑、西大殿、佛堂寝宫分别代表身坛城、语坛城、意坛城。红宫的西大殿、五世达赖灵塔殿和其他佛殿的内部色彩处理，也是按照坛城白、黄、红、绿四色来安排的。当人们身临其境时，曼荼罗所代表的一切含义，自然在建筑中强烈地反映出来，影响人们的感情。通过建筑物的形体、色彩以及门窗诸部件的象征性手法，喻示一种抽象的概念或表现一种特定的精神内容，这是藏族喇嘛教建筑的一个特点，比如用方形平面和三比五的高宽比例象征普陀宫，用八层代表八圣道，即"正思维、正语、正业、正命、正精进、正念、正定"。以红宫为代表的佛教殿堂大多采用了方形的平面形式。在喇嘛教建筑中，方形代表发达兴旺，象征公平合理，而圆形表示和平，三角形象征战争，弯月形象征权威等等。

2. 神秘的空间序列组织

安排巡礼路线和设置转经道，这是喇嘛教建筑中一个非常重要的内容。布达拉宫内部复杂的建筑单元也正是用这样一条严密的巡礼（转经）路线，将上下层和各殿堂组织成统一的整体。空间组合也是运用这条路线来进行贯穿联系，朝圣者进入布达拉宫，一切活动都遵循这条路线进行。布达拉宫的交通路线，条理分明，通达顺畅，主要汇集为两条主线：第一条主线是引导朝圣者入圆满汇集道大门，这是进入布达拉宫的主门。门楼外观为四层楼房，下部是坚实的墙壁，上部三层为通长的大窗，虚实对比十分强烈，突出了主入口的地位和重要性。进入大门是一条光线昏暗、空间幽闭的蹬道，使人们不由得产生一种强烈的压抑感和期待感。待穿过这条通道后，便到达一个明亮的天井，迎面是一个华丽庄严的二层宫门，门前是陡峻的跌落式台阶。门廊内的墙壁上绘有四大天王的巨幅画像，画中的天王个个怒目圆睁，面目狰狞，气势威严。进入这道宫门后，便又进入一条黝黑的通道，几经曲折，最后到达东欢乐广场。广场阳光明媚，气氛热烈，是行进路线中的一个停顿和喘歇的地方。穿越东欢乐广场向西，即到达白宫门厅，沿梯可直至白宫六层（顶层）。再由东北隅的入口进入红宫，按顺时针方向从上往下回转，进入红宫的西大殿，经菩提道次殿、持明佛殿、五世达赖灵塔殿，至达赖世系殿，最后出北门，沿僧舍处的山道下山。

另一条朝圣者的路线是从大台阶入西大门，即菩提解脱门，直接进入红宫。一般认为遭受不幸的人才走这条路线，取其已登上菩提解脱之路。菩提解脱门是个五层高的门楼，上部同样是通长的大窗户，幽暗的门洞内壁上也同样绘有天王像。门内放置了一个大转经桶，称为嘛尼廓洛，占据了门廊内主要空间，十分引人注目。大门梁柱的尺度很大，并绘以重彩，华丽夺目。进入大门后是一条长长的甬道，仅靠小窗采光，与室外形成强烈的明暗对比，出了甬道就到达了西欢乐广场，此为菩提解脱之路中节点和转折。广场呈长方形，空间较小而封闭，迎面便是高耸入云、雄丽无比的红宫。进入红宫后通过楼梯和曲折幽暗的通道可由东南角进入红宫西大殿，然后按顺时针方向自下往上盘旋至第八层，向西进入十三世达赖灵塔殿顶层，再缘梯而下，沿西大堡和僧舍之间的狭窄小道西行下山。

这两条巡礼（转经）路线的特点在于环行与右旋，即均按顺时针方向行进。布达拉宫红宫和许多西藏喇嘛教建筑一样，都是采用方形内院回廊式的平面布局，以适合这种转经路线布置的需要。布达拉宫红宫中的巡礼（转经）路线的设计，遵循的正是这种宗教教义的规定和要求。“菩提解脱”大道的命名，更是明白无误地揭示了这条路线的实质。这种在寺庙殿堂建筑中设置转经甬道和转经路线的做法，源于佛经律藏的因果报应、生死轮回之说。转经的根本目的和含义是为了达到超脱轮回的境界。在藏传佛教地区，人们遇到寺庙、佛塔、嘛呢堆和装饰有佛像的立柱，都要按照转经路线的规矩，从左向右绕行。一般每座寺庙的周围，甚至大到一座城镇都有一条转经道路，将人们的社会生活纳入到为超脱生死轮回的转经之中。

3. 丰富的造型和绚丽的色彩

布达拉宫是由许多不同体量、不同形貌的建筑组合而成，通过建筑之间大小形状的变化，高低错落的布置，使得建筑形象既统一又不失丰富。在这当中，红宫的设计起到了统领全局的作用。红宫位置居中，高度又居全宫之首，本身体量又极大，达六分之一左右的墙面收分亦极显著，透视效果尤为强烈。加之红宫本身采用了较为严整的轴线构图，并运用轴线巧妙地安排各个部分的相对位置。这种明确的轴线构图使红宫在周围众多体量较小的、采用无轴线自由布局的建筑群中形成了强烈的向心力，而红色的宫墙在以白色为主基调的周边建筑的对比下更加突出和夺目，在蓝天的映衬下显得格外雄伟壮观，具有控制全局的力量。

布达拉宫的建筑形象蕴藏着一种躁动的宗教热情。这种热情除了通过平面布局和空间结构来加以展现之外，还运用了轴线、尺度、比例等造型手段来增强其感染力。通过体量上的悬殊对比和尺度上的反差夸张，布达拉宫充分显示佛教建筑特有的审美意念，例如连续而平展的殿堂立面与深陷于墙面上的小窗洞构成强烈对比，夸张了建筑的纪念性与内部空间的神秘性；庞大的主体殿堂与簇拥在周围的低矮的僧房构成对比，烘托了佛界的崇高和佛法的威严；厚重的墙壁和狭窄湿暗的甬道、过廊相互结合，产生了宗教建筑所需要的凝重、沉寂和抑郁的气氛；殿堂内部开阔恢宏的空间与密布如林的立柱组合在一起，柱子一般比较粗大，柱距相对比较狭窄，使人们对内部空间产生了一种若断若续、若分若合、若开若闭的幻觉，予人以莫名其状、变化万千的感受，人的灵魂则在昏暗飘忽的烛光中经受到惊恐和颤栗的体验。

布达拉宫的主要建筑，如红宫、白宫、僧官学校、天王堡、凯旋堡等，平面均为“回”字形，其外圈楼房均内向布置，中部是天井庭院或纵横排列的柱网，中部升起形成天窗阁，也有用屋顶覆盖天窗的做法，由此产生了室内空间的丰富与变化。在布达拉宫的内部空间设计中，设计者常常借助光影变化，造成神秘、昏冥的气氛，以适应宗教上的需要。佛殿内的光线大多微弱幽暗，从回廊的落地窗中透进来的光线恰好照在鎏金佛像上，形成“举世浑暗，唯有佛光”的艺术效果。红宫中的灵塔殿，在门窗关闭以后，殿内一片昏暗，唯有塔前的酥油灯光在闪动，整个空间扑朔迷离，深奥莫测。灵塔的巨大黑影，给人一种重压，使人的身心为之震撼。

西藏建筑在色彩运用上，由于受审美习惯和宗教观念的影响，表现出独特的风貌。藏族崇尚“三白”（酪、乳、酥油），盛行杀生祭神，故红白两色在生活中、服饰和建筑上被普遍运用。宫殿、寺庙和民居多用白色，庄严神圣的灵塔殿和护法神殿等则多涂成红色。布达拉宫外部的用色处理十分大胆，强调强烈对比。外观基本上呈红、白、黄三色，并各有其传统寓意。大部分墙面以白色为主，这是布达拉宫色彩的主基调，取其和平、宁静之意，在碧蓝的天空和群山的掩映下十分明亮耀眼。红宫墙面选用色泽含蓄而凝重的赭红色，富丽堂皇，取其尊严、庄重之意，使红宫的地位更加突出。红宫和白宫之间几栋小体量的建筑物施以中铬黄，取其兴旺发达之意。这些色彩组成了统一的暖色调，欢快而热烈。高耸于红宫之上的金顶以及金黄色的经幢和各类鎏金装饰则锦上添花，光耀夺目，起到了画龙点睛的作用，营造了吉祥天国的景象。柱、梁、椽、枋、斗拱等木构建的彩画则多用朱红衬底，青绿彩绘，间装金色，极为艳丽。

布达拉宫的所有门窗均被饰以呈梯形状的黑色边框，非常具有特色。这种黑色粉刷的窗框首先是为了保护窗台，以免受到雨水的冲刷和侵蚀，是功能的需要。但它同时具有宗教含义，黑色代表着愤怒。在西藏更有一种传说，说是黑色窗框起源于苯教，形似一对牛角，象征着护法神祇，守护门窗洞口，借以避邪驱魔。从艺术效果看，这种梯形的黑色窗套很有特点。首先，窗框上窄下宽的外形，与墙面的收分有着内在的联系和呼应，窗和门配合得和谐自然。黑色同时也起到了扩大碉房上小窗户尺度的作用，增加了窗户这个重要构件的深度，与红、白色墙面的对比效果十分强烈。

布达拉宫向人们揭示了这样一个艺术现象，即在某些建筑中精神功能较之使用功能占有更重要的地位。宗教建筑就具有这种特征，它的首要任务就是要解决“精神功能”。对于这类建筑，空间和形体的设计往往不是依照实用要求，而是依据审美和精神上的要求而确定。同时，布达拉宫建筑也反映出建筑形式有它的相对独立性，建筑形象在一定限度内是可以按照人们的意图进行创造的。许多宗教建筑在造型上运用了多种建筑艺术手段，创造出了辉煌的建筑艺术形象，展现了某种精神境界，达到形式与内容的完美统一。

布达拉宫是藏族人民的伟大的创造，是藏族传统文化的象征。虽然由于生产技术的进步和社会的变革，布达拉宫所反映的功能要求和它所创造的意象，随着社会的演变和历史的进步而成为过往时代的标志；然而从发展的眼光来看，布达拉宫所呈现出的对建筑本质的理解以及它的艺术法则、美学规律、处理手法，仍然向我们提供着丰富的信息和有益的启迪。

4. 结构特点与细部装饰

以布达拉宫为代表的藏式建筑结构技术是藏族人民智慧的结晶，也是藏汉建筑文化与技术交流的历史见证。布达拉宫的建筑基本上是石、土、木混合结构，其主要结构形式为墙柱混合承重结构。建筑平面多呈长方形或正方形，屋顶形式以藏式平顶为主，也有少量的汉式屋顶。

为了使房屋基础坚固或增加建筑底层面积，在布达拉宫中普遍采用了“楼脚屋”的做法，先在地基上纵横起墙，上架梁木构成下房，俗称地垄。这种地垅墙按照建筑平面所要求的高度，依照山势直接砌筑在岩石上。从平面上看，地垄墙和其上部的墙体、柱列是相对应的，因此这种地垄墙实际上是一种人工地基，在陡峭的地段同时起到挡土墙的作用。布达拉宫建筑均设有地垄，包括前后坡登山石道和东、西庭院也建有地垄，地垅的层数视基础的坡度而定。地垄一般为墙体承重结构作法，建造地垄的材料也是石、木、土。

墙柱混合承重结构是藏式建筑普遍采用的结构做法，也是布达拉宫使用的基本结构形式，其结构特点是外墙和墙内柱子同时承重。大梁横向铺设，外纵墙和内柱承受大梁传下的荷载；檩条纵向铺设，外横墙和大梁承受密铺椽子传下的荷载。这种结构适用于各种平面组合的建筑，大到寺庙、宫殿，小至民居。墙体内部的木构架一般是以柱、梁、椽结构为主，而且藏式建筑的檩、椽，实为一体，柱上架梁，梁上铺椽，不用檩条过渡，因而椽子通常都很粗大，故而西藏谚语中说：“梁、椽齐备，美宅连成。”布达拉宫的木结构和柱式集中表现了藏式建筑凝重沉稳的风格，宫内所有的灵塔殿、经堂、佛殿和一部分附属建筑，其木结构都是雕梁画栋、色彩艳丽、令人叹为观止的上乘之作，如扼守红宫、白宫的两座大门“圆满汇集道”和“菩提解脱道”以及白宫东侧入口大厅等。

布达拉宫中的木柱形式丰富多样，有圆形、方形、多边形、亚字形和梅花形。亚字形柱是由一根方柱和镶嵌在柱子四面的方木组合而成的，梅花形柱是由五根细圆木组成，外面包裹三至四道金属柱箍。柱子均有显著的收分，富有力量感。华贵殿堂中柱子用鎏金铜带作箍，并饰有塌鼻兽及各种花纹。柱头以上用大斗、垫木和弓形肘木承托大梁，弓形肘木的长度一般为柱网中距的百分之八十以上，这就极大地提高了梁的承载力。梁与椽子之间用造型丰富的莲花累帙（刻绘而成的莲花瓣和象征累卷叠帙的凹凸方格形花边）和层数不等仅有装饰作用的方椽加以过渡。柱、梁、椽的装饰是藏族建筑最富表现力的地方，常附以莲花、卷草、连珠纹等造型优美的花纹，有的还镂空雕刻佛像，十分华丽。

拉萨地处高寒地区，冬天早晚气温降低，夏天不热，因此房屋大多采用厚墙小窗。在门窗上部均做二重椽或三重椽的挑檐，檐口还应用白、红、蓝等颜色的布帏制成的“飞帘”，随风飘动，给建筑增添了动感。布达拉宫的门窗均为木制，窗的功能根据建筑的功能来决定，如底层大部分用作库房，只要求荫凉通风，因此只设有简易的小窗洞。僧舍除了通风，还要求采光保暖，满足喇嘛阅经和生活的需要，因此采用有窗扇的开启窗。佛殿为了造成“唯有佛光”的特殊效果，采用了高侧光。达赖和摄政王的寝宫则要求舒适、美观，一般采取落地窗，并在拐角处使用拐角窗。

布达拉宫的木构件一般都进行彩漆，木构架上的彩画因等级而有繁简之分，比较程式化。彩画内容主要是莲瓣、流云、吉祥八宝等宗教题材。在色彩的使用上也有等级要求，像红、黄、金等色只有达赖使用的建筑才能大面积使用。

平顶、高层、厚墙是布达拉宫建筑结构与构造的另一个重要特征。布达拉宫所有外墙几乎都是厚重的石墙，白宫的内墙、部分地垅和隔墙为夯土墙，红宫的主要殿堂内的隔墙为柽柳编笮墙，天窗阁后壁和左右侧壁是牛粪泥坯墙。石墙用石块、片石、碎石和湿土垒砌，每层石块之间用片石填充，内填不规整的块石和碎石。外墙均有显著的收分，从结构需要上看，在当时的条件下，要提高墙体的承载能力，只有加大墙体和厚度，采用随着墙体升高而收分的做法，才能满足墙体自身稳定的需要，同时求得整体结构的稳定。

布达拉宫屋顶女儿墙是藏族建筑独有的一个特色，其做法是在外墙顶部周围靠外面的一侧，用柽柳树枝叠压成墙，藏民称其为白玛草墙。柽柳又称红柳，藏区俗称观音柳，是野生落叶小乔木，老枝呈红色。女儿墙的砌筑方法是先将柽柳枝条去皮晒干，然后用湿牛皮绳捆绑成手臂粗细的束结，上下用木钉固定，再砌筑于女儿墙外侧，最后刷赭紫色和白色。这种具有丝绒般装饰效果的做法是西藏建筑特有的一种装饰，同时也起着标志权力、地位和等级的作用。只有寺庙、达赖喇嘛、班禅喇嘛和大活佛等使用的建筑以及收藏了甘珠尔和丹珠尔两部佛教经典的贵族庄园等才允许使用这种柽柳装饰，并且柽柳叠置的层数越多，地位越显赫。布达拉宫所有的建筑上都有柽柳墙檐，甚至登山道路外侧的马牙墙也使用了柽柳，重要的部位柽柳层数多达四层。在柽柳墙上一般还饰有用白色材料制成的日月星辰和铜皮鎏金的各种图案。柽柳墙的内侧用石块累砌，加上外墙的柽柳，厚度达80厘米。柽柳墙上面盖木椽、石板和阿嘎土墙帽封檐，装饰效果既朴实又别致。

布达拉宫所有建筑的屋顶、地面和东西欢乐广场的庭院地面均用当地开采的阿嘎土做表层封护材料。此种材料的主要成分是碳酸钙，具有坚硬、光洁、美观的良好效果，是一种坚固耐用、适合藏式平顶建筑使用的理想的建筑材料。为了突出重要佛殿和灵塔殿建筑，平屋顶上安装了坡屋顶，上铺鎏金铜瓦，人称金顶。红宫共有五座灵塔殿，均覆盖歇山式金顶。这些金顶实际上只起装饰作用。包括屋顶上同样起装饰作用的金轮、金鹿、金幢等构件，成为布达拉宫最为华丽的部分。金幢又名胜幢，原为古代战争时用物，战胜后，抬着它回来，作为胜利的象征。在宗教上也称为经幢，里面满用经书缠裹，外面包以镏金铜皮。此外还有用黑色牛毛绳编织而成的纛，裹在木制圆筒上，在轴木上一般书写六字真言或缠以经书，装饰以白、蓝等色布条制成的圆环及十字形花纹，顶部为金属制成的叉形花饰。这些装饰品种很多，体量不大，但制作都非常精巧，与下面厚重粗糙的墙面起了很好的对比作用。虽是点缀，但个性鲜明，富有特色。

（二）瑰丽的壁画和唐卡

自14世纪末至15世纪初，宗喀巴推行宗教改革后，西藏的黄教迅速发展成为一个庞大的寺庙集团势力，建筑活动十分活跃。附丽于建筑的壁画艺术亦随之发展到一个新的水平，出现了西藏绘画历史上的黄金时代。布达拉宫的壁画就是这一时代绘画艺术的经验总结和代表。布达拉宫的壁画遍布宫内各个主要殿堂、门厅和回廊，绘画面积达2500平方米。这些壁画有很多是出自著名画师之手，体现了西藏丰富多彩的绘画艺术风格，反映了西藏绘画艺术的发展轨迹。这些壁画采用写实的方法，将天文、地理、政治、历史、宗教、医学囊括其中，作为一种记史的艺术方法，以画记史，寓史于画，成为布达拉宫艺术宝库中的一个重要组成部分。

1. 丰富的题材

布达拉宫壁画的题材堪称丰富多彩，题材涵盖了历史事件、人物传记、宗教教义、风土人情、民间传说和神话故事等等，内容涉及了政治、经济、历史、宗教、文化艺术等社会文化的各个方面，真实地反映了西藏历史发展和变迁，充满着浓郁的生活气息，是一部图像百科全书。

（1）人物传记画

在布达拉宫壁画中，有一类是西藏著名历史人物的肖像和传记画，如作为吐蕃王朝赞普的松赞干布、赤松德赞、赤热巴巾等，有作为西藏最高宗教领袖的五世至十三世等历代达赖喇嘛，有桑杰嘉措、达赖汗等在西藏历史上举足轻重的重要人物。位于红宫西大殿的壁画详尽地绘制五世赖喇嘛和桑杰嘉措的生平和事迹，这幅壁画是布达拉宫壁画中的珍品，画面采用了连环画的形式，伴随着人物的活动，展现出了广阔的社会生活场景。红宫第六层壁画廊中的“桑杰嘉措与达赖汗”画像也是这类作品中的上乘之作，人物的外在特征和内在性格刻画得惟妙惟肖，细腻传神。画中的达赖汗与桑杰嘉措神态各异，前者颧高颊俊、深沉持重，后者则面丰额宽、神态飘逸，蒙古人和西藏人的不同特征和性格可谓尽现画中。

（2）历史题材画

以历史为题材的壁画大多以史实为依据，记录了西藏历史上的重大事件。最典型的如白宫门厅北壁上方的“文成公主进藏图”，通过“使唐求婚”“五难婚使”“公主进藏”等多幅画面再现了唐贞观十五年唐蕃联姻的历史事件，真诚赞颂了藏汉民族血脉相连的友谊。另一幅表现相似内容的壁画是位于白宫大殿内的观镜图，描绘的是金诚公主与赤松德赞联姻的故事，这是藏汉关系史上又一重大事件。红宫西大殿内的“五世达赖朝见顺治图”，是记述五世达赖生平的连环壁画中的一幅，反映了清顺治五世达赖“赴京”“觐见”“受赐”“游乐”“观剧”等各项活动和当时的迎宾盛况。

（3）民间风俗画

风俗画的内容最为广泛，包括了民间习俗、风土人情，有与生产活动相关的农耕、狩猎、放牧等活动，有与文化娱乐相关的舞蹈、杂要、游艺的场景，还有反映传统体育竞技的骑射、角力、游泳、摔跤、抱石等比赛项目，生动地再现了西藏社会的文化风貌。在白宫门厅北墙上有一幅风景画，是表现西藏“林卡”（园林）的美丽风光和藏族人崇尚野外林卡生活的壁画。在西藏每逢夏秋时分，人们往往倾家而出，到林卡中游宴、歌舞和休息。在这幅画面上，人们弹琴、烧茶、酿酒，表现了藏民们热爱生活、热爱自然的美好愿望。

（4）营建画

营建画在布达拉宫的壁画中具有重要地位，特别是位于壁画廊中的一组营建画尤为著名，它详细地描绘了17世纪修建布达拉宫的全过程。从这幅壁画中我们可以了解到，当时修建布达拉宫时，先要派人到各地去供养名山大川，接下来工匠们开山凿石，差役们砍伐树木；在拉萨河上人们用无数的牛皮船筏运送石料；数以万计的壮工背负着粗重的木料和巨大的石块，一步一叹地攀行在布达拉的山坡上；成百上千的工匠在全神贯注地垒石砌墙、立柱架梁；建造完工后人们兴高采烈地举行庆功会和瞻宝会等等重大活动。画面上的这些无名的工匠，正是西藏古代建筑艺术的创造者，而这组壁画也正是对西藏人民聪明才智和勤劳勇敢精神的赞颂，它对于研究西藏古代的营建技术具有重要的价值。

（5）神话故事和民间传说

在布达拉宫壁画中，有很大一部分是有关神话故事和民间传说的，其中最为有名的当数白宫东大殿内的“猴子变人”壁画。这则神话故事在西藏民间广为流传，藏文史书也不乏记载，反映了古代藏族人民对人类进化的猜测和探寻。故事中讲道，在远古时期，有一只猕猴与石妖结为伉俪，生下了六个猴儿。……后来繁衍至五百只，并得以神粮饲养，才“毛亦渐短，尾亦渐缩，更人语言，遂变为人”。这些原始人最初“食不种之谷，衣树叶之服”，后来“溢流疏导成沟渠，……复开原野以事稼穑”，并且开始“营建城邑”。“猴子变人”这幅壁画就是根据这一神话故事绘画而成的，画面生动活泼，富有情趣。

（6）宗教画

宗教画的内容主要是各种佛像和宗教教义，它是宗教世界观的形象化和具体化，具有强烈的感染力。在这类绘画中有藏传佛教中的各种上师、各种教派的本尊、不同变相的佛和千姿百态的菩萨。宗教内容的壁画都是严格按照藏传佛教绘画的度量经所规定的尺度进行绘制的，并且划分为不同的绘画流派和风格。藏传佛教的传播者按照佛教经典，规定了一整套严格的各类偶像的绘画度量，画师们只能在这个框架内来发挥和创造，这是几百年来藏传佛教绘画的主题画面没有显著变化的一个重要原因。

2. 鲜明的艺术特色

西藏的壁画艺术，经历了长期的演变和发展，形成了独具一格的表现形式和风格。就布达拉宫所展现出的作品而言，其表现形式有的以单幅画面表现一个主题，有的用横卷式的连环画幅表现一段历史进程，有的采取大场面的鸟瞰构图，将人物纷繁的故事组织在同一帧画幅之内，形式很多。构图上，根据墙面和环境的不同组织画面，每组壁画中心往往安排一尊大型佛像或人物肖像画作为画面构图中心，构图严谨、均衡、丰满，布局上疏密参差，以虚济实，活泼多变。技巧上，主要有工笔重彩和白描两种。画面注重线性变化和线群组织，有的线条勾勒粗犷有力，有的圆润流畅。用不同的线条描绘不同的形象，佛像的线条严谨简练，菩萨像的线条婉转流利，度母、供养天则线条飞舞洒脱。衣纹随肢体起伏而转折，飘带随动作而飞舞，使得人物造型丰富多彩，性格各有特征。用色上，色相复杂，强调对比，讲究色彩富丽，并用装金和其他中和色统一画面，形成鲜明的地方特色。

运用壁画艺术的装饰效果，渲染殿堂不同的气氛，这是布达拉宫壁画的一大特点。一般供养佛、菩萨的殿堂，壁画多用绿色作基调，强调环境的宁静气氛，烘托佛尊的慈祥情调。而护法神殿，主要供奉金刚、护法，这些神像三头六臂，凶猛可怖。护法神殿中的壁画大多采用黑色作底，用金线或黄线勾勒神像，局部点缀金、红、蓝诸色或施以重彩，画面显得深沉。壁画上部的饰带中画有倒悬人皮、肢体，下部墙裙则涂以红色，画波浪纹，表示血海。浪花之中穿插有人头、残肢、断腿，造成恐怖气氛。艺术的内容和形式在这里可谓达到了完美统一，建筑艺术与绘画艺术融为一体。根据殿堂的特点，采取不同的画法，以表现特定的内容，这是布达拉宫壁画艺术的成就之一。

3. 独特的绘制方法

布达拉宫壁画出自西藏门当和乌孜两大派民间画师之手。修建白宫时，五世达赖集中了全藏六十六位著名的画师，于清顺治五年开始绘制壁画，历十余年方才完成。修建红宫时，桑杰嘉措又召集了两派画师共计二百三十七人作画。布达拉宫壁画均为这两派画师的作品。青孜派画师起源于山南贡嘎宗，画风多受外来影响，人物形体动作大，腰部夸张，人物周围喜欢配以卷草、几何图案纹样，装饰性较强。技法上，线条运用流畅，色彩艳丽，多用晕染法，以深浅色阶表现体积感，强调画面效果，艺术上追求生动、活泼、自由、奔放的风格。门当派起源于洛札宗，时间晚于青孜派，它继承了西藏传统绘画、雕塑的成就，乡土气息比较浓重，于拉萨一带比较盛行。门当派画法多用单线平涂，不用晕染法，不追求体积感。人物造型动态不大，强调端庄，背景多衬以建筑或山水风景，画风严谨、稳重。青孜、门当两派绘画及其雕塑艺术均达到了很高的造诣，成为西藏众画派的主流和代表。

4. 布达拉宫的唐卡

西藏绘画艺术的主要形式除去壁画外，还有一种形式即唐卡。唐卡与壁画的表现内容大致相同，所不同的是绘制的方法和具体的质地。唐卡为藏文音译，具体是指一种用颜料或其他工艺材料把各种图案绘制在锦缎、布帛上的卷轴画。按质地和做法，可以把唐卡分为彩绘（纸面、绢面和布面）、织锦、刺绣、缂丝、贴花等类型。有的还在五彩缤纷的图案上用金丝银线串连的珍珠、玛瑙、翡翠、红珊瑚、松耳石、琥珀、红宝石、蓝宝石和绿宝石等点缀，显得格外灿烂夺目。唐卡不仅体现了西藏绘画艺术的独特风格，同时也表现出西藏传统工艺的特色和水平。

唐卡的题材以佛教内容居多，如上师像、金刚像、佛像、菩萨像、坛城图、说法图、佛传图、僧人游戏图等，约占唐卡总数的五分之四以上。这类唐卡以藏传绘画度量为准而绘制。除了这类以佛教为绘画内容的唐卡外，还有反映社会历史、生活习俗、天文地理、文学艺术和藏医藏药等内容的唐卡。这类唐卡同样具有以史作画、以画言史的特点，构图严谨饱满，虚实相济，繁复多变，具有鲜明的民族特点。

布达拉宫现收藏有许多著名唐卡艺术作品，其中一些为西藏唐卡艺术的珍品：

《贡唐喇嘛响·尊追扎巴》，约绘制于 12 世纪后期，质地为缂丝，长 84 厘米，宽 54 厘米。画面中央为贡唐喇嘛响·尊追扎巴像，这位喇嘛双足结跏趺坐在莲花法座上，右手垂膝，左手施无畏印于胸前。在主像周围画满了众多的上师像，画面下端一角有两尊护法神像。画面不设山水背景，仅适量地点缀狮、猴、鸟、兔等动物。

《密集金刚》，约绘制于 13 世纪，质地为织锦，长 75 厘米，宽 61 厘米。画面中央是依据《密集经》而绘制的藏传佛教密宗的本尊密集金刚像。这尊密集金刚双足结跏趺坐于莲花法座上，三头六臂，头戴天冠，正脸为蓝色，左脸为红色，右脸为白色。金刚的第一右手持法轮，左手持套索；第二右手持莲花，左手持利剑；中间右手持金刚杵，左手持法铃。画面上方两角各置一尊萨迦派的上师像，下方正中为三尊一面三目、三头六臂的菩萨像。

《布顿仁钦珠》，绘制于 15 世纪，质地为布帛，长 85 厘米，宽 50 厘米。画面中央为布顿仁钦珠像。他头戴通人帽，右手持金刚杵，左手托法铃，双足结跏趺坐于莲花座上。在主尊两旁为他的弟子像。在画面上方中央置佛像，在佛的两旁各有一位天女和四位上师像。

《第司・桑杰嘉措》，绘制于 17 世纪，质地为布帛，长 97 厘米，宽 63 厘米。画面中央为主持红宫修建工程的摄政王第司・桑杰嘉措像。他右手持智慧宝剑，左手托灵丹妙药。其周围的人物众多，上方和两侧为五世达赖喇嘛、法王、上师和蒙古摄政王，下方为众多臣民，两下角置护法神。这幅唐卡生活气息浓厚，构图严谨均衡，与布达拉宫红宫二层回廊南壁的画面类似。

《朗久旺丹》，绘制于 19 世纪，质地为刺绣，长 69 厘米，宽 46 厘米。画面中央描绘一个由七个梵文字母和三个图形拼合而成的装饰图案。此图案是西藏寺庙装饰中常见的一种图案，寓意佛经中“十相自在”的命自在、心自在、资具自在、业自在、解自在、受生自在、愿自在、神力自在、智慧自在和法自在。这幅唐卡既具有美观的装饰效果，又有深刻的佛教内容。

《无量寿佛》，绘制于 20 世纪 40 年代，质地为贴花，长 34 厘米，宽 32 厘米。画面中央描绘无量寿佛像，两侧为释迦牟尼和药师佛像，其上置三世佛像，周围还有十六位上师和四大天王像等。这幅唐卡是西藏为数不多的巨幅唐卡中的一幅，曾在 1994 年 8 月 10 日布达拉宫维修工程竣工庆典时悬挂在布达拉宫南侧的展佛台上，画面极为壮观。

（三）精美的造像和石刻

塑像是布达拉宫艺术宝库的重要组成部分，不但数量多，而且质量高，具有鲜明的西藏地方风格。

1. 宗教题材

布达拉宫的塑像主要分为两大题材，一类为宗教题材，另一类为历史人物。宗教题材的内容有佛、菩萨像，如释迦牟尼、无量寿佛、观音菩萨、文殊菩萨和弥勒佛等；密宗本尊像，如胜乐、密集、大威德、马头明王、金刚持；有护法神像，如乃穷、救主、天王、吉祥神母、十二丹玛；还有佛学大师、历辈高僧像，如莲花生、阿底峡、宗喀巴和历世达赖。另一类为历史人物，如松赞干布、赤尊公主、文成公主、吞米桑布扎、禄东赞等。除这些宗教题材的雕塑外，另有一些世俗题材的作品也具有很高的艺术水准，如伎乐、舞俑、骑士、蒙古朝圣者等，造型生动，神态逼真，也是难得的雕塑艺术品。

2. 艺术特色

无论是佛像，还是人物塑像，在形象特征和面部表情的刻画上都很细腻生动，富有个性。如宗喀巴，宽面，大耳，口微凹，人们一望便知，据说与他本人生前的相貌很相像。对于一些想象中的佛、菩萨像，有的着意表现安详温和的形貌，这些塑像常借助塑像的姿势、动态和纹饰来区别不同内容的佛像。如文殊菩萨，右手持智慧剑，以示斩断人世间的愚钝和痴迷。又如金刚手，手持金刚杵，以鞭策人间之善恶是非。而密宗本尊和护法神像，则多凶相，如大威德（怖畏金刚），九头、牛面、十六腿、蓝身、拥妃，既显示佛教精神境界的圆满具足，又包含震慑之意。

西藏文化中很重视雕塑艺术。在藏族的传统理论中，把人类的知识分为五明，五明又分为大五明和小五明。大五明包括工巧明、医方明、声明、因明和内明，小五明包括修辞学、辞藻学、韵律学、戏剧学和星象学。大五明中的工巧明又分三种工巧（即身、语、意），其中的身工巧主要指的就是造像艺术。早期的佛教造像尺度出自古代印度传来的梵文佛经，随着佛教在西藏的兴旺和发展，西藏的造像艺术也得以发展和繁荣，历代的上师对其规定取长补短，使之更加适应藏传佛教的要求。为塑造出使信徒崇拜的偶像，以便在信徒心中激起对佛教的热诚，制作佛教造像的匠师们需要准确无误地按照上师所规定的度量来进行塑造，这是藏传佛教造像的共同特点。布达拉宫中的塑像比例也都是按照《造像量度经》中对佛教塑像所做的详细规定来塑造的，因此定型化、标准化的量度比例是布达拉宫塑像造型艺术的重要特征。

布达拉宫中的塑像根据对象和种类的不同，在制作工艺上也有所不同，最常见的主要有泥质塑像、铜质塑像、合金质塑像，其中数量最多的是合金质塑像。合金质塑像又称响铜，藏文音译“利玛”。在布达拉宫各主要殿堂内都能见到“利玛”塑像，特别是在红宫内有一座响铜殿（藏文音译“利玛拉康”），顾名思义，此殿原来供奉的佛像都是合金质塑像。藏族人非常珍视“利玛”，特别是上等的“利玛”比黄金还要珍贵。“利玛”是多种金属成分的混合制品。由于制造工艺的差异，使“利玛”形成了多种多样的色泽，其中主要有在阳光照射下形成各色斑点的“则根木”、红中泛黄的“红利玛”、白中泛黄的“白利玛”、呈黄色的“黄利玛”、紫中略有变色的“紫利玛”、多种色斑的“花利玛”等。如果从产地上区分，这些“利玛”又可分为印度西部产的“印度利玛”、印度东部产的“夏利玛”、尼泊尔产的“尼泊尔利玛”、蒙古产的“蒙古利玛”、内地产的“汉利玛”和西藏本地产的“藏利玛”等。

3. 碑刻

布达拉宫周围现存有四座石碑，它们分别为无字碑、达扎路恭纪功碑、御制平定西藏碑和御制“十全记”碑。

无字碑，位于布达拉宫南侧“之”字形石阶的山脚平台上，坐北朝南，通高5.6米，建于1693年，原为庆祝红宫五世达赖喇嘛灵塔殿竣工而立。据西藏历史文献记载，五世达赖1682年在布达拉宫逝世，享年66岁，但当时的摄政王第司·桑杰嘉措为了能独断国事，密不发葬，谎称达赖入定，居高阁不见人，凡事传达赖之命以行。1693年，第司·桑杰嘉措仍以五世达赖的名义到北京进贡，并致书康熙皇帝，称达赖年事已高，诸事都由第司办理，特请赐封第司爵位。康熙皇帝遂对第司·桑杰嘉措进行了封赏，直至1696年康熙率大军亲征准噶尔时才从被俘的俘虏中得知五世达赖早已去世的消息，于是致书桑杰嘉措对其匿不报丧的行为怒加斥责。桑杰嘉措在回函中以种种理由为借口，为自己开脱，请求康熙原谅。当时清朝政府对西藏的控制还很薄弱，所以康熙不得不同意桑杰嘉措的请求。1697年桑杰嘉措迎立仓央嘉措在布达拉宫坐床，是为六世达赖。这座当年为五世达赖所建纪念碑因为是在匿丧时期所立，故采取了无字碑的形式。无字碑的碑座为叠涩方形，碑身为四方形，碑身上置庑殿顶和火焰宝珠式碑帽。

达扎路恭纪功碑，在布达拉宫雪老城南大门外，立于8世纪的吐蕃王朝时期，反映了当时西藏特殊的历史状况。达扎路恭是赞普赤松德赞的大臣，碑中表彰他“忠贞业绩卓著，足智多谋，英勇深沉，精娴弓马战阵”。赤松德赞下令赏给他奴隶、土地、牧场，还许给他和他的后代种种特权。该碑坐北朝南，通高10米。碑座为叠涩方形，高1米，碑身为四方形，高9米，其上置庑殿顶和火焰宝珠式碑帽。碑身北面刻有藏文六十八列，东面刻有藏文十六列，南面刻有藏文七十四列，西面无字。碑文字体遒劲，棱角分明，系吐蕃碑刻中制作时代较早的一通，至今约1200年。

御制平定西藏碑，原立于布达拉宫雪老城南大门前侧，此碑立于清雍正二年（1724年），是为纪念清军进藏平定准噶尔之乱而建。自五世达赖圆寂后，第司·桑杰嘉措与固始汗后裔的矛盾日益加重，在尖锐的权力斗争中，第司·桑杰嘉措被拉藏汗处死。蒙古的准噶尔部以为第司·桑杰嘉措复仇为名，趁机派兵入藏，占领了拉萨，使西藏陷入了混乱。为驱除准噶尔部出藏，康熙皇帝两次派兵进藏，1720年将准噶尔击败。1965年因拉萨城建需要被迁到龙王潭公园内，1995年在西藏自治区成立三十周年大庆之际又被迁回原址。此碑坐北朝南，通高3.74米。碑座为叠涩方座，有三阶，高0.9米，碑身高1.84米，宽1.05米，碑首高1米，螭首方额，外罩琉璃瓦歇山顶碑亭。碑额南面东侧阴刻篆书“敕建”二字，碑文为清康熙皇帝亲撰。西侧有藏文四列，北面西侧竖刻蒙文一行，东侧竖刻满文。碑身南面东侧竖刻小楷汉字十五行，西侧刻有藏文四十六列；北面西侧竖刻蒙文十五行，东侧竖刻蒙文一行，东侧竖刻满文。碑身南北两面的上下左右分别刻有宽0.16米的云带纹边框。

御制“十全记”碑又称“十全武功”碑，立于清乾隆五十七年（1792年），位置在布达拉宫“雪”老城南大门前侧，坐北朝南，与御制平定西藏碑相对。1965年因拉萨城建需要被迁到龙王潭公园，1995年在庆祝西藏自治区成立三十周年大庆之际被迁回原址。碑身下方为龟座，龟身为椭圆形，前足紧收，伸脖抬头，龟鳞刻成六棱圆角浮雕，精致细腻，形态逼真。碑身高2.07米，南面东侧竖刻汉文十七行，西侧竖刻满文十七行；碑身北面西侧刻三十九列正楷藏文，东侧竖刻十七行蒙文。碑身南北两面的边框分别有0.12米宽的线刻二龙戏珠纹饰。碑首高1.34米，正面和背面均为高浮雕二龙戏珠图案。碑额方形，额框周围饰雷纹，额框内还饰以卷草。碑额南面东侧阴刻篆文“御制”二字，西侧阴刻一竖行八思巴文。碑额北面西侧阴刻四列正楷藏文，东侧阴刻一竖行蒙文。碑首下部以云纹作边饰。1788 年，西藏与廓尔喀发生纠纷，廓尔喀占领了西藏的吉隆、聂拉木宗喀之地。清朝得到报告后派兵入藏，“发偏师以问罪”。由于清政府官员急于求和，“迁就完事”，故于 1789 年答应给廓尔喀一笔银子来换取失地。1791 年，双方又发生冲突。次年，清朝又派将福康安亲率大军入藏，击败廓尔喀，收复了失地。此碑就是为纪念清乾隆皇帝统治时期武力征服准噶尔、回部、金川、台湾、缅甸、安南、廓尔喀等地区的“十大战功”而建。

御制平定西藏碑和御制“十全记”碑是清政府为表彰政绩而立，是研究清代西藏政治、军事和民族关系的珍贵资料。

4. 摩崖时刻

在布达拉宫所在的红山东侧的悬崖峭壁上，有几处摩崖石刻，其时代约在清康熙末年至雍正初年。在红山东侧断崖的第一台阶北侧，有“用昭万世”摩崖石刻，竖刻正文十六行，落款分上下两段，共二十四竖行，均系小楷。这条摩崖石刻铭文主要记载清康熙五十九年（1720 年）噶尔弼所率南路清军进藏的情况。

“功垂百代”摩崖时刻位于红山东侧断崖第四台阶，正文十七行，还有竖刻的落款署名十二行，均为楷书小字。主要记载清康熙五十九年征剿准噶尔部的中路清军的征战情况。

另有“安藏碑记”摩崖时刻与“功垂百代”摩崖时刻相邻，形制亦相同。“用昭万世”摩崖石刻南有“异域流芳”摩崖石刻，形制亦同，内容为清康熙五十九年进藏清军中的南路将士和驻守西藏官兵的姓名。此外附近还有“雍正六年”“雍正七年”“恩泽藏峙”摩崖石刻，其中“雍正六年”摩崖时刻的内容为是记载清雍正五年（1727 年）西藏发生内乱，雍正六年清兵进藏安抚的情况。

布达拉宫是探寻西藏地域文化的一把钥匙，也是解读西藏历史传统的一部辉煌巨著。它既是旧制度下的最高权力中心，同时也是充满神秘色彩的宗教圣地，其中既有作为佛事活动场所的红宫，又有作为历世达赖喇嘛的驻锡地和西藏地方政府办事机构的白宫，此外还有为满足这两种需要而设置的僧官学校、尊胜僧院、僧舍、藏军司令部、印经院和监狱等等。宫中的每一座建筑都包含着丰富的西藏历史文化，每一处场所都在讲述着曲折而动人的故事。

第四章　澳门历史城区

澳门是遥踞东南沿海之滨的一处美丽岛屿，也是一座浪漫而奇异的城市。城市中的每一处角落既镌刻着斑驳岁月的浓浓印迹，又挥发着现代都市文明的勃勃朝气，绵长的历史和特殊的地理位置赋予了她深厚的底蕴和绰约的气质。

在中国的版图上，澳门背倚广袤的珠江三角洲，其东隔伶仃洋与香港携为犄角之势，拱卫于珠江口西岸；其南则环视浩瀚无际的南洋，与菲律宾、越南、马来西亚、印度尼西亚、文莱等东南亚国家隔洋相望。在南海海域，澳门恰居东南亚至东北亚的海上中继点，加之在澳门半岛的东西两侧有天然形成的内外港湾，使澳门成为来往商船理想的补给站和商旅的避风港。由于地理位置和地貌环境的优势，至16－17世纪，这里已是商贾云集，番夷咸至，货物繁盛，贸易昌隆，已然成为东西方贸易的重要港口，由此演绎了四百年澳门多元文化发展的历史，使澳门跃升为中西文化融合、交流的门户，同时也塑造了澳门本身独特的城市人文景观。

澳门为一玲珑之地，包括澳门半岛及其南面的氹仔岛和路环岛，昔日澳门三岛的面积不过6平方公里。全区地形多为丘陵、台地，地势南高北低。南部的路环岛地势最高，主峰迭石塘山海拔174米。北部的澳门半岛原为澳门城的主体，岛上群山叠翠，地形起伏多变，分布着高矮不同的7个山丘，其中以东部的东望洋山最高，海拔91米，可鸟瞰整个半岛以及沿岸海域；在半岛南端有妈阁山和西望洋山，三面环海，景色秀美。此外半岛北部有望厦山，又名莲峰山，是过去控制陆路出入的咽喉。东北部有马交石山，此山南连东望洋山，西通望厦山，成连绵之势。西北部有青洲山，原为江中小岛，植被茂盛，故得此名。在这些山丘之间分布着绿茵覆盖的台地，这些台地的海拔高度一般为20余米，坡度和缓，构成了丘陵地貌风光，加之环岛水域深而开阔，城市坐山环水，景观的整体轮廓线颇为丰富，形成了澳门典型的海滨山水城市景观，冬夏阴晴，气象万千。

近代以来，特别是自19世纪60年代至21世纪初，澳门为了寻求更大的发展，选择了填海造地拓展澳门城市空间的途径。通过一系列的填海造地活动，全地区总面积增加到23.8平方公里。伴随着填海造地，澳门的自然景观与人文景观也相应发生了巨大变化。澳门的自然地理特征和人文历史的有机结合，使得澳门成为一座充满动感的城市，其城市特点既在于她是一个因借自然、与环境和谐共生的城市，又是一座充分人工化的现代城市；既有自然风光的静谧旖旎，又有市井人生的熙攘喧嚣，二者共同构成了澳门城市风貌的立体图卷。

澳门的气候深受季风和台风影响，年平均温度为22.3摄氏度，年平均降雨量2031.4毫米，冬季温暖，夏季炎热，雨量充沛，气候湿润。这种气候条件特别有利于自然林木的生长，因而造就了半岛上绿荫翳翳的一派亚热带风光，也为建筑地方形制和风格的形成提供了成因和条件。

第一节 沧桑的历程——历史城区的形成

从远古到当代的历史变迁铸就了澳门的沧桑，远在新石器时代，中国的先民就生活繁衍在这块土地上。据考古发现，距今六千年前，这一地区已有人类采贝、捕鱼的痕迹。考古学家在竹湾、黑沙北部、黑沙南部、路环村、九澳村、黑沙海滩等地，先后发现了人类早期制作的陶片、手环、石斧、玉器及玉髓刮削器和玉器作坊遗址，经鉴定是大约四五千年以前新石器时代的工具和器物，通过与散布在珠江三角洲口的人类遗址比较，可知它们同属一个文明体系。历史进入古代史以后，澳门一地亦见诸文献记载，自秦朝开始，澳门已纳入中国的版图和主权管辖范围。历代王朝都对澳门进行过有效的行政管理，秦时澳门隶属南海郡番禺县，唐朝时属东莞县，两宋时属香山县，位于沙梨头的土地庙相传即始建于南宋末年。与各朝代的历史文献相印证，考古学家也发现了各个时期的文物遗迹，如秦汉前的陶器残片、汉朝五铢钱和宋元时代的青釉陶瓷碎片等，这些发现验证了秦汉以来，澳门一带已是南中国人择址聚居的地区。

在元末明初之际，澳门一带渐次形成了望厦、沙梨头、龙田、龙环、妈阁等村落，村民大多来自福建、广东、浙江等沿海地区，多以捕鱼割蚝为生。据史书记载，澳门在明代曾名蚝镜澳、香山澳。蚝镜一说源自澳门南湾的景色，当年的南湾规圆如镜，每当风平浪静之夜，月光洒落在海面，犹如银镜一般；又因澳门盛产牡蛎（广东话称为“蚝”），其壳的内壁平滑如镜，人称蚝镜，并以之称谓盛产牡蛎的澳门。后来人们认为“蚝”字不雅，便改“蚝”为“濠”。明成化年间，迁居澳门的福建广东渔民在妈阁山麓集资建造了妈阁庙，成为近代澳门住民聚居生活的标志和精神依托的象征。澳门一词作为地名，源自明清时期民间对澳门自然地貌特征的独特描述，当时人们曾将澳门南北两山称为南台、北台，两山相向如门阙，遂称此地为澳门。澳门近代城市文化的缘起和其后的荣衰与其独特的地理位置和环境有着密切的关系。

（一）16 世纪的澳门风云

在葡萄牙人入据澳门以前，这里实际上已是中国对外贸易的一个港口，东南亚、琉球群岛等地区的居民在每年的季风期间乘船抵澳，朝贡之余顺便进行贸易，明正德年间便有阿拉伯商人在此进行商贸活动。然而直到 16 世纪中叶葡萄牙人来澳的一刻，澳门才真正题写了近代历史的片头，自此原本只是渔民聚居的村落渐渐演变成了一个风姿楚楚的海岛城市。

早在 16 世纪初，葡萄牙已觊觎澳门一带的岛屿，在占领了马来半岛的马六甲后，旋即东来，至中国东南沿海一带寻求通商贸易。1513 年至 1535 年（明正德八年至明嘉靖十四年），葡萄牙人曾到达伶仃洋附近，并擅入香港地区的屯门、葵涌一带水域，继而谋得在澳门码头停靠船舶、进行贸易的权利。1553 年（明嘉靖三十二年），葡萄牙人趁着明朝沿海海禁松弛之际，以“晾晒水浸货物”为由上岸居住。登陆的葡萄牙人在妈阁庙前向当地住民询问此地地名，被告知为“妈阁”，遂将闽语“妈阁”一音当作了地名，澳门的葡文名、英文名 Macao 由此而来。

自葡萄牙人入据澳门以来，葡人在澳门的历史经历了入据、盘踞和强据三部曲，葡人对澳门的态度也随之发生多次变化，进而影响到澳门城市的阶段性定位与建设规模。最早，葡人是将澳门作为居留地，进行远海商贸的中继站，继而将澳门变为葡萄牙的租界，使澳门成为在中国政府的管辖下享受较大自由的自治城市。

1580 年葡萄牙沦为西班牙的附庸，居澳葡人决定根据葡萄牙城市自治制度，通过市民选举组成权力机构议事局，使其在澳的居留地成为具有更大自治权的城市，以此保持对西班牙政府的相对独立性。1623 年，葡国政府任命了澳门首任总督，并赋予他大于议事局的权力，自此构成了由总督、议事长、王家法官三权并立的澳门自治体制，“自治”机构的最高行政长官“总督”由葡萄牙政府委派。

在葡萄牙紧锣密鼓地建立澳门政体的时候，中国政府也未放弃对“澳夷”活动进行干预和控制，以期对澳门实施间接的监督和管理。当时的明政府曾以联系蚝镜与大陆的莲花茎（今日的关闸马路）为咽喉，建起一座中国城楼式的关闸（1874 年被葡人拆除而改建为西洋凯旋门式的关闸），并设官兵把守，掌控澳门半岛的食品物资供应和人员往来出入；同时在蚝镜继续设置守澳官，于城内设立提调、备倭、巡缉等官衙以及议事亭。此外又仿照唐宋两代管理外国侨民的“番坊”制度，任命葡人担任“督理蚝镜澳事务西洋理事官”，协同管理澳门事务。清朝于1731年在澳门设立香山县丞衙门，作为当地政府的派出机构。到1744年，清政府又在这里增设“澳门海防军民同知”的官职，负责澳门各项事务。从1744年到1911年，清政府先后委派了64任澳门海防军民同知。

1840年，第一次鸦片战争爆发，葡萄牙趁机扩大其在澳门占有的地盘，五年后葡萄牙女王宣布澳门为自由港，允许所有外国商船来澳门贸易。此时期葡澳当局突破了此前澳门城的界限，侵占界墙以北、关闸以南的沙岗、新桥、沙梨头、龙环、龙田、塔石、望夏等村落以及氹仔、路环、青洲诸岛，并迫使清政府签订《中葡会议草约》和《北京条约》，在条约中塞进了“永驻管理澳门”等不平等条文，使澳门成为葡萄牙在东方的一个“海外省”。澳门城市建设亦随之侵染了浓厚的殖民化的色彩，直至1957年，葡萄牙仍将澳门列入其八个“海外省”之一，归殖民部管辖，并通过政府颁布法令，将澳门的赌博业合法化，使澳门成为“东方的蒙地卡罗”。1974年，葡萄牙发生“4·25”革命，新政府宣布废除此前的殖民政策，视澳门为中国固有领土，并实行政治和行政上的改革，澳门享有内部自治权。这种新的政策变化，以及1999年澳门回归中国的政治背景，对近三十年澳门城市变革和现代建筑的风貌产生了重要的影响。

自葡人入据澳门的那一刻起，葡人便以澳门半岛为基地进行商贸活动。商贸船队往返于葡萄牙里斯本、印度果阿、马来西亚的马六甲和日本长崎、菲律宾马尼拉之间，并且远航到太平洋东海岸的墨西哥、秘鲁和智利，不断发展同中国大陆、日本、印度、菲律宾以及欧洲和美洲国家之间的贸易。在16世纪中叶以后的一百多年中，澳门的对外贸易迅速发展，澳门海港成为明朝对外贸易港口广州的外港，也是西欧国家在西太平洋地区进行国际贸易活动的中转港口和远东的第一商港，西方商人以它为首选的停泊场所，使得澳门繁盛一时。

随着贸易的发达，澳门也逐步成为一个繁荣的商贸城市和东西方文化的交流中心。自16世纪始，澳门既是海上丝绸之路的出发港之一，同时也是远东最早的基督教传教基地。天主教于1576年在澳门建立了东方最早的教区，澳门成为天主教徒心目中的“东方梵蒂冈”，在中西方文化交流中起到了“窗口”和辐射作用。当时澳门的圣保禄教堂（即大三八）曾作为全欧传教士向东亚进发的中心据点，凡欲到中国、日本、越南、蒙古各地去传播基督教的牧师必须经过圣保禄学院的培训和授权，澳门在近代中西文化交流史上的地位可谓举足轻重。

（二）近代澳门城市的演变

澳门开阜之初，只是葡萄牙人的一个临时居留地，是沿海贸易的一个商业点，尚不具备一个城市的雏形。当时只有一些供交易、贮存和居住的临时建筑，大部分分布在海边和山坡上。这些早期的建筑不过是用木板稻草等简单材料搭建而成的，如今早已灰飞烟灭，踪迹难觅。

随着贸易的不断发展，巨大的商业利润使澳门逐渐发展成为重要的商港，财富的积累促使这个居留地上的葡萄牙商人开始谋求稳定的居所和与之相适应的生活环境及商业环境。他们不断从中国商人手里购进木材和砖瓦砂石等耐用的建筑材料，用来建造永久性的建筑物。随着一座座新建的房屋的不断出现，逐渐形成了澳门半岛上“高栋飞甍，栉比相望”的繁盛景象。最初的时候，还没有官方机构对土地进行管理，也没有土地的买卖，人们在岗阜麓坡、岸祉岩头，各自选择自己适宜的地点建造自己的住房，并逐渐形成自然的聚落，呈现出城市初创前的一种闲散自然的田园风情。

随葡萄牙人而来的不光是频繁而兴隆的海上贸易，还有与中土传统的佛教、道教迥异的西方天主教。大量天主教徒随商船而来，各个教派的传教士亦纷纷抵澳，不出数年，澳门半岛上已陆续耸立起了一座座洋式教堂，用以满足当时社区生活的宗教需要。这些教堂大多选择在地势高敞、视觉醒目的地方，在教堂前面和四周通常设置有举行宗教活动的广场，居民住房环绕教堂进行布局，并以广场为中心形成市民社交活动的场所。这种做法与葡萄牙人此前在印度和其他亚洲商站采用的做法相同，这一做法源自欧洲中世纪城市建设的传统，城市中心的形成谱写了澳门城市交响乐的前奏。

16 世纪中叶，居澳的葡萄牙人已近千人，此外尚有他们从非洲、东南亚等地掠买来的数千奴仆，与此同时，在澳居住的华人也已多达四千人。人口的增加使澳门的城市规模不断扩张，建筑规模也渐成气候。教堂是当时城市景观的核心，也是城市构图的中心。这些教堂大多建于山脊高处，可以监视海岸线。在早期未建造环城城墙和高地炮台之前，主要是靠这些位于高处的教堂兼备海防，为此教堂中常备有武器装备，它们同建于山顶的小城堡共同组成保卫城市、防卫海盗的前哨阵地。另一方面，这些教堂同时也起到勾勒城市轮廓的作用，成为城市景观的标志。自16世纪后半叶起，大三巴教堂、花王堂、板樟堂、风顺堂等一座座著名的西式教堂相继建造了起来，继而沿澳门半岛又建造起了大炮台、妈阁炮台、烧灰炉炮台等一系列军事防御工程。半岛南端西望洋山山顶的碉堡与炮台山的碉堡遥遥相对，构成了城市的一条纵轴，主要的教堂沿着这条连接山顶的轴线依次排开，在布局和视觉上控制了整个城市。正是这一时期陆续建造在山顶和主要山陵线的碉堡、教堂成了日后澳门城市空间发展的骨架，以这些教堂和炮台为核心形成了一个地理位置居中的葡居区，并由此构成了早期澳门城的雏形。

17世纪中叶，城市集中在龙嵩街和议事亭前地发展，葡人主要居住南湾沿岸及今新马路南端一带，并逐渐向妈阁村方向扩展。用于居住的房屋大多建在山谷和丘陵上，一般为两层，使用木梯上下连通，建筑的外墙颜色多为白色，门窗则漆成黄色、粉红色和蓝色。这些建筑在统一中富有个性的变化，色彩明快鲜亮，造型灵巧而欧风浓郁，只是在细节上由中国工匠做了一些变通。包括教堂、炮台等在内的公共建筑点缀在居住区外，成散点布局，与居住区形成疏密有致的互补格局。经过一百多年的稳定发展，17世纪中期的澳门逐渐构筑成为一个初具规模的中世纪城市。城市的位置处于澳门半岛的南部，大体范围起于现在的东部的南湾大马路到西部内港之间，北部的城墙从大炮台延伸到东望洋山，覆盖了葡萄牙人居住的整个区域。城墙内是欧洲人的基督教世界，有西式的教堂、广场、公共建筑、商店、住宅，市内主要的社区中心由广场构成，教堂、市政建筑围绕广场而筑，弯曲的道路连接重要的城市节点，并与致密的住宅商店和巷道交织成有机的城市纹理。

公共建筑集中布置在城市中心地带，其中较突出的有仁慈堂、市政厅、白马行医院等。这些建筑的共同特点是都有自己的庭院，建筑高度或为一层，或为两层至三层，墙壁选用厚实的砖石砌成，屋顶是人字形两坡顶，正面舒展而开阔。澳门半岛东南面的南湾和外港的水岸林荫大道是葡萄牙临海城市的翻版，总督府与富商们的殖民式住宅沿海而建。这些建筑在风格上仿照西方样式，特别是吸收葡萄牙的建筑传统，同时也吸收葡人在印度和马六甲的经验，带有较为浓重的殖民色彩。房屋的下层一般布置为贮藏室和仆人用房，上层设计为居住和起居空间，凸出的窗户用简单的铁栏围起，建筑正立面中央上端出三角楣，强调入口的重要。进入建筑先要经过一个前厅，厅内有宽阔的楼梯通往主层。如今在三巴仔街与风顺堂街还有一些那个时期留存下来的房屋，能清楚地看到这种功能布局。

城内早期的中国居民主要居住在西北岸火船头路、草堆街以西至白鸽巢一带，以后逐渐向西渗透，并逐渐沿着内港扩展。华人社区人口稠密，建筑拥挤，店铺和住宅常常结为一体，分布在狭窄的街道上。当时营地街和现在的清平戏院一带构成了中国社区的中心，那里无论是整个街区还是每条或宽或窄的街道都是井然有序的，街上的建筑多为长方形、两层高的房屋。建筑采用承重墙结构，悬挑于外墙上那些精致的木质屋檐和屋顶的青瓦是中式房屋显著的标志，此外镶嵌有半透明云母和华丽窗棂的木质窗户也是其独有的特色。

18 世纪澳门城内的主要变化是居住区的扩大，南湾一带兴建了大量的西洋式楼房，并拓宽了海湾大道。在建筑风格上引进了当时欧美流行的新建筑样式，尤其是民用建筑的新样式。最明显的例子是在南湾兴建的一系列楼宇，有公司办事处、贵族豪宅和政府官邸。这些新的建筑通常在楼宇正面的二层设置向外展开的挑台，形成宏伟的外观，装饰相对简洁。有些建筑吸收了巴洛克的构图手法，例如圣约瑟修院教堂，建在宽阔石阶之上，其前立面凹凸有致，加在两座塔楼之间，中心顶端设计了一个富有凸凹变化的三角楣，雄伟的穹窿圆顶矗立在教堂的十字厅的结构之上，整个造型表现出一种动感，具有浓厚的巴洛克风格。在这一时期，由于当时华人居民不断增加，在内港地区尤其是小市场和葡人城市的交界地区，即今日的营地大街、打揽围、木桥街、烂鬼楼巷之间，兴建了一大批传统中式居住建筑。与此同时也新建了一些小型的庙宇，如莲峰庙、莲溪庙、水月宫和关帝庙等。

19 世纪初，城市结构逐渐改变，通过填海造地创造了新的空间，一大批现代风格的新建筑应运而生。传统与创新的奇妙结合成为这一时期建筑艺术的特征。在今天的海边新街区和路环岛的十月初五街，首次采用几何图式对城市建设进行了完整规划，同时顺应城市建设新的潮流，开辟了城市公园，改善城市生态环境，塑造绿色城市景观。这些颇具开创性的举措成为19世纪下半叶澳门大规模建立公园和绿化地的开端。

1842年鸦片战争后，中英签订《南京条约》，香港为英国所占领，中国被迫开放广州、福州、厦门、宁波、上海五口通商，澳门逐渐失去其中西方贸易桥梁的地位，经济开始衰退，但鸦片、苦力贸易以及葡萄牙人在澳门政治地位的强固，仍支撑着澳门的城市建设持续发展。作为19世纪末20世纪初世界历史向现代的过渡阶段，这一时期涌现了大量的新古典主义和折中主义的建筑。在世纪交替之际，原有的古典建筑形式再现了回光返照式的辉煌，而世界现代建筑运动影响下的澳门现代建筑也初露曙光。这一时期的建筑风格呈现欧、华两大体系，但都有着一定的折中色彩，映射出历经了三百年交流与接触后的澳门文化特点。

葡萄牙人将澳门打扮成欧洲古典建筑的博物馆，尤为推崇晕染了葡萄牙本土明丽色彩的殖民式建筑。建于1863年的岗顶剧院，是葡萄牙风格和罗马柱式结合的新古典主义作品，金字顶、绿色外墙、白色的双柱券和线脚，高贵而典雅。始建于1672年、重修于1835年的西望洋圣堂为简化的西班牙风格，平面采用不对称布置，主体两层，金子字顶，立面简洁明丽。澳督府建于1846年，平面为山字形，高两层，墙基用粗犷的麻石砌筑，刚劲有力。在主体左右两翼伸出的露台舒展而轻盈，粉红色墙面和白色的细部装饰赋予了建筑一种高雅而温馨的格调。峰景酒店建于1870年，体现了新古典主义建筑风格的全部特点：拱廊、圆柱、栏杆、拱门、花边和三角形窗楣等等，手法纯熟而洗练。建筑物高三层，连续的圆拱券和双心券形成了其典型的殖民地券廊式特征，配上葡式建筑惯用的黄色墙面，白色线脚，透出强烈的殖民式建筑气息。

19世纪是古典复兴风格最流行的时期，新古典主义超越欧洲的边界，成为欧亚地区的一种国际风格，在印度的孟买、加尔各答，越南的河内、西贡，中国的香港、澳门以及其他与外国接触较多的中国港口城市都出现了非常相像的西方新古典主义风格的建筑。在这一时期，不唯单体建筑的造型力求追随古典主义风格，城市街区的布局规划也着意展示古典主义的理性精神。在澳门填海区建立的街区一反半岛固有的自然纹理，被设计为规则的直角形，临街楼宇的底层设计为直角的拱廊，二楼为弧形的拱廊，清晰地显示出一种秩序感。这种规划方式不仅限于新街区，而且也用于城市中心区的休闲场所，比如贾梅士公园、得胜花园及南湾的林荫道。这一时期还出现了一批欧式豪宅，为略嫌平淡的居住建筑增加了些许柔媚。这些豪宅多有花园围绕，但与城市环境又能融为一体，从 20 世纪初到今天，这股时髦的潮流还一直在延续着。与广州、上海和香港的许多同一风格的住宅相似，这些住宅兼具欧洲和中国文化的双重品格，开始是用传统材料建造西式砖石结构的墙壁和柱子，中国式的屋顶、百叶窗、贝雕窗楣等，后来采用了混凝土结构和铁制的阳台，古典形式演化为一种建筑外在的装饰，在繁复的线脚和精细的雕饰下掩藏着结构与形式的矛盾。在这一时期，出现了一大批公共建筑，较为著名的有伯多禄五世剧院（岗顶剧院）、仁伯爵医院、陆军俱乐部、水警兵营、卫生司办公楼、警察厅等。建筑的表现形式的选择基于多种不同的风格，从古典主义到装饰复兴主义，还有新中式风格、艺术装饰和各种异国情调。

总的来说，19 世纪后期和 20 世纪早期，澳门的建筑受西方近代建筑思潮的影响十分显著，带有明显的新古典主义特征。欧洲新古典主义、耶稣会建筑、殖民式建筑以及中国地方建筑的影响使澳门的建筑具有强烈的混合特质，其中殖民式风格占据着主导地位。

第二节　斑斓的濠镜——中西文化的交融

20世纪末全球范围的城市化运动，导致了当今世界各地的城市由独特性向相似性的明显转化。全世界的不同地域、不同文化背景、不同气候条件的城市都有着似曾相识的城市空间，如高层住宅、购物中心和立交桥等等，以独特性为标志的城市特征逐渐在消失。然而，一个城市个性的消失，必将使以往凝聚起来的城市文化与市民之间的关系随之淡化，城市将退化为没有人情味的居住地，既不适合安家也不适合工作，这种现象已经引起人们的担心和忧虑。人们开始认识到，人类不但需要一个理想的物质家园，同时也在追求获得一个具有归宿感的精神家园。

延续一个城市的文脉需要对城市特征的不断维系，而这种维系必然要以旧有环境的延续为基础，市民和他们所居住的城市空间在长期的交互做用中已然形成了一种密不可分的关系，只有充分重视到这种关系才能对城市空间做出全面而正确的解释。人们藉以生活和活动的城市空间，诸如广场、公园、街道以及它们的连接方式，构成了一个框架，赋予城市以稳定的特征。这种稳定性给予了市民以归宿感和认同感，人们在这个环境里工作和生活，并体验着他们所见证的城市特征。在某些人看来不过是年久失修的厂房，而在另一些人的眼里却可能唤起一连串工作或家庭生活的美好记忆。无论是个人记忆，还是集体或社会的记忆，都是和家庭、邻里、同事和小区的历史相互联系的，而城市景观则是贮存这些社会记忆的库房，诸如山阜、海湾等自然景观的特征，以及街道、广场、教堂、寺庙、居住区的模式，构成了许多人的生活框架。城市的景物使许许多多居住在同一城市里的人产生共同的记忆，并使城市的话语在代际间得以传递。正是这些城市环境中的人际交流，这些发生在建筑背景下的故事和历史赋予了城市环境以社会意义。丧失了这些环境，相关的城市记忆和由此蕴藏的魅力也将随之而去。

现代社会发展所带来的城市的巨大变迁，往往伴随着城市历史与精神的缺失。这种缺失使人们在兴奋和迷茫之后，尤为珍视和向往那些种城市文脉尚存的城市，因为它们使你能触摸到历史的律动和我们人类自己来去的步履。这种文化的沉淀赋予了城市以历史感和超越时空的审美体验，澳门便是这样一个保存着绵绵城市记忆的城市。

（一）品味澳门城市空间

在近代西方殖民主义扩张时期，葡萄牙在境外建立了许多殖民地城市。这些城市一般都是建造在沿海地区，布局自由而灵活，景观丰富而多变，有着各自独特的都市景象和生命力。在这些历史古城中，人们能深深感受到中世纪及文艺复兴文化所遗留下来的影响，包括小广场、街巷等典型的都市公共空间，以及有机式的都市纹理和“景观城市设计”的意蕴。驻足于尺度合宜、开阖有序的澳门广场上，或穿梭在高低起伏、曲折蜿蜒的半岛街巷中，人们如同跨进一条起伏跌宕的时间隧道。这条隧道由中世纪、19 世纪和当代的城市景观嵌合拼贴而成，时间隧道的节点标记下了历史的沧桑轨迹。

早期澳门城市的布局是遵循传统的葡萄牙海滨城市的规划原则，与此前的印度果阿、马来西亚的马六甲小城十分相像。这些新兴城市有着一些共同的特点，首先是选择岛屿或者半岛，宜于作为海上贸易的商港和为海战提供支持的堡垒，并与葡萄牙王国所属的其他海滨城市保持战略联系。食物、饮水补给，以及保证在冬季和季风时期维修船只、补给燃料和提供保护是这类城市的最基本的功能。城址的选择要考虑易守难攻，以山地丘陵为佳，因而在城市布局中一定要控制山顶等制高点，因为高地是最安全的地方，受到攻击的时候可以依靠少量兵力进行有效防守，并且利于建造壮观的宗教建筑，便于塑造城市的形象。中世纪西方城市的中心是教堂和由此形成的城市广场，宗教活动构成了城市社会活动的核心和市民精神生活的依托。对澳门城市形象性建筑和标志性建筑的调查表明，澳门许多艺术遗产都与教堂文化密不可分。澳门的旧城区正是这种基督教城市和社会的一个精美的复制，被西方基督教社会称为中国的上帝之城。

直到上 20 世纪 70 年代，整个澳门市区的总体风格并没有多大的改变，即仍是由古典欧式风格统领着。城内汇聚了市政、军事和宗教建筑，不规则路网结构具有南欧国家的典型特征，重要的建筑前面辟有称为前地的小广场、公众庭院。城市的主干道垂直相交并通往海湾和内港，其间穿插以狭窄的横街斜巷。城市布局灵活，道路网随地形不规则地布置，自由伸展，这种城市的结构理念源于遵循自然生活的原形。

澳门的城市用地由于受到三面环海和丘陵地形的影响，特别是在老城地段，如半岛南部的风顺堂区和三盏灯一带，由于顺应地势和海岸线，从而形成了环状的街道和放射状的街道布局。这种交通道路网络结构反映了澳门城市中西结合的特征，并构成了澳门山水城市的特色景观，是澳门城市景观的风致所在。除却源自这种由自然地貌形成的城市自然机理之外，今日的澳门城市景观很大一部分还来自大规模的人工填海造地。由于澳门地势狭小，又多为丘陵山地，可供城市建设的平坦用地有限，故填海造地成为拓展城市空间的必然选择。19 世纪中叶起，澳门即开始实施填海造地计划，通过连续不断的填海造地活动，澳门半岛由最初不到 3 平方公里增加到 7.8 平方公里，氹仔与路环岛由原来不足 3 平方公里增加到 13.8 平方公里，全地区总面积增加到 23.8 平方公里。伴随着具有理性风格的方格网式的街廓、住宅、公园、绿地、轴线的出现，澳门已不再是一个由中世纪有机纹理编织的小城了，填海造地和旧城改造展示了新纪元的来临。今日人们所见的澳门，既是一个因借自然而与环境和谐共生的城市，同时又是一个通过填海造地而充分人工化的现代城市，两者共同构成了澳门城市风貌的景观基础。

在今日遗存的澳门景观环境中，有一条依附于自然地形起伏变化的城市景观轴线，控制着整个半岛地区的景观之魂。澳门的重要建筑大多贯穿于这条轴线之中，形成澳门城市的节奏和韵律。这条轴线起自妈阁山，终于大炮台，与半岛南部走向相呼应，构成一条起伏跌宕的轮廓线。这条景观轴线也是澳门的历史之轴，这里展示有天主教在澳门乃至在中国发展的历史，也记录有葡萄牙人在澳门生活的历史缩影。路线的开端是妈阁庙广场，葡萄牙人从这里迈出登陆澳门的第一步，掀开了澳门中西文化碰撞的历史画卷的第一页；分布在这条轴线上有四座天主教堂，它们分别为圣老楞佐教堂（风顺堂）、圣约瑟圣堂、圣奥斯定教堂、圣母玫瑰教堂（板樟堂），另有两座天主教神学院，分别为圣保禄学院和圣约瑟修院。在这四座教堂中，圣老楞佐教堂及圣母玫瑰教堂都是澳门最早建立的教堂；两座神学院则更以培养了众多著名的耶稣会传教士而闻名中外。特别是圣保禄学院，作为远东的第一所西式大学，它使澳门成为天主教在远东传播的基地。此外还有代表宗教最高权力的主教座堂（大堂）。在这条由时间铺砌的道路上，还包括了亚婆井前地、岗顶前地、议事亭前地，这三个前地（广场）是葡人聚居、娱乐、议政的主要场所。在这些地方，人们至今仍能感受到洋溢着葡式风情的优雅与闲在。三角形的市政广场（议事亭前地）是澳门最热闹的市民活动的地点，市场、旅游局、图书馆、邮政局等公共设施围绕，一幢幢具有南欧特色的建筑，让你有一种置身异国的感慨。由市政广场、板樟堂广场和营地街市形成的空间组合最富有特色，象征着西方文明中的政治、商业、宗教的三位一体，该地段构成了整个城市的心脏和灵魂，展示了南欧中世纪城市中心的空间特征。这个综合性的城市空间以市政广场为枢纽，一路延伸到玫瑰堂门口的小广场，再由玫瑰堂继续往北伸展，经过狭窄弯曲的石板道和两旁繁忙的商店，最后到达空间序列的高潮，即三巴大牌坊以及在它旁边的大炮台。今天了解澳门的人都知道大三巴牌坊，它作为东西方文化交汇的印证和建筑艺术交融的结晶，已成为今日澳门的象征。在这段浓缩了澳门历史的路程上，除上面已提到的建筑外，还涵括了澳门其他一些经典的历史建筑，包括港务局大楼、伯多禄五世剧院（岗顶剧院）、何东图书馆、邮政局大厦、仁慈堂大楼、大三巴旁哪吒庙、古城墙遗址、澳门博物馆等。这段路线上所展示的戏剧化的空间变化，凝聚了澳门城市经验的精华。

这条路线的空间也同时覆盖到两侧及周围的地段，继而辐射和晕染了整个半岛的空间氛围。绕过大炮台山头往西北行，就到了圣安多尼教堂和白鸽巢——贾梅士花园，这是澳门的基督教旧坟场，中世纪旧城的边界。由炮台山东侧顺旧城墙而下，即至荷兰园大马路，马路两侧是19世纪末发展起来的葡人新小区、花园、球场、坟场，布局井然有序，与旧区的中世纪纹理已有所不同。位于旧城中心东北方向的望德堂区一带，是当年葡萄牙人居住地区“基督城”的外围，因为这里是华人天主教徒最早聚居的地方，又称进教围。这里有着许多澳门的“第一”：澳门第一个西式医院白马行医院，澳门第一座华人教堂圣母望德堂，澳门第一片城市规划地段望德堂区，澳门第一座江南风格的园林卢廉若公园等。白马行医院后已改为葡萄牙驻澳总领事馆，成为澳门历史变迁的重要见证。在白马行医院附近有一条和隆街，是以一位富有的中国天主教徒的名字命名的，他死后就葬在距此不远的西洋坟场内，是坟场有年份记载中最早的华人墓穴。位于“基督城”之外的望德堂，当年又称疯堂，因为附近曾有一所麻疯病人的收容所。如今望德堂、荷兰园大马路一带已成了市民的“购物一条街”，时过境迁，旧貌新颜，令人感慨万千。在西洋坟场的东北处即是卢廉若公园，鸟语花香，景致优美，号澳门一绝。

从妈阁庙到市政厅前地的这段山陵轴线，将南半岛分割成东西两半，早先西半部是面临内港的中国人街区，东半部是面临外港的葡萄牙人和富人社区。在葡萄牙人和华人富商的生活区内，多是面对海湾的低密度小住宅，辟有花园和小广场，与山坡上历史悠久的城市公用建筑组成了一道地中海山城的风景带。这条风景带北端的对景是望厦山，在望厦山南侧与原老城区相接的是21世纪初新规划的街区，现在在这些街区中还依稀可以寻觅到老聚落残存的痕迹。

（二）阐释澳门建筑文化

明清时期是中国古代城市文明与建筑文化发展的最后阶段，也是中西建筑文化冲突、融合的时代，标志着中国旧建筑体系的终结与新建筑文化的开始，这是贯穿中国近代建筑历程中复杂而丰富的文化现象。中国近代建筑所走过的历程，除了政治经济的变动对其施以重大影响之外，其他因素诸如社会意识、观念、时代思想和学术思潮的转变等等，也直接或间接地在建筑上打上烙印。尤其在澳门，中西文化的交融在城市空间、街区和单体建筑物上都有着充分的反映。今日在澳门遗留下来的众多历史建筑是中国境内现存最集中、保存最完整的西式建筑群，同时也是天主教和基督教在中国传播和渗透的见证，更是四百多年来中西文化互相交流、多元共存的历史例证。澳门不愧是中国近代历史建筑的博物馆，形式多样，异彩纷呈，既有中式的庙宇、大宅、商铺、园林，又有西式的教堂、大楼、剧院、炮台、墓园；既有中国民间信仰在特殊历史环境下的延续与变异，也有以葡萄牙为代表的西方建筑文化与中国建筑文化的碰撞与对话。澳门建筑所呈现的文化现象，既证明了中国传统文化永不衰败的生命力及其开放性与包容性，也揭示了中西两种异质文化同处共荣的可能性。

四百年来，随着葡萄牙人的定居和贸易活动的兴盛，世界各地的商人纷纷涌入澳门。这里除了中国人和葡萄牙人之外，还有来自西班牙、英国、意大利、日本、瑞典、印度、朝鲜、东南亚地区、甚至非洲地区的人，澳门成为名符其实的华洋杂处的国际城市。以葡萄牙为主的欧洲人，带着各自不同的思想文化、不同的职业技艺、不同的风俗习惯，在澳门建教堂、修马路、筑炮台以至辟墓园，营造了迥异于中国传统的城市景观及其城市生活。在中国近代暨西方文化传入之际，澳门可谓得风气之先，成为中国境内接触西方器物与文化最早、最多和最重要的地方，堪当中国出迎西方文化的桥头堡。随着葡萄牙人把西式建筑样式带到澳门，在澳门建造的欧式建筑无一不显示出与西方建筑传统的渊源关系。事实上，文艺复兴后的一些主要建筑形式、风格，诸如西方古典主义风格、巴洛克风格、新古典主义风格、折中主义风格、浪漫主义、葡萄牙殖民式、罗马风式、欧洲乡土风格、装饰艺术风格、伊斯兰建筑风格等等，融合亚洲其他不同建筑元素后在澳门产生了新的变体，形成了澳门独特的建筑风格。在四百多年的历史中，中国人与葡萄牙人合力营造的不同的生活社区除了展示澳门的中西式建筑艺术特色外，还展现了中葡两国人们不同宗教、文化以致生活习惯的交融与互相尊重。这种淳朴、包容的社区气氛是澳门最有价值、最具特色的地方。

中西文化的碰撞和融合在澳门建筑上表现为两个方面，一方面是一部分中西建筑在总体风格上保留着各自的原汁原味，和平相处，相互映衬。比如中国的庙宇保持了固有的特点，未受西方的影响，而用于政府各部门的建筑则总体上为西式风格，未受中国建筑的影响。这说明交融并没有妨碍两种风格在有所创新时仍然保持了各自相对的纯洁性。漫步在澳门的大街小巷，这种原汁原味的中西建筑随处可见，其中中式建筑古朴含蓄，给人以历史的厚重感；西式建筑则华丽典雅，色彩明快，予人以热情洋溢、风情万种的印象。从车水马龙的新马路拐到草堆街、火船头街，人们从繁华的洋城一下到了中国的古镇，如同穿过时光隧道，因为这些街市完美地保存着古色古香的中式建筑，如果没有隐约听到的汽车的喧嚣声，恍如隔世。置身于澳门的市政厅广场，你又仿佛来到了南欧的某座小城，四周是许多由拱形门窗、粗大方柱、厚实墙壁组成的欧式楼房，粉红、杏黄、水绿、乳白的明丽色彩夺人眼目。用葡萄牙运来的黄蓝色小石子铺就的波浪形图案的地面，在阳光下仿佛地中海波光潋滟的海面，踏在这似乎流动着的地面图案上，让人感到惬意而浪漫。更令人感叹的是，这些中西建筑虽然特色鲜明，却经岁月之手磨合得如此和谐，相互依偎地组合在一起，令小城的风采尤为别致。

中西传统建筑虽然风格迥异，但澳门的中西建筑却能共生共容，共同营造出都市空间的奇特景观。比如供奉中国海神的妈阁庙与西方海神的圣老楞左教堂遥相呼应；葡萄牙人生活区亚婆井旁坐落着中国近代著名思想家郑观应的中式大宅；岗顶广场上有葡人“大会堂”之称的岗顶剧院，也有华人富绅何东的传统旧居；与美丽的玫瑰堂相邻的是澳门华人最早的市集营地街；与巍峨的大三巴牌坊比肩而立的是小巧的哪吒庙。就整体风格而言，近代的澳门是一个由众多教堂、市镇中心、广场、公共建筑及中世纪都市纹理构成的欧式小城，展现了来自葡萄牙的欧陆风情。

虽然澳门建筑文化的特点是以东西方文化交汇并置为主，然而中西方建筑文化还是在保持各自的文化特色的同时，潜移默化、自然而然地发生了交融，这是澳门中西文化交流的一个重要方面。葡萄牙入据澳门后，与原澳门住民生活在同一个城市，在日常生活中互相交往，这本身即是一种文化交流，在交流中必然对对方文化产生影响，从而产生不同程度的文化交融现象。在城市发展的自然过程中，逐渐形成了澳门特有的以“杂交”为特点的风格，形成了一种新的折中主义建筑。这种新的风格既有东方意蕴又有西方情调，同时适合澳门特有的气候条件、建筑材料、施工方法。但这种文化之间的相互融合是缓慢而细微的，在交融过程中双方相互吸收对方的优点，形成各自风格的变异，这是澳门建筑在中西文化交融中呈现出的另一种现象。比如大三巴牌坊上的浮雕，既有西方天使的形象，也有中国的牡丹图案；中国早期资产阶级改良派人物郑观应的家宅，既是典型的中式宅院，又有着西洋的露天阳台，而且连围栏和檐角的雕刻也是西式的。即使是著名的澳督府，也同样糅合了欧洲与亚洲地区两种不同的建筑风格，在一些外表上呈现为欧洲风格的建筑，其空间构成仍然是典型的中式格局，所有房间都是围绕着一个中心院落对称布局，客厅、主人卧室和书房位于整个建筑的中心位置，家庭次要成员的房间则环绕在周边布置。澳门的绝大部分葡式建筑，除了要塞和很少的一些旧式教堂以外，都曾经受过澳门当地文化尤其是当地工匠手工制作的影响，故而在建筑细部和所附丽的装饰图案上体现了中国人的生活信念和澳门地方传统特色。总之，中西兼容，相互尊重，正是澳门历史建筑群的特色。

第三节　东方梵蒂冈——教堂与教会建筑

基督教传入中国，最早可上溯至隋唐时期。5-8世纪，基督教一个较小的教派聂斯脱利派经波斯传入中国，时称“景教”。845年会昌灭佛后，景教逐渐在中国内地绝迹。13世纪，随着成吉思汗西征和元朝的强盛，当时被称为“也里可温教”的基督教又一次传入中国，并在大都、泉州、扬州等地建立了新的教堂。16世纪天主教传入澳门，这已是西方基督教第三次传入中国。约在11世纪中叶，西方的基督教分裂为天主教和东正教两大教派。1540年天主教为扩张其宗教势力，由罗马教皇批准成立了名为“耶稣会”的传教团体。该会创办人之一方济各·沙勿略于明嘉靖三十一年（1552年）到达广东上川岛，成为耶稣会来华传教的先驱。在今澳门路环岛十月初五街东侧有圣方济各圣堂，是对这位先驱的纪念。然而为耶稣会在中国传教奠定基业的，应是意大利人利玛窦。利玛窦于1583年到达广州，1597年就任耶稣会在华首任会长。

澳门的城市组织形式最初得自于贸易，但随后的天主教渐渐成为社会和城区的凝聚力量。明末清初，大量天主教传教士随葡萄牙人定居澳门而来到中国，他们以澳门为传教基地，活跃于远东地区的传教工作，并开创了天主教对中国大规模传教的历史阶段。这些传教士来自不同的修会和国家，其中以耶稣会传教士对中西方文化交流的影响最大。为了达到“选派懂得中国语言文字的传教士进入中国传教”的目的，大部分的入华耶稣会传教士都在澳门圣保禄学院接受培训。圣保禄学院及以后的圣约瑟修院为天主教在中国和远东的传教事业培养了大量人才，如利玛窦、罗明坚、金尼阁、汤若望、南怀仁等等，同时也培养了大批中国籍的传教士，对中西文化的交流起到了特殊的作用。当时的澳门云集了许多学识渊博的耶稣会学者，他们带来了西方的宗教、文化、科学技术和人文艺术，把当时西方的数学、天文学与历法、地理学与地图学、物理学与工程物理学、医学、哲学、西洋音乐和绘画等传入了中国。这些传教士还经澳门把大量科技图书引进中国，并与中国人合作或者独自把一些科技书籍翻译成中文，如金尼阁于1620年带进了七千多部书，至今仍有五百多部存于北京图书馆。来中国和远东地区传教的教士和牧师当中很多都先在澳门逗留一段时间，学习汉语，了解中国的情况，熟习中国的礼仪。在传播基督教和西方文明的同时，这些传教士同时也将中国古典哲学思想、数学、中医和中药、文学和艺术传至西方世界。随着葡萄牙人入主澳门，传教士们把澳门作为进入中国内地传教的前哨站，陆续在澳门兴建起教堂和教会建筑，举行各种宗教活动和慈善活动，并为澳门创造了许多“第一”，如亚洲第一所西式大学，中国第一所西式医院，中国第一所西式印刷厂，中国境内第一份外文报纸等等。此外，传教士还把铸炮技术带到了澳门，设厂生产“佛朗机大炮”，除本地使用外，还多次卖给明朝政府。清朝政府则利用南怀仁等传教士引进的技术在北京自行铸炮。

在早期天主教耶稣会的传教活动中，传教士十分注意研究和吸收中华文化成果，在传教中实行了一些文化融合的措施。罗马圣安德烈修道院院长范里安于1577年受耶稣会总会之托，赴澳门、日本巡查传教情况，经过对澳门九个月的深入考察，他对中国文化予以很高的评价，并探明了以往传教失败的原因。他在报告中明确表示：“使基督渗透到中国的唯一可能的方法，就是采用与以往传教士在这些地区所推行的政策（欧洲至上主义）完全不同的内容。”后来他派他原来的学生利玛窦到澳门，利玛窦在实践中实行改革，穿中国的僧冠僧服，自称“西僧”，后来又改用传统的儒冠儒服，自称“西儒”，允许华人教徒祭孔、祭祖、敬佛，甚至将上帝改称天主，这些措施取得了良好的效果，影响甚为深远。

自1557年澳门加入果阿教区起，来澳门的传教士和神父不断增加。1558年在靠近港口附近的沙栏仔葡萄牙人定居点，耶稣会教士建立了第一座以圣安多尼命名的教区教堂，此后其他教派也来到澳门建造自己的教堂，一时间大大小小的教堂遍布澳门各处。1575年在澳门设立了主教辖区，次年建造了主教座堂，除管辖澳门地区外，一度管辖整个中国内陆和日本，直到各地设立主教辖区为止，“圣名之城”的澳门一度成为天主教在远东的传播中心。在澳门教堂中最重要的有四座天主教堂，即圣老楞佐教堂、圣约瑟圣堂、圣奥斯定教堂、圣母玫瑰教堂。在这四座教堂中，圣老楞佐教堂及圣母玫瑰教堂是澳门最早建立的教堂，每逢盛大的节日都要在玫瑰堂举行庆典，已成为澳门宗教活动的一项重要内容；圣老楞佐堂始建于16世纪中叶，供奉葡萄牙人航海的风顺之神。此外澳门主教堂是澳门天主教会的最高管理机构所在地，也是葡萄牙人和部分华人做弥撒的教堂；望德堂是1576年澳门教区成立后建立的第一座主教堂，同时也是澳门华人的第一座教堂；另外像圣方济各堂、圣马礼逊公会教堂等也都很有名。在澳门还有两座著名天主教神学院，即圣保禄学院、圣约瑟修院，这两座神学院培养了许多著名的耶稣会传教士，对天主教以至近代西方文明在中国的传播起到了重要的作用。

与中国传统庙宇的选址不同，澳门的西式教堂多选在山顶或高地上，如西望洋圣母堂建在西望洋山顶上，圣母雪地殿建在东望洋山顶的东望洋灯塔旁，圣奥斯定堂建在岗顶，圣保禄教堂、圣约瑟修院教堂、大堂、圣老楞佐堂等也都建在高地上。这些体量高大、装饰精美的教堂建筑连同与之相关连的附属建筑和广场构成了澳门景观环境的浓墨重笔。

（一）圣保禄教堂与大三巴牌坊

圣保禄教堂又名圣母升天教堂，始建于1580年（明万历八年），1595年和1601年先后两次失火而遭焚毁。1602年进行了第三次重建，设计师是一位意大利籍耶稣会士，1637年（明崇祯十年）其主立面才竣工，建成后的圣保禄教堂是当时远东最大的一座天主教堂。不幸的是1835年（清道光十五年）1月29日的一场大火再一次烧毁了教堂，只留下了教堂正面的前壁和教堂前面的大台阶，该前壁即闻名的大三巴牌坊。今天，至今仍

图1　大三巴牌坊

巍峨矗立，成为澳门八景之一，也是澳门的象征。“三巴”为葡文“圣保禄”的译音，因其主立面形似中国传统的牌坊，故名“大三巴牌坊”。

该教堂原为圣保禄学院的附属教堂。圣保禄学院为当时远东第一所具有西方大学规模的学校，学院前身为圣保禄公学，创办于1565年，于1609年升格为大学规格。其课程设置既借鉴葡萄牙大学的规章制度，又适应在澳门及中国内地传教的需要，实质是培养传教士的“神修课程”，学制及考试制度均仿照欧洲大学。学院培养出了不少著名的传教士，明清时期，意大利传教士利马窦、德国教士汤若望、中国画家吴历等人都曾经来到这里修道研经。

据文献记载和遗址考证，大三巴教堂平面为拉丁十字式，并有一个凸出的十字形耳堂和三个用木柱分开的侧廊。教堂的屋顶是木质的，上面覆盖着瓦片。前壁用本地花岗石砌筑，其他的墙体由夯土墙和一些大理石饰物构成。殿内装潢得异常精美，并收藏了许多艺术精品，衬托出教堂的庄严和肃穆。从教堂所处的位置，它对地形和方位的处理和把握，它与周围建筑物的相互关系来看，这座教堂完全融入了城市的区域环境和整体风格中。遗憾的是教堂左右的一些建筑物已经被摧毁，人们已很难体验整个教堂原有的景观效果和完美格局。

由保留下来的前壁不难看出，该教堂建筑是较为典型的巴洛克风格，并糅杂了一些16世纪后半叶佛罗伦萨和热那亚教堂装饰艺术的手法，然而它的细部和韵味仍然被打上了中国烙印，一些装饰或雕刻具有明显的东方色彩，如中文或象征日本传统的菊花圆形图案等。牌坊宽23米，高25.5米，上下可分为五层，自第三层起往上逐步收分，至顶部则是底边宽8.5米的三角形山花。整个墙壁构图丰富，比例匀称，是中西合壁的成功范例。

牌坊第一层设计有三个门洞，有十棵爱奥尼柱式支撑及装饰墙面，正中大门两侧各三棵，侧门两边各两棵。第二层大体是第一层的延续，但三个窗口两侧排列的是十棵科林斯柱式，每个窗楣上均有七朵玫瑰花浮雕装饰，中间窗口两侧的柱间以棕榈树点缀，两侧窗洞柱间对称设有壁龛，供奉四位天主教圣人。第三层变化较大，墙体由两侧向中央显著收分，在墙壁的中央设有一深凹的拱形壁龛，供奉圣母像，其两侧又各有三位天使浮雕。该层中央的六棵柱式选用了混合式壁柱，两侧则以方尖柱代替壁柱，延续了下面两层柱体的逻辑关系。各柱子之间均以浅浮雕装饰，左边是智能之树及一条七翼龙，其上为圣母像；右边对称位置上雕刻的是精神之泉及一艘西式帆船，其上装饰有海星圣母。在柱式的外缘是呈弧形的扶壁，右边是一骷髅及中文“念死者无为罪”；左边则是一魔鬼浮雕，中文写着“鬼是诱人为恶”。此层最外侧两块石壁是由两条带有圆顶的方尖柱，在墙侧还雕刻有中国式的狮子，造型做张口状，为滴水之用。第四层是耶稣圣龛，两侧有耶稣受难的刑具浮雕，左右是四棵混合式壁柱，柱间以天使浅浮雕点缀，柱子两边有弧形山墙。第五层是三角形山花，中间有一铜鸽子，顶部设有十字架。牌坊上的雕刻内容十分丰富，包括宗教仪式、中国寓言和神话中的怪物等等，这些图案和人物塑像所要表达的主要为《圣经》中的宗教内容。

在牌坊后面现建有圣母升天教堂遗址博物馆及天主教艺术博物馆，记录了天主教在澳门传播的历史，展示了教堂当年的辉煌。大三巴牌坊前后的台地和广场，是今日澳门人活动的重要场所，澳门的许多重大活动、节日庆典、民间联欢等都在这里举行。1999 年 9 月 9 日 9 时 9 分，1999 只和平鸽就在这里放飞，庆祝澳门回归祖国。

（二）圣老楞佐堂

圣老楞佐堂又名风顺堂、风信堂、海神庙，位于澳门风顺堂街，与圣奥斯定教堂和圣约瑟修院同处于岗顶小山上，坐北朝南，前面是南湾宫（今澳督府），其建造年代为 1558 年至 1560 年（明嘉靖三十七年至三十九年），是澳门三大古老教堂之一。圣老楞佐堂在 1618 年和 1792 年分别进行过重建，19 世纪又进行过三次重建，20 世纪也曾进行过多次维修。因堂内主祀的圣老楞佐是天主教中的海神，所以圣老楞佐堂又称海神庙。初建时设有风信旗杆，故华人称之为“风信堂”，又以谐音称为“风顺堂”，含有祈求“风调雨顺”的意思，是葡萄牙人的航海保护神。

教堂建在一个高大的花岗岩平台上，正面两边以双合式台阶连接外面街道。教堂主立面分为三部分，两侧耸立方形塔楼，塔高 21 米，右边装置大时钟，左边设有大铜钟，中间部分高 16.5 米，低于塔楼，下层为主入口，上层为唱诗台的大窗，再往上则是三角形山花，山花上以椭圆形的徽号收结。教堂的建筑风格属新古典主义，教堂主体平面为拉丁十字形，其

图 2　圣老楞佐堂

短轴两边为小礼拜堂，长轴主要由祭坛区及主堂组成，祭坛区及小礼拜堂的屋顶为混凝土穹隆顶。主堂长 27 米，宽 15 米，中间并无立柱，跨度之大为同时期教堂所少见。主堂之上为人字形坡屋顶结构，直接承托于墙体。屋脊高 21 米，檐口高 17 米，瓦屋顶之下有木制拱形假天花，假天花板漆成蓝色，示意天庭高远。为避免天花板因面积较大而易产生单调感，特将天花板作了镂空花线的划分处理，同时具有透气作用。在主堂两侧的墙壁上有稍稍突出的科林斯式壁柱，壁柱间开有彩色玻璃窗，上面镶嵌着宗教故事画，既增加宗教神秘气氛，又可调节室外阳光的照射。在各窗洞上面，位于墙顶处，相应地开有圆形玫瑰窗，既可采光又可透风。教堂的唱诗台设在入口上方，为木质结构，其屋顶为石构，较主堂屋顶为低。教堂内部的装饰宏伟优雅，散发着浓厚的宗教气氛和华丽细腻的情调。

（三）圣约瑟修院及圣约瑟圣堂

与圣保禄教堂一样，圣约瑟教堂和圣约瑟修院都是罗马教廷为在东方发展和传播天主教而建立的。其教堂因建于圣保禄教堂（即“大三巴”）之后，规模又仅次于前者，所以民间又称其为“三巴仔”。其修院位于圣老楞佐堂的东北面，大门开在三巴仔街上，面朝东南方。圣约瑟修院由耶稣会士于1728年（清雍正六年）始建，1758年（清乾隆廿三年）落成，历经三十年。该修院与圣保禄学院一样是培训进入中国传教修士的耶稣会修院，自创办以来，培训了数百名天主教的神职人员，被称为远东传教士的摇篮。

修院的主体建筑为修院大楼，大楼最初为两层建筑，经加建成为今天所见的三层规模。大楼主要以青砖为材料，宽厚的墙身建在花岗石基础上。修道院内各层房间一般由既长且宽的走廊贯通，其中一条南北向走廊宽3.8米，长达80米。室内与走廊垂直方向极少设置固定隔墙，以便灵活分隔。除地面层铺设麻石或大阶砖外，其余各层均铺柚木地板，并设有木天花。大楼的屋顶为中式瓦顶，杉木屋架直接架在墙体上。整个大楼装饰线条不多，手法简洁明快。

图3　圣约瑟教堂盘旋柱

与修道院大楼建筑的纯朴简洁相反，圣约瑟教堂是以华丽夸张的巴洛克风格著称。教堂共设有三个正面入口，两侧的入口设有祭坛，中间的入口直达主堂。主堂平面为拉丁十字形，长轴长 27 米，短轴长 16 米，长轴两端分别为入口前厅和主祭坛。祭坛供放圣约瑟像，内部的设计为巴洛克风格，装饰甚多，其中两组四棵腰缠金叶的旋柱最具特色，柱头则以破山花形式收结。主堂左右短轴分别为供放耶稣及圣母的祭坛，祭坛的设计风格也是巴洛克式，祭坛凸出于墙身，两侧有圆形及方形科林斯式柱各一棵，方柱也有破山花点缀。祭坛和唱诗台顶部均有白色拱形顶，配以黄色花纹图案装饰，与白色墙身取得呼应。四个拱顶形成一个四边内弯的正方形空间，其上以罗马式穹窿封顶，穹窿直径为 12.5 米，顶部高度为 19 米，开有三环各 16 个窗户，其中最高一环为假窗，另两环具有透风和采光功能。穹顶内侧为白色，中间是黄色的耶稣会徽号。

教堂的正立面雄浑而瑰丽，其宽度为 24.6 米，两条多层的檐口线及六条多次收分的壁柱将立面分为上下、左右各三部分。顶层两边为对称的钟塔，内放六座铜钟。塔顶铺琉璃瓦，高度为 19 米。中间部分是直线与弧线结合的山花，其高度为 17.5 米，山花中有一耶稣会徽号雕饰。第二层主要开有三个窗户，两侧较小但有弧形窗楣及周边浮雕装饰，中间是占据整层高度的长方形百叶大窗。地面首层设有三个入口大门，两侧较矮窄，故有空间作周边装饰及门楣。中央为大木门，其两边壁柱上以破山花形式点缀。

在三巴仔教堂内收藏有多件早年罗马教廷在远东地区置留的文物，诸如圣方济各的臂骨以及当年的油画等。其藏书楼虽经历过火灾劫难，但所藏之物基本保存完好。

（四）圣奥斯定教堂

圣奥斯定教堂位于圣奥斯定广场，邻近圣约瑟教堂和圣老楞佐堂，正面朝南偏东，最早由西班牙奥斯定修士于 1586 年（明万历十四年）创建，1591 年（明万历十九年）迁至现在岗顶广场的位置。1580 至 1640 年间，葡萄牙和西班牙皇室联合，葡萄牙由此失去了对印度和远东的控制，当时澳门的葡萄牙人对西班牙的控制持有强烈的抵触情绪，故当 1623 年（明天启三年）葡国派第一任澳督来澳时，受到澳葡侨民的抵制，因居处简陋，被迫暂以奥斯定教堂及修院作督辕。葡侨又采取进一步的抗议行动，从大炮台发炮，该教堂中了三颗炮弹，教堂墙倒瓦落，并因此荒废了很长一段时期。为御风雨，教士们只好临时搭棚架木，覆盖葵蓑，暂作栖息。葵蓑被风吹动，蓬松起伏如髯龙，故华人多称此教堂为龙松庙、龙嵩庙。19 世纪该教堂又进行了重新修复，教堂的结构形式和空间布置也都又发生了很大的变化，但在遗留下来的门洞上，人们还能看到 16 世纪末到 17 世纪初葡萄牙装饰主义的痕迹。在大理石门洞两边，有两对由整块巨石雕成的柱子，顶上是托斯卡纳式的柱头，支撑着门上的过梁。除了石门洞外，正立面的门楼浓彩重墨，并绘制有大量图画，几乎没有留下一丝空间，具有浓厚的巴洛克风格。19 世纪重建的钟楼顶上的雉堞状装饰具有新哥特式风格，体现了澳门西式建筑的折中特色。这种特色后来以不同形式频繁出现在澳门的其他建筑中，成为澳门建筑的一种特点。

图 4　圣奥斯定教堂

现在的教堂是由主堂、祭坛区和服务区组成，建筑材料主要为砖石，祭坛区长 20.5 米，宽 11 米。主祭坛紧靠后墙身，其平面呈弧线状，中央为内凹的壁龛，两侧分别以方形及圆形壁柱装饰。其中靠近壁龛的两棵方形壁柱的柱顶以破山花形式出现，具有浓厚的巴洛克色彩。主堂长 30 米，宽13.5米，平面由两排科林斯柱划分为三道纵向空间，各柱间以砖拱相连，与墙身共同支撑着中式坡屋顶。瓦顶下设有带彩绘的木制假天花，两边墙身设有小壁龛，墙身上部开有落地大窗，主要起空气对流作用，是一般教堂中少见的做法。教堂唱诗台位于入口处上方，深6米，并向两侧边墙延续，成为窄长的露台，露台在落地大窗位置突出成半圆形平面，底部有别具特色的雕饰衬托。这种露台方式的设计主要是考虑到两侧大窗需要经常关闭，方便调节室内气温。

教堂的正立面古朴简洁，有文艺复兴时代建筑的影子，两边有凸出的方形壁柱，中间开有入口大门，两侧各有一对古典柱式，上有门楣装饰。主立面中部开有三个落地大窗，中间一个占据了全层高度，所有窗户周边均有简单的白色浅浮雕装饰。立面的最上部分是三角形山花墙，由两侧壁柱顶起，山花中间设有一壁龛，供放着圣母像。教堂整体主要刷以黄色，并以白色油漆饰线及浮雕装饰，形象较为朴实。

该教堂为澳门主要教堂之一，堂内的耶稣负十字架像非常有名。每年天主教巡行，必先由该教堂迎送神像至澳门大堂，翌日送返，称为“出大十字”。

（五）圣母玫瑰堂

圣母玫瑰堂位于多明我广场，议事亭广场的东北，正门面南偏东。1587年（明万历十五年）由多明我会教士始建，是澳门最古老的教堂之一。初建时，构木为架，结板为障，建成木屋教堂，因此时人称之为“板障堂”，后将“障”字音转为“樟”，沿袭至今；又因堂内供奉花地玛圣母，为葡人最崇拜之神，故该堂又称圣母玫瑰堂。1874年教堂遭遇雷击起火，烧为灰烬，其后又重建，始成今貌。

玫瑰堂是一座砖结构建筑，主要由主堂、祭坛区和一座三层高的钟楼组成。主堂呈长方形，长32米，宽15米，由两列各五棵砖柱将主堂划分为中殿和两侧的耳堂，柱子为科林斯式，其上与砖拱相连，支撑着中式坡屋顶。屋脊高17米，檐口高13.5米，搭接在两边侧墙上。主堂室内设有木制假天花，天花漆成蓝色象征天堂，其中设有镂空木条作为通风之用。主堂墙身上共有四个小圣龛，两侧墙身上开有十个长方形落地大窗，窗上有窗楣装饰。下层共开有九个门洞，其中五个门洞直接与侧廊相连，侧廊外墙被四个拱形大窗完全占据。祭坛区深18米，宽12.2米，区内设有巴洛克风格的主祭坛，祭坛上塑有圣母圣婴像，讲经坛上方屋顶绘满了花饰和皇冠。在祭坛右侧，侧廊尽头，是三层高的钟楼，一楼主要为教堂服务区，二、三楼是展览厅，陈列着自16世纪以来澳门珍贵的天主教文物和艺术品。钟楼尚保存着原来的木楼板和木结构屋顶。在三楼墙洞里，装有两个年代久远的大铜钟。

图5　圣母玫瑰堂

教堂的正立面上下分四部分，左右分三部分，高达20米的三角形山花占据中央的主导地位，其下墙身装饰有内凹的椭圆形浅浮雕宗教徽号，两侧有科林斯式圆柱和弧形扶壁。立面最下两部分反映了室内空间的特征，左中右三部分空间主要由八棵圆形壁柱界定，其中第二层壁柱主要为科林斯式，两侧壁柱顶部又设有葫芦形短柱装饰。柱间共开有三个大窗，两边稍小且有半圆形窗楣，中间大窗则以灰泥浮雕代替窗楣。下层设有三个入口大门，均以灰泥浮雕作门楣，其柱式为爱奥尼式，柱基不作粉刷，展露其材质美，并在整个立面中起到视觉稳定作用。教堂墙壁主要是黄色，各装饰线则粉刷成白色，门窗为绿色。精致的灰泥浮雕大量地使用于室内外，尤其是正立面上那些精美的图案，配以比例合宜的壁柱，令教堂显得高雅华丽。

1997 年澳门文化财产厅对教堂进行了重修，修复后把原属教堂的钟楼部分改建成圣物宝库博物馆，收藏了近三百件宗教艺术品，包括油画、雕像等，其中以真人一样大小的耶稣基督像最著名。

（六）澳门大堂

澳门大堂位于议事亭前地东侧的大庙顶，与龙嵩街相连，坐南朝北。该大堂又称大庙，是澳门天主教最高管理机构“澳门天主教主教公署”所在地，其始建年代可追溯到 1622 年（明天启二年），初由天主教多明我会教士建为木构教堂，后遭台风吹毁，又多次修建。1937 年，教堂始用钢筋水泥重建，成为今日的宏丽格局。大堂正面为花岗岩砌筑，属 17 世纪原物。该堂初建时，位于大庙顶的山岗上，四周未有高楼巨厦阻碍视线，可以远眺南湾海面往来的船只。当时葡人妇女常登岗远望，盼望出海经商的丈夫早日归来，所以该堂又称“望人寺”。大堂在澳门各天主教堂中并非最大的一个，之所以称为“大堂”，是因为堂内供奉的是圣彼得（耶稣十二门徒之一），且该堂是澳门天主教的中枢，所以被称为大堂。

在大堂右侧，有澳门天主教主教公署，又称主教府。据考证，主教府至少建于 1835 年（清道光十五年）前，现有建筑为 1987 年时扩充和重建，1991 年完工。主教府是澳门天主教最高首长办公的地方，除管理澳门及海岛教区外，并有传教士到东南亚各地传教，组织教友到世界各地参与宗教活动。府内藏有不少宗教历史文物。

（七）圣安多尼教堂

圣安多尼教堂又称花王庙，坐落于贾梅士花园（白鸽巢公园）所在的小山丘上，旧沙梨头堡垒一侧，这里曾是葡萄牙人在澳门最早形成的聚落之一。教堂正门面向西南，与贾梅士广场构成直角关系，俯瞰着内港。文献记载，该教堂创建于1565年（明嘉靖四十四年），据称是澳门第一座教堂，当时只是一个用木头和茅草搭建的简陋蓬屋，与澳门一般的民居无异。1608年该教堂进行了重修，1638年在教堂的原址上又改建为石造的教堂。1738年教堂在台风中受到了严重的毁坏，1809年又遭受到大火的焚毁，次年得到重建。1874年的台风及以后的大火再度使教堂受到破坏，次年又进行了修建，这次修建后的教堂规模一直保存到现在。1930年教堂再次进行了维修，并对塔楼和立面作了重大的修改。现在的教堂只有一个中殿和一座钟楼，主门楼立面顶上是一个三角形的山花，山花正中有一个壁龛，龛中有一座里斯本圣安多尼的塑像。钟楼位于中殿的左侧，高三层，其上覆盖着四坡攒尖式的屋顶，顶部及四角安置有类似宝瓶状的装饰物。

圣安多尼是葡萄牙广为人知的圣徒，过去人们每逢6月13日要举行庆祝活动，游行活动富有军事色彩。圣安多尼像由神职人员、总督、贵族和军队护卫，四名军官抬着他的塑像游行，人们向他致敬，祈求他的保佑。

第四节　海上石头城——炮台与防御建筑

为了保护商船和居留地免受敌人的袭击，葡萄牙人在建立居留地之后的首要任务是建立炮台和其他防御设施。开始时居留地的防卫主要是依靠船队的火炮、简陋的岸边堡垒和一些安置在战略要点的火炮。随着贸易所带来的巨额利润，葡萄牙人必须确保居留地财富的安全，一方面要防御来自海盗的抢劫，另一方面还要应对新崛起的其他西方列强的威胁，这些因素促使葡萄牙人在澳门半岛建造了大量的炮台和城墙，这些炮台和城墙组成了坚固而完善的军事防御系统。

1622 年前后，葡萄牙人利用澳门半岛的山丘地形，开始陆陆续续在各山顶上修筑一些小炮台，构建起环城的防御系统。最早的防御设施应属圣安东尼小教堂附近的沙梨头炮台，其后数年，高地上已遍布要塞，一些较著名的防御工事包括圣保禄炮台、烧灰炉炮台、圣地亚哥炮台等。东部最高峰东望洋山（松山）上建有东望洋炮台，半岛南部的西望洋山上建有西望洋炮台（卑拿炮台），望厦山炮台建于北部的望厦山（莲峰山）上，马交石炮台（玛利亚炮台）建于东北部的马交石山上，规模最大的大炮台则雄踞于半岛中部的柿山山顶。如果说 16 世纪是建造教堂的世纪，那么 17 世纪可以称为炮台时代。

在炮台和堡垒之间有夯土筑成的城墙相互连接，城墙是一种泥土混合物，通过添加牡蛎壳和阳光曝晒，非常坚固。这道土坯城墙从被称为圣东安尼或圣保禄拱形城门开始，沿着内港海岸线往西，一直延伸到三八炮台西北的小堡垒；从该炮台的东南小堡垒向山下延伸到水坑尾或拉扎罗城门附近的圣若奥堡垒；接着转向圣热罗尼莫堡垒，直到南湾北端的嘉斯栏炮台结束。另一段城墙在半岛南部，从南湾炮台开始沿着西望洋山西山坡往上，直抵西望洋山弗兰萨炮台，然后从东山坡往下，到达内港附近。根据在其他地方作战的经验，葡萄牙人在澳门建造炮台时使用了当时最新进的建造方法，城墙依地势而建，高度不超过 5 米，厚度在 3－4 米之间，炮台设有台阶、平台、小堡垒、暗堡和前沿阵地，以防御外面进攻。城墙用土坯修筑，上面有砖头胸墙，外观简朴而古拙，当初所有这些防御设施让澳门看上去犹如一座中世纪的堡垒。

（一）三巴炮台

三巴炮台又叫圣保禄炮台，俗称大炮台、中央炮台，其位置在海拔52米的大炮台山顶上。此处原为圣保禄教堂的祀天祭台，与大三巴牌坊相邻，为澳门半岛的心脏地带。炮台1616年（明万历四十五年）由耶稣会的两位神甫筹建，1626年（明天启六年）建成。从炮台向西有由内港延伸过来的城墙，向东南方向有城墙延伸至圣若奥堡垒和圣热罗尼莫小炮台，大炮台正好位于这条防御线的中点，火力可覆盖半岛周围的全部海岸，为当时澳门防御系统的核心。因为炮台的射程覆盖东、西、南三面海岸，故而它既可以应对内陆方面可能的威胁，又可以打击来自海上的进攻，还能掩护沿城墙一带的陆上军事行动，从而构成了一个覆盖东西海岸的、范围宽大的炮火防护网。

大炮台占地约10000平方米，呈不规则四边形，炮台四边长各为100米左右，四个墙角外突成为棱堡。炮台东北、西南及东南面的护墙坐落于3.7米宽的花岗石基础上，墙身为夯土筑成，异常坚固。墙身高约9米，往上收窄成2.7米宽。女儿墙高约2米，成雉堞状，可架设32门大炮。炮台四角有碉堡，此外还有弹药库和一个三层高的炮塔，后来又建起了炮台指挥官住宅、兵营、贮水池等。当年的军需库储备充足，即使遭受长达二年的包围，也足以应付。

1994年，由马锦途·鲍尔文建筑设计有限公司在大炮台处设计了澳门博物馆，工程于1996年9月动工，1998年4月19日落成，是澳门规模最大的博物馆。博物馆的总建筑面积2800平方米，展览面积2100平方米，地下两层，地上一层，当人们从一层到三层参观完毕后可到达大炮台的上部平台。博物馆一层展览的主题是澳门的远古历史和早期国际商贸活动，一层展厅的中心是一个与二层通高的天井。实际上，展厅从一层到二层是通过三个错层平台相连接，让观众在参观中不知不觉就到达了第二层。二层展出的主题是澳门的民间艺术与传统，二层展厅布置有两个中西式客厅，西式客厅的外廊正好面对一层入口大厅的庭院，人们可以从南洋风格的楼上俯视一层展厅。三层展厅展出现代澳门建设和社会变革。从上层展厅出口出来，即到达大炮台平台。呈现在平台上的展馆的外观，是一座白色的单层建筑，建筑手法上既运用了现代建筑的大挑檐，也使用了传统葡式建筑的券窗构图。屋檐上采用炮台的墙垛作装饰，线条简洁，造型与炮台环境相融合。在博物馆修建时，建筑师重视对原有树木的保护，使得炮台上绿荫如盖，古意盎然。

（二）东望洋炮台与灯塔

东望洋炮台在半岛的最高处，即94米高的山，此山为澳门半岛第一山，因其横卧形似瑶琴，因此古称琴山。1622年（明天启二年）的葡荷战事，当年荷兰战舰袭澳失败，澳葡当局获胜后深感澳门海岸防御工事之重要，于是在1638年（明崇祯十一年）驱使战胜时掳获之荷兰俘虏修筑了东望洋炮台。

东望洋山原为荒秃的山岗，一百多年前遍植马尾松，山上绿树成荫，因此又被称为松山，是澳门半岛最大的绿化区。炮台位于老城墙以外，其炮火在整个澳门面海一线的火力网中只起辅助作用，该炮台的主要用途在于应对岛内，因为其火力可以覆盖整个半岛。此外由于它地势高敞，人们也利用此处来观察船只启航和到港，以及观测海浪和气象。由于地势所限，炮台形状很不规则，在该台地上建有一座兵营，一个地下贮水池，此外还有一座建于1622年的圣母雪地殿教堂和建于1865年的东望洋灯塔。该灯塔号称远东第一座灯塔，成为澳门风景名胜，是东望洋山景区的代表性建筑。灯塔为红顶白墙，圆柱塔身高13.5米，塔内构造简单，共分4层，射灯设在塔顶，有一道曲折楼梯回旋而上。灯塔所处的经纬度（东经113′35″，北纬21′11″）为澳门著名的城市标志，也是澳门的地理坐标。每到夜间，塔上灯光闪闪，发射出巨大光柱，在25海里以外就能看见，给夜航船只指引方向。圣母雪地教堂位于灯塔一侧，规模不大，仿照17世纪葡萄牙修道院的形式兴建，很像一座葡萄牙本土的山村教堂。教堂右边有古钟一口，亦为17世纪文物。松山是眺望澳门全景的最佳之处，伫立山巅，澳门的景色和周围的岛屿风光可一览无余。

（三）澳门基督城旧城墙

葡萄牙人入据澳门以后，澳葡当局曾多次在澳门构筑城墙，最早可追溯至明朝隆庆三年（1569年）之前。1604年中国政府不允许葡人私筑城墙，因此该时期修筑的城墙都被明朝政府所拆毁。至1617年左右，葡萄牙人通过贿赂中国官吏，又开始修筑城墙，先是在大三巴教堂以北的地区修筑城墙，1622年完成了北起大炮台山麓、东至嘉思栏炮台附近海滨的城墙，并建成环绕澳门东北部和西南部的城墙，到17世纪30年代，澳门城墙基本建成。文献中记载，城墙由“嘉思栏炮台起，向北转西，到水坑尾门，又转西北至大炮台，再西北至三八门，又转北，沿白鸽巢，至沙梨头关闸门，向西南，至海边高楼”，“夷所居地，西北枕山，高建围墙，东南依山为界”，要塞和城墙包围着澳葡萄牙人居住的基督城。从1632年的澳门城市地图可以看到，整个澳门城除西部内港外，北部、东部及南部均建有城墙，并于诸要塞处建置炮台，使澳门城成为一座在军事上防范甚为严密的城堡。这种由军事防御系统演变而成的城市结构主导了澳门直到20世纪的市政建筑风格。今天所见大三巴牌坊侧的古城墙遗址，应为葡人最后一次筑墙时所建。这段旧城墙邻近哪吒庙，长18.5米，高5.6米，宽1.08米。墙身开有一砖券洞，宽1.8米，高2.8米。现存墙体为夯土建成，夯土所用材料主要是泥沙、细石、稻草，再掺和蚝壳，逐层夯实而成。

第五节　传统的脉动——寺庙与居住建筑

中华传统文化在澳门有着丰富的历史遗存，在只有25平方公里的范围内，拥有40余座古庙，这在内地、港台地区的任何城市中都是极为少见的。这些传统的庙宇建筑绵延了数百年，香火不断，历久弥新，它们既是澳门悠久历史的记录，也是澳门历史事件的见证，更为澳门城市增添了回味淳厚的景观。

在葡人统治澳门的时期，对宗教信仰持宽松的政策，允许华人保留自己的信仰与习俗，所以在澳门的绝大多数华人仍然不信仰洋教，而笃信传统的佛教和道教，从而使这些古老的庙宇得以完好地保存下来，它们与代表西方文明的教堂和谐共存，互相辉映，体现了澳门别具一格的文化特色。在这些庙宇中最负盛名的是妈阁庙，有五百多年历史，它依山傍海，沿崖构建，石狮镇门，飞檐凌空，是典型的中国古典风格的建筑，已经成为澳门的象征之一。普济禅院建于明朝末年，距今约三百六十年，院落纵横，殿宇巍峨。该院所以名闻遐迩，除了历史悠久、规模宏大外，还在于它是中美签署不平等的《望厦条约》的地方。

澳门三大古刹之一的莲峰庙，也有近四百年历史，是华人的议事之所，也是中国官吏的驻节处。林则徐禁烟期间巡视澳门，即驻节莲峰庙，在此接见葡人，使这座古庙成为开启中国近代史的先声。与莲峰庙和观音古庙为邻的城隍庙，过去为望厦乡民知守义团团址，是望厦村民在当时华洋杂处的环境下，自卫保家、免让外人入侵的证明。除上述著名庙宇外，澳门还有许多各式各样的小庙，如沙梨头土地庙、康公庙、包公庙、莲溪新庙、鲁班师傅庙、马交石天后庙、关帝庙、柿山哪吒庙、下环福德祠、石敢当行台、先峰庙等等。这些的寺庙大部分建于明清时代，距今都有一两百年以上的历史，寺庙中的古佛像、古钟及仪仗等大多仍保持着原貌，未受到人为的破坏，也未受到洋教的影响。宗教仪式、节日庆典亦保留着传统做法，其汉文化特色较之内地更为浓厚。如何正确认识和处理传统文化与新潮文化的关系，以及传统文化与西洋文化相互交流、交汇、交融的关系，是澳门文化的一项重要课题。

澳门现存庙宇的宗教色彩并非十分浓烈，释、道、儒、三教互有融合，带有浓厚的民间色彩和地方色彩。比如莲峰庙，除供奉佛教的观音菩萨、地藏菩萨、韦驮天外，同时还供奉属于道教的天后和关帝，更有民间的俗神土地公公、门官、贵人禄马、金花娘娘、痘母元君，甚至还有中国的远古之神神农、仓颉等等，可谓集佛道于一身。又如普济禅院，除奉三世佛、观音菩萨、地藏菩萨、弥勒佛、十八罗汉、韦驮、十殿阎王外，也祀奉天后、关帝。澳门庙宇内的信众行为也是别具一格，既有佛教式的拈香诵经，又有道教或民间祭祀形式的备三牲、焚纸烛。

澳门庙宇祀奉的对象主要是两大神灵体系，一是来自中原的佛、道、远古之神，二为来自岭南的民间俗神。澳门随处可见的金花崇拜即源于岭南，兴自广州。相传这位被视为儿童保护伸的女性，不但可保胎儿顺产，更可佑护儿童平安成长。今日在澳门的庙宇中，祀奉金花娘娘者不下十处，在莲溪庙及包公庙内的金花殿，各自祀奉了十余尊金花娘娘神像。这些神像神态各异，或抱婴或摇扇或哺乳，充满了世俗的趣味，很好地保留了这种民俗文化。此外如路环谭公庙与九澳三圣滩中的三圣庙，其祀奉的主神是水神谭公仙佛，这一祭祀活动本是源自粤东惠州九龙山的民间崇拜；大三巴女娲庙内祀奉悦城龙母，其原型是粤西德庆市龙母庙中主神悦城龙母，该神祇曾对珠江三角洲地区有广泛的影响。澳门庙宇中祀奉的神祇很大一部分来自岭南，这显示岭南文化对澳门地区的影响久远而深厚。澳门的大部分居民为粤籍人士，岭南信仰的影响自然占有天时地利人和之便。

澳门的庙宇多建于明清两代，中原宗教及岭南民间信仰流入澳门以至生根成长，和明清政府的着意推广或多或少有所关联。政府以行政手段提倡、敕封这些有助于道德教化的神灵偶像，助推佛、道在民间的流行。总之，澳门的民间信仰和崇拜体系的特征，显示了它与岭南及中原文化的血脉关系。传统的寺庙一方面为人们膜拜活动提供了一种特殊宗教场所，另一方面又以艺术形象和艺术手段为人们提供了一种特殊的审美对象，使芸芸众生在接受宗教形象、神话和观念的同时，得到一种艺术上的享受。

明清以降，中原及岭南大批文士来澳，他们的活动不少与寺庙有关，留下了大量的与寺庙有关的诗作、楹联、匾额。如首任澳门海防同知印光任（1744 年至 1746 年），其在澳门任职期间写过五言诗十首称《濠镜十景》，脍炙人口，其中有一首是吟诵莲峰山与连峰庙的：“连峰来夕照，光散落霞红。凄阁归余界，烟林入锦丛。文章天自富，烘染晚尤工。只恐将军画，难分造化工。”为澳门庙宇或在庙宇留下唱咏诗词联句的文化名士有屈大均、释迹删、潘仕成、黄恩彤、汪兆镛、关山月、高剑父、黄文宽、剀逸生、关振东、崔师贯、潘飞声、饶宗颐、黎心斋、韩牧等等诸多名士。作品数以百计，或颂扬山川秀丽，或感慨时事变迁；或就寺论事，或弘颂圣迹。这些作品或隽永可爱，或妙意无尽，是澳门的宝贵遗产。

澳庙宇建筑形式主要有殿堂式、园林式、单体式三大类。莲峰庙和普济禅院是殿堂式庙宇的代表，规模宏丽，装饰华美，有较高的观赏性。此外还有一些规馍稍小的殿堂式庙宇，如康真君庙、观音古庙、氹仔北帝庙、路环天后古庙等。这些殿堂式建筑构件和装饰大多出自佛山能工巧匠之手，体现了岭南的民间艺术风格。澳门因为用地紧张，园林式建筑并不多，只有妈阁庙、渔翁街天后古庙、氹仔菩提禅院三家，其特色是利用所在地势，因地制宜地布置构筑殿宇。单体式庙宇在澳门为数不少，如龙田福德祠、路环三圣庙等，从中可窥见庙宇发展初期的形式。庙宇可以说是一种特殊的建筑，是人神共居的场所，这种特殊的建筑和场所要求它既要具备开放性，以利广纳僧众；同时又要营造神秘色彩，以便吸引信徒。

神像是澳门庙宇文化中重要组成部分。在澳门四十余座庙宇中，计有神像逾千尊，其中一些雕塑具有很重要历史价值和艺术价值，如莲峰庙的木雕关帝、天后像，即为嘉庆年间作品，是林则徐曾祀奉过的；又如莲溪庙内的金花娘娘塑像虽是泥塑作品，但是神像衣饰华丽，充满世俗情趣。又如莲峰庙内“五龙”壁塑、“丹凤朝阳”壁塑，规模宏大，每幅达十数平方米，为澳门灰塑艺术的代表作。澳门庙宇共有匾额楹联总数以千计，壁画、摩崖石刻亦数以百计，其中不乏名家作品。这些庙宇绘画、书法艺术，是最世俗化和大众化的艺术形式，深受大众喜爱，如妈阁庙正觉禅林外北侧墙上的《妈祖阁五百年纪念》碑记，题额出自当代书法大家启功之手；哪吒庙四方亭的巨匾，出自光绪年间翰林何作猷之手；普济禅院内后一步斋的巨幅中堂书法，出自清代知名书法家鲍俊之手；妈阁山上“海镜”“太乙”等石刻，更是澳门的标志。此外，普济禅院、妈阁庙收藏了大量明清以来名家字画，这些名家包括高剑父、关山月、徐悲鸿、康有为、澹归、迹删、屈大均、梁佩兰、伊秉绶等，平添了庙宇的文化品位。

神功戏贺诞是澳门庙宇举办的重要公众活动之一。据专家考证，澳门演戏贺诞迄今已有一百多年的历史，如今在妈阁庙、沙梨头土地庙、雀仔园福德祠、莲溪庙、氹仔北帝庙、路环谭公庙等每年仍聘戏班演戏贺诞，显示这种公众喜闻乐见的艺术形式依然有着强大的生命力。

（一）妈阁庙

妈阁庙又称妈阁庙、正觉禅林、海觉寺，俗称天后庙，位于澳门半岛西端妈阁山西面山腰上，背山面海，为澳门最古老的庙宇之一，也是一座极富中国传统特色的古建筑群。当年葡人登陆澳门行至该庙，向百姓询问地名，被告知为妈阁，遂将妈阁当作了澳门半岛的名称，西方世界亦沿用此称谓，在葡文中称为“Macau”，即“妈阁”的葡文发音。据考证，该庙建于明弘治元年（1488 年）。相传在明朝时候，有福建人乘船来澳门，护航海神化作一个老妇人随行，一夜间行数千里，抵达澳门后，在今天妈阁庙所在地老妪失去踪影，福建渔民遂在这里修建了一座庙宇来祭祀护航海神——妈祖，也就是闻名东南沿海的天妃娘娘。1582 年天主教传教士利玛窦抵达澳门，他在《利玛窦中国札记》一书中谈到澳门城市起源时提到了妈祖阁：“他们把附近岛屿的一块地方划给来访的商人作为一个贸易点。那里还有一尊叫作阿妈的偶像，今天还可以看见它，而这个地方就叫做澳门。在阿妈湾内，与其说它是个半岛，还不如说它是块突出的岩石；但它很快不仅有葡萄牙人居住，而且还有来自附近海岸的各种人聚集……不久那块岩石地点就发展成一个可观的港口和著名的市场。”澳门第一本方志《澳门纪略》成书于乾隆年间，书中也述及妈祖阁传说及其范围内的古迹：“相传明万历时，闽贾巨舶被飓殆甚，俄见神女立于山侧，一舟遂安，立庙祠天妃，名其地曰娘妈角。娘妈者，闽语天妃也。于庙前石上镌舟形及‘利涉大川’四字，以昭神异。一‘海觉’石，在娘妈角左，壁立数十寻，有墨书‘海觉’二字，字径逾丈。一虾蟆石，其形圆，其色青润，每风雨当夕，海潮初上，则阁阁有声。”

整座庙宇建筑依山构筑，布局错落，融于自然山水之中。庙中建筑包括入口大门、牌坊、正殿、弘仁殿、观音阁及正觉禅林，各建于不同时期，至清道光八年（1828 年）整个妈阁庙才初具规模。入口大门是一座四柱三楼的花岗石牌楼，宽 4.5 米，中间开有一个门洞，门楣上刻有“妈祖阁”三个大字，两侧有四字楹联，书写着“德周化宇，泽润生民”。牌楼有琉璃瓦顶装饰，其中门楣顶部的屋脊两端上翘呈飞跃状，脊上装有瓷制的宝珠和鳌鱼。紧接着大门之后的是一座三间四柱冲天式牌坊，亦用花岗石建造，柱头上各有一只石狮蹲守，石坊正面刻有“南国波恬”，背面刻“詹项亭”。其后正殿即为詹项亭，门口有石联“瑞石灵基古，新宫圣祀崇”，门额刻有“神山第一”四字，故又有“神山第一殿”之称。詹项亭实由石殿与四方亭“拜亭”两部分构成，四方亭左右两侧由后人封闭，构成今状。石殿建于明万历三十三年（1605 年），至明崇祯二年（1629 年）重修，为庙中历史最久的殿宇，由当时官方与商户合资筹建。正殿与山门、牌坊及在山腰之上的弘仁殿贯穿于一条轴线上，建筑主体由砖石砌筑而成，殿中柱梁、墙壁、屋顶均为仿木砖石结构，两边侧壁开有大面积琉璃花砖方窗。屋顶铺设绿色琉璃瓦，正脊及垂脊涂为黑色。该组建筑的屋顶造型分为两部分，位于朝拜区的屋顶形式采用歇山卷棚顶，神龛区上方的琉璃屋顶则为重檐庑殿式，檐角不起翘，只以屋脊起翘营造屋顶轻盈飘逸的感觉。此殿供奉天后，天妃娘娘高踞殿内的神龛之上，神龛下香火不断，善男信女们虔诚地祈求着平安与祥福。

弘仁殿位于正殿后面的山腰处，相传建于明弘治元年（1488 年），为妈祖阁中最古老的建筑。现存门楣上刻有“弘仁殿”三字，题款为清道光八年（1828 年）。殿门两侧石壁看面上刻有对联：“圣德流光莆田福曜，神山挺秀镜海恩波。”该殿是一座小型石殿，只有三平方米左右，殿内同样供奉天后，两侧墙身内壁有侍女及魔将浮雕，天后神像置于山石前，与正殿神龛区做法一样。在屋顶上同样也加有绿色琉璃瓦及飞翘的屋脊装饰。在弘仁殿后有观音阁，建于清道光八年以前。该阁位于庙址最高处，主要由砖石构筑而成，屋顶采用硬山式做法，风格较为俭朴，阁内供奉观音菩萨，并保存有当年重修该阁的木匾。

正觉禅林是妈阁庙内规模最大的建筑，建于清道光八年（1828 年），清光绪元年（1875 年）重修。正觉禅林由供奉天后的神殿与静修区组成，与入口正殿一组建筑不在一个平台上，在规模和建筑形式上也更为讲究。神殿前有一内院，院内两侧有侧廊，上覆卷棚式屋顶。内院前壁为一座四柱三间牌坊，中间最高两边渐低，墙面上有泥塑装饰，墙顶则以琉璃瓦装饰，在琉璃瓦檐下是三层象征斗拱的花饰。此外，中间部分尚开有一半径为 1.1 米的圆形窗洞，圆窗上方有“万派朝宗”石刻，两侧石联为：“春风静秋水明，贡上波臣，知中国有圣人，伊母也力；海日红江天碧，楼船凫艘，涉大川如平地，唯德之休。”主殿面阔三间，进深三间，琉璃瓦硬山顶，瓦顶上的脊饰及瓷制宝珠，衬托出此殿的重要性。两边封火山墙顶部为金字形，表现出浓重的闽南特色。在正觉禅林殿内供奉着天后、地藏菩萨、韦驮。大殿一侧的静修区为一般硬山式建筑。

在妈阁庙的庭院中供有两块“洋船石”，石上刻有帆船航于海中，相传为明代所刻。在妈阁庙中有许多摩崖石刻，其中最引人注目的是清道光年间李增锴题的“太己”二字；刻得最早的则是清乾隆年林国垣所题“海觉”二字，因为被海风风化的缘故，在嘉庆五年又重新刻过。历代不少名士、画家、诗人，在游览妈祖阁庙后留下题词或诗句，多被刻于山间的石壁上，据粗略统计有三十多处。这些石刻历史悠久，是研究澳门历史及文化的重要资料。

（二）哪吒庙

哪吒庙位于大三巴牌坊后右侧，创建于1888年，改建于1901年，庙内供奉哪吒。1995年和2000年该庙先后两次进行了维修，包括清洗及修补庙顶，清洗和粉饰墙壁及装饰物，并更换了部分朽坏的木构件。

图6　哪吒庙

哪吒庙与大三巴牌坊处在同一山坡上，依附于旧城墙一侧，建筑进深8.4米，宽4.51米，面积约38平方米，为两进式建筑，中间没有天井，是传统中式庙宇中较罕见的例子，主要由相连的门厅及正殿组成。正殿进深5米，四面墙体均以青砖砌筑而成，青砖表面抹灰，勾画砖缝。屋顶为传统硬山式，正脊高5米，檐口高3.4米，整体主要以灰色为主，除山墙上有少许草尾点缀外，一般不作装饰。正殿入口处是哪吒庙门厅，是一歇山式建筑，由于缺少了天井这过渡空间，其部分屋顶重叠于正殿屋顶上。门厅三面不砌墙，只以黑色木栅栏围绕。整个屋顶之重量，由正面两条石立柱及插入正殿山墙的木梁承托，建筑正脊有鳌鱼及宝珠衬托，垂脊呈飞檐状。建筑整体装饰简约，即使是装饰最多的地方，也是位于两重迭屋顶间的空间里，显得很谦逊。哪吒庙与周围建筑相比，像一个建筑小品，它不和旧城墙及大三巴牌坊竞争敦厚和雄伟，而是通过简单的装饰材料和虚实对比的手法，展示其轻巧别致的形象。

哪吒庙是中国南部沿海地区民间宗教多元化的体现。庙中供奉的哪吒是一个神话人物，为托塔天王李靖的第三子，形象虽然像个孩童，但神通广大。在中国佛教经籍中，哪吒被称为护法神，从17世纪后期开始受澳门民间供奉，是澳门本地颇具地方色彩的民间信仰。澳门华人每年都举行盛大的游行进行祭祀，已成为澳门的一种民俗。

（三）三街会馆

18世纪以后，华人的分类地缘组织即“同乡会”纷纷出现，这种以地域为基础的自愿团体，在中国本土的城市中通称“会馆”。澳门近代会馆建筑众多，除以祖籍地和方言为单位的组织外，还有一种更为普遍的会馆形式，即行业会馆。行业会馆是从事同一行业的人们组成的社会团体，含有同业公会的性质。同业公会不仅代表本行业的利益，而且在华人社区中有着重要的影响。

会馆建筑的发达与澳门独特社会状况相适应。相对内地而言，澳门开埠后始终处在一种相对松散的政治制度下，虽有明清朝廷的各种管理，但作为“化外之地”，封建王朝的各项法令在澳门实施情况远不如内地严格。澳葡社会虽接受明清朝廷管理，但又有着自己自由的发展空间。葡人占领澳门对华人实行管制之后，居澳华人由于对殖民政策的敌视，在心理上对葡人管制进行抵制，相应保留了自己原有的社会组织，以血缘、地缘、业缘等为基础组织起来的各种社团遍布澳门，它们在澳门近代社会中发挥着重要作用。

三街会馆位于今澳门议事亭前地左侧，靠近营地大街，是昔日澳中华人总机关，在华人社会中有着举足轻重的地位。三街会馆初设时只是商人议事的场所。营地大街、关前街与草堆街为澳门古老的商业中心，所有华人商贾全部集中在此经营贸易。为稳定商业秩序，三街商人常聚一起沟通商情，平抑物价。早期商人议事场所多选在重要的庙宇中，如妈阁庙、莲峰庙等，设立三街会馆后，改此馆为商议场所。三街会馆同时又称“关帝庙”，这是因为会馆中设有关帝神殿及财帛星君殿，以示崇敬。后因会馆为公共场所，任人入内祷拜，祀者日众，以致人们忘记它是一座会馆，而直呼其为“关帝庙”，建筑前竖立“关圣帝君”的高脚碑，然其门楣仍有“三街会馆”四字。鸦片战争以后，澳葡填海拓地，改良街道，商业区扩大，三街商业中心地位下降，三街会馆也渐渐失去它最初的功能，而转变为地道的关帝庙。

（四）郑家大屋

澳门的民居可分为葡式住宅和华式住宅两大类，其中华式住宅又可分为大型中式民居、小型中式民居和一般商住民居。大型的华人住宅现存数量不多，其建筑平面布局与广东地区的城镇住宅相似。这类民居一般仍以广东“西关大屋”为蓝本，中轴线明显，平面三开间，纵深分三进，左右对称，中间正厅宽敞，左右偏厅略小，以求主次分明。受澳门地皮紧张所限，这些建筑多为两层楼房，以适应大家庭的需要。正面入口大门一般由三重木结构组成（粤语叫脚门、趟栊、大门），在大门两旁偏厅的临街墙壁上，开有较大的西式圆拱窗洞，装置当时流行的西式百叶窗。大门门框及下层窗框的上下左右，各嵌入白麻石，以备坚固。墙壁用水磨清砖，砖质紧密，砖线细致。正间檐下有雕花封檐板，次间墙顶有灰塑浮雕（花鸟或山水图案）。建筑的整体外貌宁谧幽雅，与路面铺砌花岗岩的窄长街道非常调和，体现了中国传统的设计理念。澳门属亚热带气候，减少太阳照射及抵御台风暴雨是建筑设计中需要考虑的重要问题，人们常常利用天井、高侧窗来促进空气流通，取得冬暖夏凉的效果。在平面布局上，这类住宅还可细分为三间两廊式、四合院式和组合式，较大的住宅有的还在屋旁另辟庭院或花园。

郑家大屋位于妈阁街，是中国近代著名人物郑观应的祖屋，由其父郑文瑞于1881年筹建，保存至今。郑家大屋占地面积约4000平方米，纵深达120多米，是一座岭南风格的院落式住宅，主要由入口大门、两座并列的四合院建筑和由与院连接的仆人住房等组成。院内建筑为中式坡屋顶，青砖灰瓦。屋顶高度因房子性质的不同而有所区别，主要房屋为两层高，也有高达三层的；仆人住房为一层高，局部采用平屋顶。

建筑主入口位于东北方向的龙头左巷，为一两层高的门式建筑，面宽13米，进深7.9米，与主体院落相距较远。宅门入口的墙身自檐口位置向内退让，下层为门洞，上层开窗洞。檐壁上有中式彩绘，为典型的岭南传统风格，这种做法在澳门其他一些大型中式住宅中也有所体现。

在郑家大屋门廊的内墙上设有神龛，天花上装饰有西式石膏图案。通过门廊内的花岗石台阶，将空间过渡至地坪稍低的主院落。与传统中国民居不同的是，位于主体院落中轴线上的主要建筑均面朝西北，与宅院入口不在同一方向。主要院落的前面有较为宽敞的庭院，庭院将建筑群划分为前后两段，前段为主人居住区及外花园，后面为仆人房区，两区之间以内院相连。主人居住区主要由两座四合院组成，院内主体建筑的平面均作面阔三间、进深三间的布置，两院之间以水巷相连，建筑外墙墙壁均有泥塑浮雕装饰，墙基则用花岗石砌筑。院落建筑的两个主要入口，都采用与宅门入口相同的处理手法，即自檐口往内凹进，与外墙身不在同一直线上。为进一步表现入口的重要性，门框选用花岗石，其中最重要的一个入口设计了两重花岗石门框。房间内部主要采用传统中式设计，室内布置的特殊之处在于将厅堂设在二楼，整个厅堂占据了三开间的空间，有别于一般放在首层的做法。

郑家大屋虽然为中国传统建筑，但也同时体现了中西合璧的特色。中式建筑手法主要表现在屋顶、梁架结构、建筑材料及檐口墙体的彩绘与泥塑浮雕方面，以及内院中的窗式、入口内凹的处理手法、趟栊栅门等；而西方或外国建筑的影响则表现在一些室内天花的处理、门楣窗楣的式样、檐口线、印度式的云母窗片装饰等。

（五）卢家大屋与卢家花园

卢家大屋原是卢九家族房屋，约建于1889年，位于澳门半岛大堂巷。在19世纪以前大堂巷一带曾是澳门的繁荣之地，因为它的东侧，即水坑尾一带居住着在澳门做生意的外国人，而其西侧则是当时澳门的商业中心——营地市场和关前街。现代交通出现以前，大堂巷一带是连接洋商居住区与澳门商业区的交通枢纽，人来人往，十分繁荣。当时澳门的富商，多选择在此处开业，英国、荷兰、法国等外国商人也多在这一带设立丝行及茶行，生意也非常兴隆。鸦片战争以后，这些商行多迁到香港，或是就地结业，遗留下来的建筑被当时澳门的富户购置加以改造，大堂巷7号卢九住宅就是其中的一座。卢九名卢焯之，出身贫寒，以钱庄烟赌等行业起家，去世后，其家族产业由长子卢廉若继承，后成为澳门显赫一时的富商，曾为当时澳门赛马场主席，南洋烟草公司、宝京银行股东，澳门中华商会的创始人，他在内地许多城市都有生意经营。

卢家大屋采用二层中式院落布局，包括了厅、房、厨房、杂物房、天井等。建筑内布置着多个天井，便于通风和采光。整个中轴线上的空间是通透的，但有屏风隔断。虽然规模并不大，但建筑室内精致的神龛、天井壁上端的灰塑和木刻都说明了当时屋主的富裕程度。

卢家花园是卢廉若在澳门另一处住宅的宅园，是澳门唯一保留下来的著名私人园林。1904年卢廉若聘请香山人氏刘吉六按苏州园林风格设计，1925年建成，取名卢家花园。该园当时的面积达2.5万平方米，为当时澳门半岛面积的十六分之一，规模十分宏伟。卢廉若去世后，卢家衰落，花园易主。1974年，澳门政府将卢廉若花园修葺后向公众开放，成为半岛名胜，“卢园探胜”为1992年入选的澳门八景之一。

宅园为典型的中国式园林，亭台楼阁、池塘桥榭、修竹飞瀑、曲径回廊一应俱全，且幽雅宁静，韵味深长，尤其是奇石危岩，峥嵘百态，有诗赞云：“竹石通幽曲径通，名园不数小玲珑，荷花风露梅花雪，浅醉时来一倚筇。”诗中咏叹了当年卢园的景致，使人恍若置身于苏州园林的蒙蒙雨雾之中。该园采用中国传统造园手法，建筑风格则为中西合璧，如宅第建筑为南欧风格，外墙上有华丽的壁柱、窗套和蔓草图案；春草堂为花园的主体建筑，前有月台，伸出湖面，台下一池碧波，池岸掩隐于绿树中，一派优雅的江南风情。堂上对联云“三径绿荫成翠幄，一池春水跃文鱼”，生动地道出了春草堂的诗意。春草堂建筑亦为中西合璧式，堂内中央是中式结构，有巨大的柱梁，门窗饰以中式木雕花格，屋面带有挑檐和翘角，北面有两间悬挑在水面的阁楼，南面有带美人靠的檐口廊；然其外墙又有西式的圆柱和壁柱，米黄色的墙面、白色的墙柱及线脚、红色的檐下椽檩及门窗、靠椅，使该建筑显得既富丽堂皇，又别具一格。

该园内原有私家戏台“龙田舞台”，以及湖心亭、观音座、茅亭、竹林亭等多处景点，并多掇石堆岩、曲廊幽径，可惜这些建筑和景物多已无存。现今园内东北角保留有较大的荷花池和池边假山飞瀑，以及池上别具特色的园桥。该桥通四方凉亭，称九曲桥，然此桥并非是直角拐九个弯，而是呈圆弧状弯曲，桥面及石栏杆均呈曲线状，流转柔和、精巧玲珑。这座九曲桥将卢氏大屋、春草堂与东面的荷花池、假山群连成一体，人们立于桥上赏荷观鱼，或于假山之上远眺春草堂，心旷神怡。该园的地面处理颇多变化，每步行二三十米就有开阔规整、形状各异的铺地或高出地面的台地。此外在浓郁的绿丛中、亭台楼阁旁和迂回的小径边，不时有假山或露或隐，点缀园景。该园的假山采用湖石堆筑，其特点是规模不大，但曲折多变。道旁的掇石假山犹如照壁，两旁有岔路进入假山后面的山洞或山间小路，人们进入假山不能一眼望穿，使后面的山景若隐若现。有的假山仅一米多高，但堆叠颇有章法。1912 年 5 月，孙中山先生来澳，曾应园主邀请，下榻园中春草堂，在此会见澳门中葡知名人士。

第六节　异域的回声——广场与公共建筑

中国古代的传统城市是以封建礼制为理念建造的政治管辖区和军事营垒，宫殿与衙署是城市的中心，城市围绕这个中心作方格网状布局，没有或缺少西方社会中提供市民社会生活的城市广场和相应的市政公共建筑，而这两方面正是西方城市文明的标志和象征，也是西方城市的特色和传统。在古代的西方社会，无论是古希腊、古罗马，还是中世纪的基督教城市，城市广场往往是一个城市的核心和灵魂，城市广场或是围绕着教堂，或是环绕着市政厅形成和发展。广场是城市的策源地，这里沉淀了整个城市的历史，蕴藏了太多的故事，贮存着一个城市的绵绵记忆。葡萄牙人进驻澳门后，即将西方的城市理念引入了澳门。澳门早期的城市亦是以市政和教堂广场为核心衍生而成，同时构造了支撑城市骨架与脉络的景观关节，最早在中国展示了异域的城市纹理和城市生活，以及迥异于中国内陆传统的城市情调。

澳门的著名广场有市政厅广场（议事亭前地）、柯邦迪前地、白鸽巢前地、路环意度亚玛忌士广场、氹仔嘉模前地、圣老楞佐堂及前地、康公庙前地、圣约瑟教堂前地、岗顶前地、大堂前地、望德堂及前地、耶稣会纪念广场、板樟堂前地、亚婆井前地等。亚婆井前地（广场）位于原来葡人居住地的“基督城”内的一个圆形台地上，是澳门葡萄牙人最早聚居的地区之一。其中亚婆井前地龙头左巷一带是最能展示澳门都市面貌的一个橱窗，是近代澳门葡人生活的缩影和见证。

伴随着西方城市文明的引进，澳门社会经济生活发生了重大的变化，经济的变化导致社会政治和文化领域的变革，这也必然对建筑提出新的要求，从而产生各种新型行政以及文化教育等建筑类型，如市政厅、学校、医院等。此外如图书馆、邮局、剧场、银行、饭店等等也随之应运而生，著名的如民政总署大楼（市政厅大楼）、仁慈堂大楼、岗顶剧院、何东图书馆大楼、邮政局大楼、圣辣匝禄医院、港务局大楼，以及六国饭店、峰景酒店等等。这些新建筑成为城市不可缺少的组成部分，塑造了澳门城市的新景观，并赋予了城市生活以丰富的内容。与此同时，建筑的物质技术基础也有了很大的改变，产生了新的结构技术和新型建筑材料，为新的功能各异的公共建筑的出现提供了技术保证。

（一）议事亭广场

市政厅广场又称议事亭前地，为澳门城市的心脏，因议事亭（即今澳门市政总署大楼）而得名。这里历来为澳门市中心，也是庆典集会的场地。过去澳葡总督莅任，必在这里检阅海陆军警。围绕议事亭前地一带的楼宇都是在19世纪末兴建的，有多座被评为纪念性建筑及具有建筑艺术价值的建筑物，包括澳门市政厅大楼、邮政局大厦、仁慈堂等等，它们带有统一的建筑风格，其共同的特点是在立面上大量运用了新古典主义的表现手法，使这一带的建筑物呈现出一种高贵典雅的外貌。现在澳门的许多节日庆祝活动以及音乐会等娱乐活动都在这里举行，广场用彩色的葡式石子铺地，人们喜欢把洋溢着南欧情调的喷泉、葡式石子路和市政厅当作背景来照相，所以也有人把这里叫作“流动的南欧风情”。

■市政厅　又称民政总署大楼，为澳门市政管理机构。其前身是中国的议事亭，始建于明朝万历年间（1573－1620），为中国官员来澳会见葡人头目、处理在澳葡人事务、传达朝廷政令的地方。1783年（清乾隆四十八年），澳葡当局向中国有关方面购买了议事亭地段及其后方的华人住宅，并于1784年建成了葡萄牙风格的市政厅，中间几经修建，目前的建筑是1940年改建的。

该建筑地处繁华的澳门新马路上，在平面上作纵向的三段布置，前楼中央布置门廊，两侧为展览和公共空间，内墙自墙脚到腰部均贴上蓝白色的葡国瓷砖，是典型的葡式装饰手法。二楼是会议室和图书馆，后楼主要为行政办公用房，亦为两层高建筑，但楼的高度稍低于前面的建筑，最后一进则布置了一座小巧别致的花园。

建筑的主立面为文艺复兴风格，高两层，约14.5米，宽为44米，用花岗石线脚划分为左中右三等分。中间部分稍为凸前，顶部设三角形山花，山花顶高17米，宽2.2米。底层的入口大门高4.5米，其两边有花岗石雕制的多立克壁柱，壁柱支撑着花岗石的门楣。大门两侧开有竖长方形的窗洞，并以花岗石作窗框。二层部分开有三个落地大窗，窗顶又有三角形的窗楣，各窗间以露台连成一气，露台栏杆由铁杆构成。正立面的两侧部分上下各开有四个竖窗，其式样与中间部分相同，即上层为带窗楣的落地大窗，下层为简单的竖形窗。

整个立面线脚简约，窗户比例合宜，色彩纯朴自然，具有强烈的水平感，反映了该建筑内在的性格。建筑侧立面并没有沿袭正立面的新古典风格，除色彩上及材料上有所呼应外，门窗开设较为自由，主要因内部功能而定，故其间距、尺度不一，有些地方甚至两窗共享一窗楣等。巴洛克破山花式窗楣也在二楼窗楣上有所应用。

市政厅大楼是一座极富南欧特色的建筑物，三角形的窗檐、中央突出的小露台、爱奥尼式的门柱，以及麻石窗框、粗铁窗花，都散发着古朴的气息。门厅高墙上方装饰有浮雕作品，记录着一些历史事件，如两位天使手里捧着葡萄牙国徽，天使头上的十字架和地球图形象征着几个世纪前葡萄牙人全球性的航海探险活动。市政厅会议室在装饰上承袭了葡萄牙古典建筑的风格，会议室里悬挂着历任澳督的肖像，他们中的大多数人都曾经在这里工作过。这里通常举行澳督或会议主席上任及卸任的仪式，每逢重大的演讲也会在这里举办。

市政厅大楼内的图书馆为澳门图书馆的分部，于1656年开馆，是澳门最古老的图书馆。藏书有10万多册，主要收藏1950年前出版的西方文献，包括葡国文学、英国文学、中国文化和艺术书籍，还收藏19世纪出版的西文报刊、西方古籍，其中不乏珍贵版本。市政厅的后园较小，因为周围的高楼大厦过多，更显出这里的局促。尽管狭小，这里的布置却有一种淡淡的欧式风情，园中的小狮子喷出涓涓的泉水，浓浓的绿荫里坐落着葡萄牙著名诗人贾梅士的半身像。

■仁慈堂　大楼位于市政厅广场，1569年（明隆庆三年），澳门首任天主教主教贾尼路创建了澳门第一个慈善机构——仁慈堂。澳门仁慈堂是一个面向穷人和病人的慈善机构，主要服务于澳门的葡籍小区。在澳门这个主要从事海上贸易的城市，成年男人每年有六至八个月在海上奔波，容易遭遇海难和海盗，被丢下的孤儿寡母常常衣食无着而穷困潦倒，只有靠仁慈堂收留和照顾他们。仁慈堂通过募捐和遗产捐赠等方式筹集资金以照顾城里的居民，在澳门居民中享有极为高的声望。仁慈堂原为葡萄牙的慈善组织，名“圣母慈善会”，由葡国王后莉娜于1491年8月15日创办，以后将所办的慈善工作逐步推广到葡人所到的地方。澳门仁慈堂也与当时葡国皇后莉娜在葡创办的“圣母慈善会”性质相同，故名“仁慈堂”。

仁慈堂大楼始建于18世纪，目前所见的大楼改建于1905年。大楼整体除花岗石柱基外，均粉刷以白色，给人一种安静高雅的感觉。建筑物宽22米，女儿墙高度为12.5米，由左至右分为三部分，中央部分宽22米，其顶上的三角形山花高达16米，打破了建筑物的水平感。建筑物正立面上层为大楼的外廊，下层为宽2米的公众通道。正立面为券柱式构图，上下两层各开有七个券拱，其中以中间三个较大。在券拱两侧装饰有双壁柱，壁柱形式富有变化，上层中央为爱奥尼式圆柱，两则为爱奥尼式方柱；下层为科林斯式柱，两侧为圆柱，中间却为方柱，并以迭柱形式出现。这种券柱式构图手法以及丰富的装饰线脚，使大楼立面产生了一种轻盈空灵的效果。

图7　仁慈堂

（二）岗顶广场（前地）

岗顶广场所在地原称磨盘山，位于葡人旧城区内，周围名胜林立，包括圣奥斯定教堂（龙嵩庙）、伯多禄五世剧院（岗顶剧院）、何东图书馆、明爱中心以及圣约瑟修院等。

图 8　岗顶剧院

■伯多禄五世剧院　位于岗顶广场，俗称岗顶剧院，1860 年（清咸丰十年）由澳门葡人集资兴建，以纪念葡萄牙国王伯多禄五世。剧院建成后成为澳门葡人的大会堂，凡遇庆典集会，皆在此举行。剧场可供戏剧演出及音乐演奏用，也曾用作放映电影。剧院建筑的外观为西洋古典风格，是澳门唯一的欧式剧院。

建筑主体长 41.5 米，宽 22 米，屋顶采用中式坡屋顶，屋脊高 12 米。平面作纵向布局，圆形的观众席前后布置了前厅及舞台，两侧是可供休息的长廊。长廊上设有楼梯直达二楼观众席，观众席为月牙形，依靠楼下十列排成弧线的柱子支撑。

剧院正立面为希腊复兴式，门廊面宽 15.7 米的，门廊顶端以三角形山花收结。山花下则是由四组爱奥尼式倚柱组成的三个券洞，券洞宽约 3 米，八列倚柱高约 6 米。山花及柱子上装饰较为简单，令立面看起来更为雄伟、高耸。面向岗顶广场的侧立面与正立面不同，其墙上连续开满九个宽 2.45 米的落地大窗，加强了建筑的水平感，同时也表现出一种浑厚的气度。建筑物整体粉刷以绿色，衬托墨绿色门窗及红色屋顶，与以黄色为主调的周围环境显得既和谐又凸显个性。

■何东图书馆大楼　位于澳门半岛岗顶前地，建于 1894 年，香港富绅何东爵士于1918年以1.6万元购入，作为夏天来澳门消暑的别墅，称何东别墅，是澳门的典型豪宅。1955年何东爵士逝世，其后人根据何东爵士生前遗嘱，将故居赠予澳门政府以发展公共图书馆，并留下2.5万元港币购买图书。1958年8月何东图书馆正式对外开放，馆内古籍馆藏尤为珍贵，计有嘉业堂藏书、早期的宗教书籍及早期的中葡、中英字典等古籍、线装书。

图书馆建筑高三层，一层有游廊，二、三层为内廊，立面为拱券式布局，券间墙设有薄薄的壁柱，采用爱奥尼柱式。建筑通体做黄色粉刷，壁柱、券线、檐口等饰白色线条，落地大窗的窗框为绿色，屋顶为红瓦四坡顶。建筑一楼是阅览室，二楼为“何东藏书楼”，陈设高雅，楹联、名贵的扶手椅、云石台板、四壁的古籍善本散发着中国古典书斋的气息。建筑有开阔的前庭和后园，前花园黄色围墙与拱形的绿色铁栅门形成对比，铺设石板的道路直通大楼正门，左侧有假山、喷水池，还种植了高大的树木。后花园结合地势做成台地形，丰富了空间层次。整个建筑既有身居城市之便，又有独处园林之乐，是目前澳门唯一一座园林式图书馆。

（三）亚婆井前地

亚婆井前地位于原来“基督城”（葡人居住地区）内地段，是澳门最早的葡人居住区。周围葡式建筑林立，是一个展示澳门特有都市风貌的橱窗。1994年修复时加装了龙头喷泉，象征着养育了当地人的源源不绝的泉水。

位于亚婆井前地的葡人公寓式住宅多建造于20世纪初，外观为装饰艺术风格。7、9号公寓每栋约300平方米，为二层式建筑。21号公寓约460平方米，为三层高的建筑，平面基本为长方形。7、9号高约10米，21号高约13米，两楼相距5.9米，用一层平房连接。建筑入口结合地形设置，立面有装饰艺术风格的装饰线条，外墙表面为黄色粉刷，白色装饰线条，屋顶形式为平屋顶，结构为砖墙与钢筋混凝土混合结构，梁上铺木楼板，室内装饰基本保持原状。该组建筑是澳门早期葡人居住区的历史见证，也是装饰艺术风格建筑在澳门的典型实例之一。

（四）白鸽巢前地

白鸽巢前地在澳门中部，东望洋山西麓。前地的北面即著名的白鸽巢公园，前地的东侧是东方基金会会址，会址东侧为基督教坟场，均为澳门名胜古迹。

白鸽巢公园又称贾梅士公园，是澳门半岛最大的公园。园中树木葱茏，即使在炎热的夏天，这里也仍然清爽宜人。公园建在山丘之上，修建时充分利用山上的乔木作为景观对象，富有自然特色。园中碧水呈鲜，锦鳞游泳，轻风拂面，荷花吐艳，让人流连忘返。在白鸽巢公园里有一处著名的历史遗迹，即葡萄牙著名诗人贾梅士的塑像，其创作的《葡国魂》是葡萄牙文学中传世之作。1849 年，人们把贾梅士的半身铜像放置在山上的石洞中，并将洞口构筑为葡萄牙风格的拱门，门前的石壁上题写着这样一段文字："才德超人，因妒被难；奇诗大兴，立碑传世。"洞顶有一座六角亭，供游人登高远望。

白鸽巢公园内到处可见到凤凰树，挺拔而繁茂。正是在这种绿荫翳翳的环境里，人们感到了清凉与惬意。清末诗人汪兆镛赞叹道："白鸽巢高万木苍，沙梨兜拥水云凉。炎天倾尽麻姑酒，选石来谈海种桑。"举目天高云淡，放眼沧海桑田，联想人生际遇，诗人不禁感慨万千。白鸽巢公园弥散着一种远离城市的静谧之美，层层叠叠、深浅不一的绿色为白鸽巢公园增添了大自然的悠闲与宁静。

■东方基金会会址 位于白鸽巢公园旁，原是澳门富商俾利喇的别墅，后来租给英国东印度公司，作为该公司驻华商务监督、大班及英国驻中国高级官员的住所。1885 年该房屋成为澳葡政府的财产，20 世纪 60 年代后曾改作贾梅士博物院，现为东方基金会会址。

建筑虽经数次易主与重修，面貌已有很大变化，但仍保留着强烈的南欧建筑风格。从现有资料看，1890 年时的建筑中轴对称，中部五开间两层，两翼各两开间一层，下部设半地下室。宽大的楼梯直通中部的主入口，入口设高大门廊，廊由两个塔司干方柱支撑。上下左右虽全开落地窗，附设百叶窗扇，但具体方式不同，中部一层为券形窗，有窗线，二层则只开方窗，上有弧形窗楣，两翼窗与此大致相同。中部檐口之上有高大的三角形山花，两翼则为宝瓶状女儿墙，屋顶为坡顶。屋前有大花坛，屋后带花园。早期的建筑宏大高敞，后来规模缩小，中部两层变为一层，且层高降低，门廊缩小，其他建筑保留，屋前花坛改造成规则的几何形。

今日的建筑与最初的模样已大相径庭，坡屋顶改为平屋顶，宝瓶女儿墙改为普通的带状墙，窗已简化，不带窗楣，仅有窗线。外墙为白粉刷，隅石、窗线、女儿墙等为粉红色，通过西班牙式大台阶可直接进入门厅。室内已改造为展览空间，屋前花坛改为水池。红白相间的色彩，平静的水池虽不见当年建筑的豪气，但也显得安静、平和。

■**基督教坟场** 辟于1821年，位于白鸽巢前地东侧。墓地内长眠的有商人、传教士、水手和一些曾生活于19世纪的澳门居民，包括著名的画家钱纳利、传教士马礼逊。钱纳利于1825年来到澳门，这时他的绘画艺术在英国和印度已经取得了成功，此后他一直在澳门从事艺术创作，成为中国沿海地区最著名的画家。他的足迹几乎遍布了澳门的每条街道，他的有关澳门风景和风俗的绘画作品唤起了人们对旧时岁月的追忆。1852年，钱纳利在澳门逝世，葬于旧基督教坟场中，他的墓碑是墓地中设计得最为精美的一个。

基督教坟场内有圣公会马礼逊堂，与坟场同时修建，1922年重建。马礼逊（1782－1834）是英国新教牧师，1807年被伦敦传道会派遣来华传教，是第一位来华的新教传教十。他曾长期在澳门，死后葬于教堂附近的墓地，此教堂也以其名命名，作为纪念。

重建后的马礼逊教堂，造型仿罗马风建筑风格，是一座基督教新教教堂在澳门早期的实例。建筑面积约80平方米，平面长方形，室内装饰简洁，用英国锤式屋架。立面总高约8米，山花顶上有十字，两侧墙面有扶壁，外墙表面为白色粉刷。正立面有半圆形透视门，主体为砖木结构，两坡顶，建筑外观古朴淡雅，表现出英国小教堂的特点。该教堂作为澳门的第一座新教教堂，具有重要的历史价值。

（五）港务局大楼

港务局大楼位于妈阁山旁边，在妈阁街的一段坡道上，原名摩尔人兵营，由一位名叫卡苏索的意大利人设计。大楼建于1874年（清同治十三年），是一座具印度哥特风格的建筑，原用于接待摩尔人组成的卫戍队。所谓摩尔人是1873年（清同治十二年）到澳门当警察的印度人。该大楼目前为澳门港务局和水警稽查队总部所在地。

大楼长67.5米，宽37米，坐落在由花岗石围筑而成的平台上。建筑物除了中央局部设计为二层外，其他部分都设计为一层。除了靠近妈阁山一侧外，建筑物的其他三面均有宽达 4 米、带有尖券拱的回廊环绕。这圈回廊不但便于观赏风景，同时也充分考虑到了澳门气候和建筑所处的环境。在回廊转折处，楼顶高度也相应提高，打破了建筑物的水平线条，形成角楼的感觉。在角楼两面相互垂直的外墙上，分别开有三个宽 1 米多、由四棵圆柱支撑的伊斯兰式尖拱。在回廊的其他外墙上，均开有宽 1.5 米的伊斯兰式尖拱窗洞。在较长的回廊中一共连续开有 19 个尖券拱，各尖拱间以三叶饰点缀，加上女儿墙上有节奏的呈雉堞式排列的方尖拱装饰，形成强烈的韵律感。建筑整体粉刷成黄色，并以白色花纹衬托，与粗糙的花岗石围墙在色彩及质感上形成强烈的对比。

第七节 结 语

经过大规模的填海造地，截止到1999年，澳门的面积几乎增加了一倍，使得澳门的地貌也发生了巨大的变化。连同澳门的地理环境也为之改变。尽管现在的澳门被装饰着玻璃幕墙的银行大厦、呈螺旋上升的高层停车场和瓷砖贴裹的高达30层的公寓楼所包围，但澳门老城的痕迹仍依稀可辨。无论是出于对蕴藏城市记忆的景观大量消失而产生的无奈和惋惜，或出于对现代城市化速度的敬畏和迷茫，还是出于对缺乏城市整体规划而造成房地产过度投资的抱怨，今日的澳门社会已高度关注城市风格的取向和城市景观的变化。这种取向和变化将影响澳门的未来。

人们在建构和组织城市生活空间的同时，也反映着人们对世界、对自己的文化和社会的认知方式。澳门的城市空间和建筑景观包含着丰富的社会内容，这种内容赋予城市空间以社会意义，并随着城市空间的利用或居住方式的变化而变化。城市中的建筑是城市共同记忆的贮存器，大凡有历史意义的建筑结构和空间，就有必要予以保护，因为老建筑、古街区可以使人产生怀旧情绪，而集体的怀旧情绪，正是维系民族文化的基石之一。怀旧是一种特殊的记忆，是一种叙述自己和过去的关系的特殊方式，历史建筑的消失将必然导致记忆的消失。当然，对老房子、古街区和历史名胜的保护并不单是怀旧的结果，它反映了现代人的一种文化理念，即利用历史参照物来辨认日新月异的生存环境，人们身边的建筑、街区环境和城市景观向人们提供了辨认自己的家园的有形证据，通过这些证据使人们产生归宿感。这些证据还将成为生动的社会史教材，让下一代人了解自己祖先的生活史和奋斗史，唤起民众对自己的城市特色的荣誉感和自豪感。

澳门对城市遗产保护的关注，表现出人们对一种可能消失的美学概念的眷恋，对一个正在逐渐褪色的民族特征的关切。20世纪20年代和90年代的城市文明的区别之一，就是人们重新树立起城市结构应该反映市民文化的信念，90年代以旧城区改造为主旋律的城市环境的改变是城市变迁的主要内容之一。19世纪后期和20世纪初，为开辟新的现代街区，澳门半岛北部望厦、龙田、龙环、塔石和新桥等一些已有几百年历史的村落被拆除，一些有价值的传统建筑如新马路两旁的“骑楼”、下环街及海旁河边新街的“骑楼”随之消失。这些“骑楼”虽算不上什么重要的历史文化遗产，但是很有地方传统建筑特色。如今人们已经认识到遗产建筑是一种重要象征，是对澳门免遭被千篇一律的现代商业城市淹没的一种保险。这些历史建筑是澳门文化和城市特征的载体，并且具有无形的商业价值，成了经济发展的潜在基础。对遗产建筑的破坏，不仅破坏了历史的见证，而且还破坏了澳门未来繁荣的基础。

保持城市历史文化的延续性，可以归结为两种方式，一种是对城市建筑遗产的保护，这是一种硬件的保护；另一种是在新的建设中保护城市的历史文脉，使文化之泉绵绵不断，这两方面如今在澳门都有着很好的体现。1976 年澳门政府颁布了多项保护计划，公布了受政府保护的建筑物、建筑群和遗址的官方目录（又称“粉红色计划”）。从 20 世纪 80 年代开始，澳门民间出现了文物保护的热潮，私人机构加大了对历史古迹投资的力度，购买并恢复了很多具有历史意义的建筑，为澳门文化遗产的传承做出了贡献。

目前澳门建筑和文化遗产的分布状况是：半岛上现有 36 座纪念性建筑物、41 座具有建筑艺术价值的建筑物、8 组建筑群和 18 个具有历史价值的场所；在氹仔岛上有 5 座纪念性建筑物、2 座具有建筑艺术价值的建筑物、2 组建筑群和 1 个具有历史价值的场所；在路环岛上有 7 座纪念性建筑物、1 座具有建筑艺术价值的建筑物、1 组建筑群和 2 个具有历史价值的场所。整个澳门地区共有 48 座纪念性建筑物、44 座具有建筑艺术价值的建筑物、11 组建筑群和 21 个具有历史价值的场所。在澳门半岛共有 1. 2 平方公里的地段属于文化保护之列，占整个半岛总面积 8. 50 平方公里的 14% 左右，不难发现澳门地区的很大一部分都已处于政府的保护之下。

由于历史原因，澳门许多历史建筑已经永远地消失了，但就总体而言，澳门政府采取正确的文化遗产保护政策，已成功地恢复了上 9 世纪末澳门的风貌。澳门现存的历史建筑和城市景观是对近 25 年来政府遗产保护工作的最好回报。如今，澳门政府已将澳门一批历史建筑群申报联合国教科文组织的世界文化遗产名录，并在 2005 年获得通过，澳门的建筑文化遗产得到了全世界的珍重。

第五章　颐和园

早在公元11世纪，中国便开始了营造园林的活动，王公贵族在山水秀丽、林木繁茂的地方掘池筑台，莳花植草，放养鸟兽，为自己经营游憩生活的园林环境，以供狩猎游乐。此后，从秦汉至明清各代，园林活动一直十分活跃，绵延不绝，形成了独具民族风格的中国古典园林艺术体系，对东亚和西欧的园林艺术产生了深远的影响，为人类文明和世界文化做出了卓越的贡献。

位于北京西北郊的颐和园是中国古典园林艺术的代表作品之一，也是目前保存最为完整的皇家园林。颐和园总占地面积达258000平方米，规模宏大，气势浑厚。她以层峦叠嶂的北京西山为背景，将自然景色和人造景物巧妙地结合在一起，取之自然，高于自然。全园以水景为主，水面约占总面积的四分之三，前湖以辽阔取胜，后湖以幽曲见长，湖借山色，水映天光。园内景区明晰，功能完备，按景观特征可分为前山前湖区、后山后湖区和宫廷区，按功能则可大体分为政治活动区、生活居住区和风景游览区。

颐和园的前身名清漪园，从1750开始兴建，经历了清朝和中国近代史的兴衰荣辱，是折射历史的一面镜子。在园林和建筑艺术史上，颐和园占有重要地位，不但是中国规模最宏伟和保存最完整的皇家园林，也是全国最著名的古建筑群之一，集中反映了中国皇家造园技术的高度成就和造园艺术的精湛水平，是中国古典园林遗产中的瑰宝，在全世界享有盛誉。1961年，中华人民共和国国务院把颐和园列为第一批全国重点文物保护单位，1998年被联合国教科文组织列入世界文化遗产名录。

第一节　颐和沧桑，历史折光

我国古代的皇家园林，大多毁于历史上朝代更替的战火，保存较为完好的颐和园为研究这类园林的造园艺术提供了一个珍贵的标本。从园林艺术角度而言，颐和园中的景物，许多是继承和再现历史上皇家园林的规制、意象和内容，是历代皇家园林艺术的集成和结晶；从社会历史文化的角度而言，自1750－1911年近200年来，许多重大历史事件在园内都留下了遗迹、遗址，中国近现代史上的重要人物、重大事件及近现代亚洲史均与颐和园相互关联，故而该园不仅是研究中国皇家园林的实物例证，也是研究中国历史的宝贵素材。

（一）京畿西北郊胜概

1. 瓮山与西湖

北京西郊的燕山山脉，又名西山，峰峦连绵，素称“神京右臂”。在香山的位置，西山余脉兜转而东，如一道翠屏拱列于京西平原。在其腹心地带有两座小山岗平地突起，这就是有名的玉泉山和瓮山（万寿山）。玉泉山有常年不绝的泉水从石洞中涌出，故得玉泉美名。玉泉山的泉水在东面的瓮山南面汇聚成了一个大湖，人称瓮山泊，俗称大泊湖，又名西湖。自金元时代起，这里便是京畿的游览胜地，颐和园的前身清漪园即是以西湖和瓮山为依托修建的。

早在元朝的时候，元世祖忽必烈建大都为全国政治中心，命郭守敬引昌平白浮村的神山泉，并汇聚西山、玉泉山流下的清泉于西湖，再穿城而过经通惠河补给大运河北端的水量，以备漕运南方粮米进京。因为水量增多，西湖呈现出泓澄百顷、气象万千的景象，被时人誉为“壮观神州第一”，并将其与杭州西湖媲美。

元代皇帝不断修治城内至西郊的高梁河（长河），并乘船往来游赏，大都城的市民也竞相出城往游西湖。据《扑通事谚解》中记述：当时这里的景色“真个是画也画不成，描也描不出，休夸天上瑶池，足比人间兜率”。到明朝时候，朝廷又加固了湖堤，西湖的水位更为稳定，周围土地也随之获得灌溉之利，大片的耕地被辟为水田。湖中及四周田亩遍植荷、蒲、菱等水生植物，尤以荷花最盛。沿湖堤岸上垂柳回抱，柔枝低拂，映衬着远处的层峦叠翠，一派江南田园景象。当年曾有人模仿杭州“西湖十景”命名了北京的西湖十景：泉液流珠、湖水铺玉、平沙落雁、浅涧立鸥、葭白摇风、莲红坠雨、秋波登碧、月浪流光、洞积春云、壁翻晓照。这些自然风光再加上寺庙、园林、村舍的点染，使北京西湖获得了“环湖十里为一郡之胜观”的赞誉。明代画家、诗人文徵明赋诗盛赞西湖的景色：“春潮落日水拖蓝，大影楼台上下涵。十里青山行画里，双飞白鸟似江南。”飞禽水鸟出没于天光云影中，环湖十寺掩映在绿荫潋滟间，更增益了西湖的绮丽风光。

优美的景色自然吸引四方游客前来赏玩，每逢4月，人们纷纷涌向西郊踏青，京城男女老幼出西直门，过高梁桥，云集西湖。堤上“茶蓬酒肆，杂以伎乐，绿树红裙，人声笙歌，如装如应”；夏天荷花盛开，西湖游人更多，文学家袁宗道在《西山十记》中写道：“每至盛夏之月，芙蓉十里如锦，香风芬馥，士女骈阗，临流泛觞，最为胜处矣。”

如此风景名胜，自然也是帝王游幸之地，明武宗曾在湖边筑钓台垂钓，明宣宗在玉泉山修望湖亭，瞻望西湖景色，明孝宗弘治七年（1494年）在瓮山南坡修建了“圆静寺”，引得文人墨客经常到此游览。清初，西湖瓮山仍是人们登临游览的名胜，乾隆元年（1736年），著名画家郑板桥到瓮山访旧友无方和尚，写下了如下诗句赞美当时的景色：

山裹都城北，僧居御苑西。雨晴千嶂碧，云起万松低。
天乐飘还细，宫莎剪欲齐。菜人驱豆马，历历免长堤。

2. 三山五园

有清一代，王公贵族竞相圈地围湖，修筑园圃，青山绿水的西北郊自然成为他们兴建离宫别馆的最佳地段，在绵延20余里的范围内形成了历史上罕见的皇家园林特区，其中以圆明园、畅春园、香山静宜园、玉泉山静明园和万寿山清漪园最为宏丽，号称三山五园。这些园林均由乾隆皇帝亲自主持修建或扩建，汇聚了中国风景式园林的全部形式，代表了中国宫廷造园艺术的精华。与此同时，在皇家园林周围还陆续营建了许多私家园

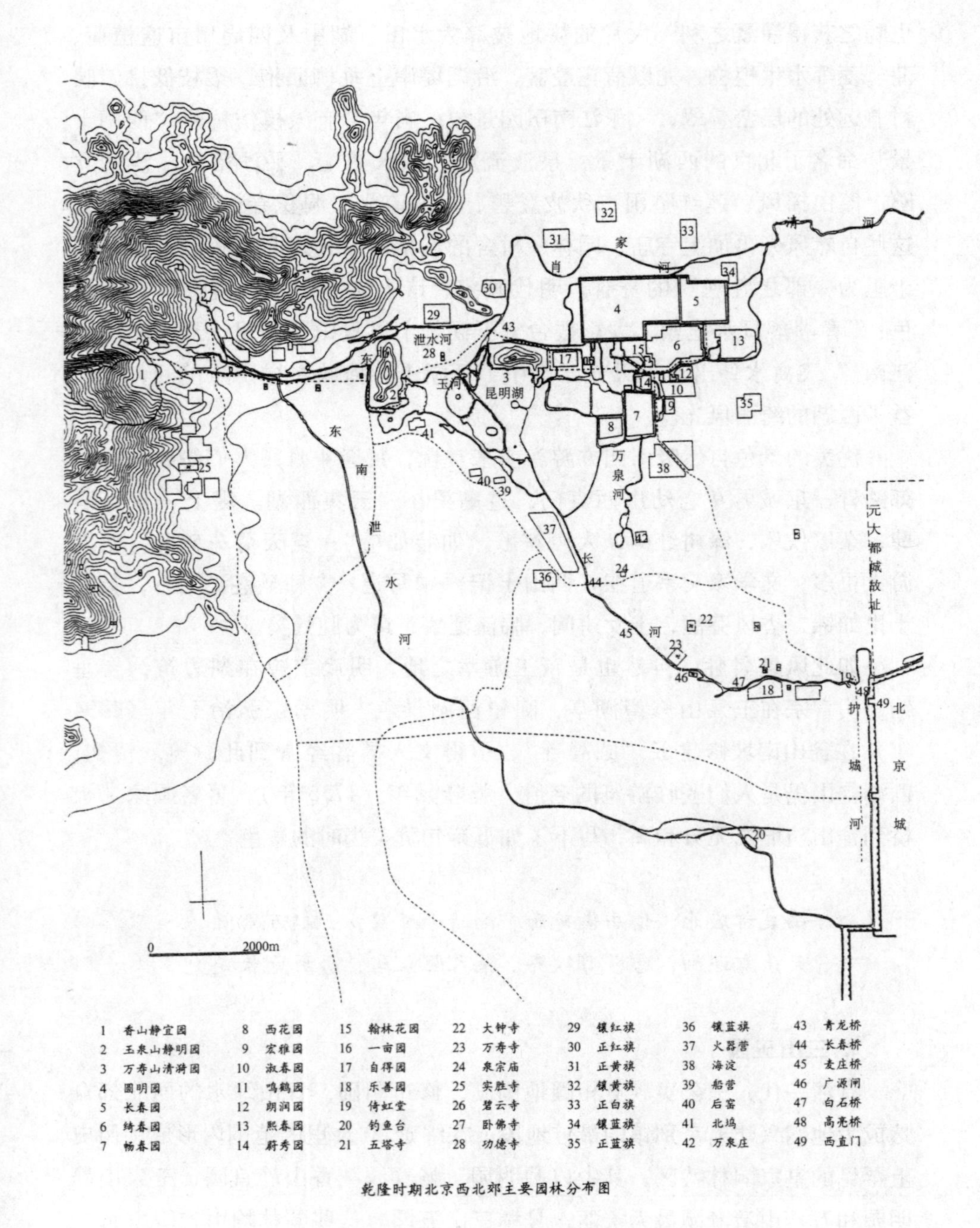

乾隆时期北京西北郊主要园林分布图

图 1　三山五园

林，极目所望皆为楼堂馆所，名园胜苑掩映于绿荫之中，时称“园林之海”。在这三山五园之中，颐和园虽建园最晚，但艺术成就最高，是迄今保存最为完整的皇家宫苑的代表。

与三山五园中的其他名园相比，颐和园又自有其独有的特点。圆明园、畅春园为平地造园，缺乏天然山水的自然条件；静宜园为山地园林，静明园以山景取胜，配合以小型水景，但缺少开阔的大水面。唯独西湖一处是西北郊最大的天然湖，又与瓮山形成北山南湖的地貌结构，加之西湖离乾隆长期居住的圆明园很近，介于圆明园与静明园之间，若在总体规划上将它们联系起来，便可构成一个功能关系密切、景观互为因借的天然园林风景区。此外，圆明、畅春、静宜和静明等园林原本是在旧园基础上改扩建而成的，园林的规划难免受到既定格局的限制，而翁山西湖的原始地貌则完全是按照乾隆皇帝的构思加以规划建设的，这些特点构成了颐和园山水格局的基本支撑，也是乾隆继圆明园建成后又在瓮山西湖兴建清漪园（颐和园的前身）的主要原因。

（二）乾隆兴建清漪园

清王朝进入乾隆时期，皇家园林的建设到达了高潮，规模之宏大、内容之丰富，前所未有。这种情况一方面和当时的社会经济文化相关，另一方面也与乾隆个人的品格才情有关。乾隆皇帝作为盛世之君，有着很高的汉文化素养，他从小就在畅春园、圆明园、承德避暑山庄里读书、游玩，饱受中国园林文化的熏陶，对园林有着特殊的感情；成年后的乾隆平生喜好游山玩水，对造园艺术也颇有一番见解，兴建于明代以及康雍两朝的那些旧园林已不能满足他的园林艺术观，因而他要以自己的见解对它们进行改扩建。

北京西北郊的山水地貌，奠定了创设自然风景园林的基础，良好的造园基址对乾隆来说不啻具有极大的诱惑。为了将清漪园建成自己理想中的天堂，把江南乃至全国的名园移植到北京的皇家园林里，乾隆先后六次到南方巡视，足迹遍及江南名园。凡其所钟爱的园林，均令随行画师摹绘为粉本，作为以后在京畿造园的参考。清漪园内重要的扩建、新建工程，乾隆都要亲自过问，甚至参与规划。在乾隆看来，造园不仅是对天然山水做一拳代山、一勺代水这种浓缩性的摹拟，其更高的境界应有身临其境的直接感悟："若夫崇山峻岭，水态林姿，鹤鹿之游，芬鱼之乐，加之岩斋溪阁，芳草古木，物有天然之趣，人忘尘世之怀，较之汉唐离宫别苑有过之无不及也。"为实现这一理想，乾隆力排众议，倾全力于瓮山西湖建造清漪园。

1. 为母祝寿大兴园事

乾隆十六年（1751 年）适逢皇太后钮钴禄氏六十寿辰，乾隆为给母后庆祝寿辰，于乾隆十五年在明代瓮山圆静寺的遗址上兴建了一座佛寺"大报恩延寿寺"，同年三月十三日发布上谕，改瓮山为"万寿山"，改西湖为"昆明湖"。与佛寺建设同时，在万寿山南麓，沿湖相继建起厅、堂、廊、榭、桥等园林建筑，清漪园的营建活动自此全面展开。

早先建造的建筑大多以游赏为主要功能，宫殿、居住和辅助建筑所占比重很小，因为乾隆游幸至此，多是"过辰而往，逮午而返，未尝度宵"，由此可见，当时的清漪园还只是一般的行宫。此外，清漪园最初本是皇太后拈香礼佛的地方，因而寺庙建筑所占比重亦不小，其中最大的两处是大报恩延寿寺和须弥灵境，分别占据了万寿山前山和后山的中央部位。除此之外，还有一些非寺庙性质的建筑物，有的兼有佛事的功能，如乐寿堂、乐安和等，这些建筑多以部分房间供奉佛像；有的则是以一幢殿堂供奉佛像，如花承阁、凤凰墩等建筑群等；而文昌阁和贝阙又是别具一格，它们兼具城关和祠庙的双重性质。从这些建筑物的功能和内容可以想见，当年在清漪园内颇有一种浓郁的宗教气氛和祝寿气氛。

2. 兴治水利兼及造园

自西汉以来，历朝历代一直把皇家宫苑的建设与都城的水利建设相结合，清代北京西北郊的宫苑与水系也同样有着密切的关系。乾隆初年，海淀附近兴建和扩建的园林愈来愈多，耗水量与日俱增，当时园林供水的主要来源除万泉庄水系外，大部分依赖由玉泉山汇经西湖（昆明湖）的玉泉山水系，而后者正是明代以来通惠河的上源。由于大规模的造园活动，玉泉山水系上源被大量截流，势必影响大运河通州到北京的漕运畅通。为了解决这个问题，乾隆十四年（1749 年）冬，结合建园工程开始进行大规模的水系整治工程，水系整理工程包括：拦蓄西山、香山、寿安山一带的大小山泉，引入玉泉山水系，再由玉河汇入西湖；结合清漪园工程，拓宽、疏浚西湖，将其作为蓄水库。乾隆二十四年（1759 年）在静明园南宫门外把零星小河泡加以联合并，开凿为“高水湖”，以聚蓄天然水，又开凿“养水湖”与玉河连通，作为辅助水库，同时安设相应的涵闸设施，使玉河两岸旱田获灌溉之利，辟为稻田。此外对长河大加疏浚，此河本是元、明以来西湖通往北京城的输水干渠，由于年久失修多有淤塞之处，乾隆十六年（1751 年）初步完成清挖河底、局部拓宽河道和整理泊岸的工程，使长河成为西直门直达玉泉山静明园的皇家专用水路。

香山一带每遇夏秋霖雨季节，常有暴发山洪、冲决石渡槽、淹没农田的危险，为此，乾隆三十七年（1772 年）于香山之东、昆明湖以西开挖了两条排洪泄水的河道，一条东行，经安河桥注入清河，另一条东南行至钓鱼台即今之玉渊潭。这两条水道在外围保护着高水、养水、昆明三湖不受山洪威胁，也使附近农田得到了灌溉。

在昆明湖的西北开辟河道往北延伸，经万寿山西麓，过青龙桥，沿元代白浮堰的引水故道与清河相连，成为昆明湖的溢洪干渠。青龙桥下设闸门以备霖雨季节湖水骤涨时提闸放水，乾隆称之为“昆明之尾闾”，由内务府设专人管理。干渠绕过万寿山西麓分出一条支渠转而向东，沿山北麓把原先的零星小河泡连缀成为一条称为“后溪河”的河道，即后来的颐和园“后湖”，这条后溪河向东出颐和园流入圆明园。

经过这番规模浩大的整治，增大了昆明湖的蓄水量，形成了玉泉山——玉河——昆明湖——长河这样一个可以控制调节的供水系统，既圆满地解决了通惠河水源的接济，又保证了农田灌溉和宫廷、园林的用水需要。中国自古以农立国，历代皇帝都深知农田水利的重要性。乾隆作为清王朝的最高统治者，自然也非常关心昆明湖的水情以及附近农田的灌溉情况，甚至亲自询问过涵闸的启闭情况。

疏浚后的昆明湖向北扩至万寿山南麓，更向东面大大拓展了湖面，原本是位于东岸边上的龙王庙被保留下来，成为湖中的岛屿，称南湖岛。湖东沿岸名东堤，在东堤北端建有一座三孔水闸名二龙闸，用以控制昆明湖以东的水量。西堤以东的湖水是昆明湖的主体，面积广阔。西堤以西则是附属水库，在西侧的水域中堆筑了两个大岛，分别取名为治镜阁和藻鉴堂，与南湖岛一起构成皇家园林“一池三山”的传统理水模式。结合对昆明湖的疏浚和开拓，乾隆按造园意图对山水地形进行了相应的整治和改造，同时以“大报恩延寿寺”的兴建为先导，全面展开了清漪园的建设工程，并于乾隆十六年正式公布了清漪园的园名。至乾隆二十九年（1764年）清漪园工程告竣，整个工程历时十五年完成。

图2　清漪园

3. 英法联军火烧名园

清漪园是中国古典园林艺术发展的顶峰，同时也标志着以乾隆时期为代表的封建造园活动的终结。清王朝演替到道光时期，盛于康乾时代的繁荣已是强弩之末，皇室再没有财力营建新园，旧有的行宫御苑也只不过是勉强维持现状，有的更是经多年荒废而逐渐坍毁。与此同时，西方殖民主义势力已经通过武力撬开了中国门户，第一次鸦片战争的失败，中国被迫与英国签订第一个不平等条约——“南京条约”。咸丰六年（1856 年），英国进攻广州，挑起第二次鸦片战争，咸丰八年，清政府与英国签订“天津条约”。咸丰十年（1860 年），英法两国借口护送公使赴北京换约，驱军舰进攻大沽口炮台，被大沽口守军击退。事后，他们纠集两万多兵力攻陷大沽口，沿白河长驱直入，占领通州，咸丰帝皇逃往承德避暑山庄，英法联军占领海淀和圆明园，大肆抢掠园中珍宝、字画、古玩、陈设。联军统帅额尔金下令将圆明园及附近的清漪园、静明园、静宜园等宫苑全部焚毁。这座经营、建造了 109 年的名园，在烈焰中毁于一旦，园内珍宝散失一空。大火过后，万寿山前山树木只存几株，大报恩延寿寺一组建筑除砖石建筑智慧海和众香界、宝云阁、转轮藏及石碑、石狮外，其他木构建筑荡然无存，273 间长廊只剩下十一间半。“玉泉悲咽昆明塞，惟有铜犀守荆棘”，是当时国人悲愤控诉侵略者丑恶行径的写照。

咸丰在得知圆明园及三山景区被焚烧劫掠后，一再指示留在北京的恭亲王“只可委曲将就，以期保全大局”，尽速与英法议和。10月25日，奕訢代表清政府与英法签订北京条约，联军退出北京。乾隆建造的清漪园虽回归清廷，但自此凋零破败，逐渐荒芜。咸丰十一年（1861年）7月，咸丰皇帝病死在承德避暑山庄，六岁的载淳继承皇位，慈禧被尊为圣母皇太后，崇奉徽号慈禧。她与咸丰的皇后钮钴禄氏一同代行皇帝的权力，同年，慈禧与恭亲王奕訢密谋发动“北京政变”，把咸丰遗诏中委以辅佐小皇帝（同治）执政重任的肃顺、端华等八位大臣全部处死或治罪，实现了太后临朝“垂帘听政”。

（三）慈禧重修颐和园

慈禧（1835－1908），祖居叶赫，姓那拉氏，满洲镶蓝旗人，其父惠征曾任安徽宁池太广道的道台。慈禧17岁入宫，为咸丰妃，封兰贵人。咸丰六年，生皇子载淳，晋封懿妃，次年封懿贵妃。1874年，同治皇帝病死，载湉（光绪）继位，两宫太后二次垂帘听政。光绪七年（1881年），钮钴禄氏病死，叶赫那拉氏独揽朝政。

慈禧执政后，开始修复、重建西郊一带的皇家园林，时值黄河决口，奉天水灾，政局动荡，国家财政更是捉襟见肘，朝野上下针对重建清漪园工程，不禁议论纷纷。为安定民心，光绪十四年（1888年）二月初一，慈禧为掩人耳目，不得不以光绪皇帝的名义发布一道造园上谕，称造园是为训练水师，以恭备皇太后观水操演习，并改清漪园为颐和园。光绪十五年三月二十二，慈禧由光绪皇帝侍奉，以检阅神机营水陆会操的名义第一次临幸颐和园，这实际上不过是装装样子罢了。清宫的一份档案表明，水操学堂在昆明湖演练驾驶轮船时，因绣漪桥、玉带桥一带存水过浅，根本不能浮起船只而无法操练，这一点也说明了造园和修园的真正目的并不是操练水师，而是颐养和游赏。

慈禧重建颐和园正是清廷内忧外患，政治风雨飘摇，经济凋败之时，园林艺术已然失去了康乾盛世时的物质基础和文化条件。颐和园对慈禧来说，只不过是要恢复的一处颐养天年、寻欢作乐的场所，自然不会像当年乾隆那样作为艺术创造来对待。同治、光绪以后，我国的传统园林艺术趋于没落的倾向日益显著，造园活动中再也看不到康乾时期开创进取的精神，颐和园的重建正好从侧面反映了这样一个由盛而衰的历史过程。但虽然如此，颐和园仍然是盛世的回响，伟业的折光。

自光绪十八年至三十四年，慈禧每年从皇宫紫禁城往来颐和园游娱达15年之久，直到她死前的26天还在园内。她每年的二三月份就到颐和园，直到十一二月中旬才回宫，故清史上许多重大的事件或发生在颐和园，或决策于颐和园，颐和园成为演绎中国晚清史和近代史的一个特殊的舞台。

1. 挪用海军经费

汉武帝刘彻当年为了进攻云南的“昆明国”，在长安开凿昆明池操练水军，乾隆仿效汉武帝，兴建清漪园时改西湖为昆明湖，用来训练水军，此为昆明湖名称的来源。从乾隆十六年（1751年）开始，命健锐营在昆明湖定期举行水操，并在福建沿海招募了一批水性好的年轻水手来京，组成训练部队，又调福建水师官员担任教官，同时建造16艘大型战船，在船营村修建了水师营房。据记载，乾隆还曾亲自参加在昆明湖举行的一次带有军事演习性质的“水猎”。

乾隆所谓训练水师，不过是寓意和游戏，昆明湖的主要用途本是游赏和观景。为水上游览建造的御舟，其体量与数量也远远超过水师用船，诸如镜中游、芙蓉舰、万荷舟、锦浪飞凫、澄虚、景龙舟、祥莲艇、喜龙舟等，最大的船身长40米。此外，还有备膳船、运水船、茶船以及各种运输船达28只。

光绪十年，法国海军攻破福建马尾，摧毁大清兵轮11艘，破坏福建船政局。朝廷有识之士筹议海防，光绪十一年（1885年），清政府设立海军衙门，由光绪皇帝的生父醇亲王奕譞总理海军事务。既然当年乾隆爷能借训练水师之名兴建清漪园，今日为何不可再借兴办海军名义重修清漪园呢。光绪十二年八月，按照慈禧的旨意由醇亲王奕譞等奏请“修治清漪园工备操海军”，“创办昆明湖水师学堂”，开始秘密挪用海军经费修复清漪园的工程，并改清漪园为颐和园。

按清政府的成例，宫廷工程本应交由内务府和工部督修，但重修颐和园工程却莫名其妙转由海军衙门承办。在颐和园的建设过程中，每项工程都由海军衙门包给承包商，工程竣工后，再由海军衙门验收，合格后交给颐和园管理大臣。当时有人戏称：海军衙门是颐和园的工程司。据清宫档案记载：光绪十二年（1886年）十二月十五日，作为培训海军人才的昆明湖水操学堂开学，这天的末刻，主持水操学堂典礼的官员，又亲自主持了颐和园排云殿的上梁仪式。光绪的老师翁同龢在日记里写下了这样两句话，说是“昆明湖易勃海，万寿山换滦阳”，道破了慈禧建园的真正用意，所谓“勃海”指的是北洋海军的操练基地——山东渤海湾，滦阳则指承德避暑山庄，其意是说慈禧建颐和园是借操练海军之名，行建颐和园之实。

为了支应建园的费用，光绪十四年海军衙门向朝廷奏准：在每年由洋药税中拨给海军经费的100万两白银中，以20万两用于修建颐和园等处工程。光绪十五到十七年，奕譞两次奏准：自颐和园开工之日起，每岁暂由海军经费中腾挪20万两，海军经费按例每年拨30万两给颐和园工程。光绪十七年，奕訢奏准颐和园工程用款由供给海军海防捐税中垫付。在初始经费中暂行借拨颐和园工程银100万两等。光绪十九年，每年所收土药税厘尽数拨作颐和园修葺工程专款。光绪二十一年，户部奏准在土药税中每年提15万两，作为颐和园每年的修缮经费。当然，还有大臣们的各种“报效”和捐税等，如光绪十四年（1888年）“为备海军要需及重修颐和园所需”，总督张之洞认筹银100万两，总督曾国荃、巡抚崧骏认筹70万两，总督裕禄、巡抚奎斌认筹40万两，总督刘秉璋认筹20万两，巡抚德馨认筹10万两，李鸿章认筹20万两，共计银260万两。这些“报效”和捐税陆续解往天津，惠存生息，所得息银，专归颐和园工程使用。

在慈禧的主持下，颐和园的修复工程原打算恢复当年乾隆清漪园的规模，但由于建设过程当中经费筹措困难、材料供应不足，不得不一减再减，最后不得已放弃了后山、后湖和昆明湖西岸的复建，集中财力营建前山、前湖和宫廷区，并在昆明湖沿岸加筑宫墙。自光绪二十年（1894年）颐和园工程告竣后，慈禧每年的大部分时间都来颐和园居住，她在园内接见臣属、处理政务，颐和园也因而变成了当时实际上的政治中心。

2. 万寿庆典与戊戌变法

慈禧在颐和园的一项重要活动是举行庆典，其中以寿庆最为隆重。她将清漪园改名为颐和园，即是颐养冲和、益寿延年的意思。光绪二十年（1894年），慈禧要在颐和园大办60岁生日，按照宫廷仪礼，从故宫西华门到颐和园东宫门，要沿途搭建了龙棚、经坛、戏台、牌楼、亭台等60个点景，在东宫门和仁寿殿前搭设彩殿，园内各处张灯结彩、贴吉祥对，并特制专用的金辇、雕龙宝座、龙袍、蟒袍等，可谓竭尽奢华靡费之能事。

仪典安排在排云殿举行，慈禧在此接受庆贺，然后在仁寿殿筵宴招待百官，就连在德和园上演的庆典戏曲也事前被安排好，编排成福禄寿三台。所有这一切准备停当，花去了国库白银540万两，只等吉日来临。但就在这时候，日本挑起甲午海战，清朝多年经营的新式海军经黄海一战而全军覆没，消息传来，民情激愤。在这种情况下，慈禧不得不颁发谕旨，宣布“所有庆辰典礼，着在宫中举行，其颐和园受贺事宜，即行停办”，一次隆重的祝寿活动只好草草收场。当时民间流传这样一副对联：叫作“一人庆有，万寿疆无”，讥讽和痛斥慈禧为一人庆典而劳民伤财。

1895年，甲午战败，清政府割地赔款，促使国人“痛陈积弊，图求变法救亡”。是年5月2日，广东举人康有为率1300多进京举人“公车上书”，鼓动变法，得到户部尚书翁同龢等人支持，年轻的光绪皇帝也赞成康有为等人提出的变法主张，并于光绪二十四年（戊戌年，1898年）4月20日在颐和园仁寿殿召见康有为，“历时九刻之久”。4月25日，光绪颁布诏书，宣布变法，中国历史上著名的“戊戌变法”从此开始。

光绪皇帝变法期间，慈禧太后一直住在颐和园，朝政大权仍在慈禧手中。表面上慈禧对光绪推行新法并未反对，但暗中却筹划对策。在守旧派们“宁亡国，勿变法”的呼声中，慈禧在颐和园传下了三道“懿旨”：罢翁同龢官职，用以削弱宫廷中保护光绪的势力；文职一品及满汉侍郎，各省将军、督抚、提督等需由慈禧赏识补授，所有被任命的二品以上官员，都要到颐和园慈禧面前谢恩，此举目的在于打击维新派官员，控制用人大权；慈禧任命亲信荣禄为直隶总督兼北洋大臣，掌控军权。7月，守旧派连日聚集在颐和园密谋，诬陷康有为“紊乱朝局”，请慈禧“即日训政”，并以光绪名义，诏令皇太后9月15日到天津阅兵，京津两地盛传阅兵时将发生兵变废除光绪帝。光绪皇帝预感到杀机四伏，遂于7月30日“密诏”康有为、杨锐、谭嗣同、林旭、刘光第妥速密筹，设法相救。

为了击败慈禧废黜光绪取消新政的阴谋，谭嗣同建议争取正在天津小站训练北洋新军的袁世凯。八月初一，光绪皇帝在颐和园玉澜堂召见袁世凯，“以治郎候补，专办练兵事宜”，委以重任。次日晚，谭嗣同携光绪的密信至法华寺见袁世凯，要他杀荣禄，拯救变法，袁世凯表示“诛荣禄如杀一狗耳”。然而光绪刚刚回宫，袁世凯就背信弃义，赶至天津向荣禄告密，荣禄连夜径至颐和园向慈禧禀报光绪拟兵围颐和园。八月初四黎明，慈禧急促回宫，立即将光绪囚禁于西苑瀛台，并以光绪名义“上谕”，即日起由太后训政，康有为、梁启超逃往国外，谭嗣同、康广仁等被俘处斩，其他拥护新政之官员均遭惩处，各项新政土崩瓦解。自4月25日至8月3日推行新政、变法共103天，史称“戊戌变法”。

3. 义和团与八国联军

“戊戌变法”失败后，华北民间爆发了义和团运动，义和团如火如荼迅速遍及东北、山西、河南等地。从1900年3月11日至5月12日，慈禧在颐和园颁发了14道谕旨，要求对义和团严拿惩办。5月，义和团包围了北京东交民巷外国使馆区，慈禧又改变了当初的高压政策，企图利用义和团的反帝力量报复当年列强反对她废黜光绪，并以光绪的名义悍然下诏对各国开战。八国联军6月攻入天津，7月攻陷杨村、通州，慈禧一方面让王公大臣统率义和团攻打使馆，一方面又派大臣给使馆送西瓜水果求和。7月20日清晨，八国联军逼近北京，慈禧见大势已去，化装成村妇，携光绪等人乘民间骡车逃出宫中，先到颐和园喘息片刻，后经昌平辗转至西安躲避。

俄国侵略军第十团上乌迪骑兵连与赤塔骑兵连首先侵入颐和园，日、美、意、英等国侵略军随之进园。7月23日八国联军统帅瓦德西入城后下令准许军队抢掠，于是颐和园中的文物又一次遭到洗劫，甚至智慧海、多宝塔墙壁上镶嵌的琉璃小佛像也被砍下带走。1901年，清政府接受帝国主义侵略军的一切要求，签订了中国历史上屈辱卖国的“辛丑条约”。

按照“条约”规定：外国军队于1901年9月17日（光绪二十七年八月初五）由京城撤离。八国联军在颐和园糟蹋了整整一年，整座园林被长时间蹂躏。光绪二十八年，慈禧从西安返回北京，又动用了白银四十三万两对颐和园再一次进行大规模的修整。此后，慈禧重又驻跸颐和园，并打破了自清朝咸丰皇帝、皇太后不见外国使臣的成例，正式召见各国驻京使节，实行“量中华之物力，结与国之欢心”的对外政策。慈禧经常以“赐宴”“游湖”的名义邀请外国使节及夫人眷属进园中玩乐，当时园中设西餐、奏西乐，连家具也按洋式配备，颐和园成为慈禧进行媚外外交的场所。光绪三十年（1904年），在慈禧七十岁生日的时候，她不惜耗费国库，再度于排云殿举行了“万寿庆典”，这也是清廷最后一次在颐和园举行的具有象征意义的庆典。四年后光绪与慈禧相继病逝，清王朝已然日薄西山，气息奄奄。

4. 辛亥革命与新中国建立

1905 年，革命党人在北京站投炸弹轰炸清朝出洋大臣，使慈禧惊恐万状，她调集工匠，将颐和园的大墙增高了二尺并增设了电话和警卫。1908 年 9 月 26 日，慈禧离开颐和园返回紫禁城，10 月 22 日病死在宫中，她临死时立 3 岁溥仪为皇帝，称宣统。从此，帝后不再驻跸颐和园。

1911 年，辛亥革命推翻了清王朝统治，1912 年 2 月 12 日，末代皇帝溥仪宣布退位。民国政府将“日后移居颐和园”作为给予清室的优待条件，此时颐和园仍归清室管理。1912 年 9 月 12 日，辛亥革命的领袖孙文、黄兴曾来颐和园参观。1913 年 4 月 24 日，民国政府步军统领衙门以“中外人士纷纷要求瞻仰颐和园”为由，制定了《瞻仰颐和园简章》，由民国政府有关部门批准通知清室内务府，制定有限制的参观办法。1914 年 5 月 20 日，民国政府内务部总长朱启钤倡议，效仿西洋各国开放名胜供游览，以收入保养名胜，京畿名胜如天坛、雍和宫、北海、景山、颐和园等处，择一二处先行开放，并拟出管理章程。1914 年，步军统领衙门与清室内务府商定售票开放。

1924 年 5 月 23 日，溥仪派他的英籍教师庄士敦管理颐和园。同年 11 月，溥仪被驱逐出宫后，颐和园各殿宇陈设由民国政府组织的“清室善后清查委员会”接收查封。1928 年 7 月，南京国民政府内政部接收颐和园，始成公园。1948 年 12 月，颐和园先于北京城获得解放，人民解放军的代表和国民党中的有识人士在万寿山景福阁进行了具有历史意义的谈判，达成了和平解放北平的协议。1949 年 3 月，毛泽东在颐和园益寿堂设宴招待爱国民主人士，期间书写了七律《和柳亚子先生》，留下了“莫道昆明池水浅，观鱼胜过富春江”的著名诗句，颐和园自此又翻开了新的一页。

第二节　千古绝唱，园林华章

（一）皇家园林的集大成

我国园林艺术从规模、风格、内容方面划分，可归为皇家园林和私家园林两类。现存的皇家园林以颐和园、避暑山庄、北海为代表，以宏丽称著；私家园林以苏州园林为代表，以精巧见长。

皇家园林历史久远，是中国园林艺术之源。早在商周时代，帝王们就已开始营建苑囿，园中种植刍禾、放养禽兽以供狩猎，兼有生产渔猎、农作、游赏和休养等多种功能，此为皇家园林的滥觞。当时的园林景观还处于初创阶段，大多以天然山水为主，人工点缀为辅。秦汉时期，人工造景的比重逐渐加大，园林的游赏功能日益突出，园林逐渐成为人们审美的对象。秦代阿房宫、汉代的上林苑不但以规模宏大著称，而且景观丰富，建筑瑰丽，开皇家园林人工造景的先河。此后唐代的太液池、宋代的艮岳，均为一代名园，把皇家园林艺术推向高潮。以颐和园为代表的清代皇家园林，更集中我国古代皇家园林艺术之大成，把绵延几千年的园林艺术发扬光大，流风所及，远播海外。清代的乾嘉两朝，皇家园林的建设规模和艺术造诣均达到了历史的高峰，精湛的造园技艺结合宏大的园林规模，使皇家气派得以充分彰显。这一时期皇家造园艺水的精华，多集中于圆明园、颐和园等大型的离宫御苑。

规模宏大是颐和园这类皇家园林的一个显著特征。由于清王朝统治者能够利用政治上和经济上的特权把大片天然山水据为己有，就不必像私家园林那样以“一勺代水，一拳代山”的手法，浓缩天然山水于咫尺之地，所以乾隆主持的皇家宫园中的大型山水园不仅数量多、规模大，而且更刻意经营，对建园基址原始地貌进行精心地加工改造，调整山水比例，发扬山水植被天然生态环境的优势，力求把中国传统风景名胜区的那种以自然景观之美，又兼具人文景观之胜的意趣再现到大型山水园林中。

功能齐备，内涵丰富是颐和园的另一重要特征。中国古代封建礼仪、哲学思想、宗教信仰等都渗透于园景之中，典型地反映了中国皇家园林特有的精神追求。中国传统的诗情画意和美学意境也溶化在湖光山色当中，东方审美情趣也在造园艺术中得到了最完美的体现。

颐和园珍贵的历史价值还在于，它是最后一处以传统建筑结构、传统建筑材料、传统建筑设计、传统施工程序与传统的施工匠作组织所完成的堪称里程碑式的宏伟巨作，是中国现代建筑体系兴起前建筑史发展主流的总结。

（二）园林设计的典范

1. 完美的规划

颐和园有别于现存的圆明园、热河行宫等皇家园林，它是唯一按照统一的构思、完整的总体规划连续施工一气呵成的。颐和园以万寿山昆明湖和远在数十里以外的西山群峰为框架，以佛香阁为主景，配以长廊、长桥、长堤等大尺度的建筑，立足于大园结构，在建筑体量上远远超过江南私家园林，表现出皇家园林的雄伟气魄和至高无上的皇家风范，从而显示中国封建时代皇权至尊、君临一切的气派。

颐和园秉承了皇家御园的规制，采用了“宫苑分置”的方式，将全园按功能分为宫廷区和风景区，其中风景区又依照景观的特征分为前山前湖景区和后山后湖景区。宫廷区以仁寿殿为外朝，以宜芸馆、玉兰堂、乐寿堂为“内寝”，包括仁寿门及其院前广场、影壁、金水桥、牌楼，构成一条东西向的中轴线。宫廷区的位置选择在万寿山的东南麓，昆明湖的东北岸，与皇帝居住的圆明园仅一箭之隔，来往十分便捷。就园区内部而言，宫廷区又恰居湖山交汇之处，无论登山抑或游湖都非常方便，成为园内交通的枢纽。前山前湖景区为颐和园的主景区，其中又以水景为主，山景为辅，辽阔的湖面长堤纵横，岛屿布列。万寿山南坡犹如一道翠屏铺陈于湖北岸，其中荟集了建筑群25处，单体建筑18处，是建筑密度最大的区域。对比之下，后山后湖则以山地景观为主，兼及小型水景，建筑疏朗，景色清幽。这三大区域的组合与对比构成了颐和园总体规划的主线和山水风景的主调。

颐和园的总体规划并不局限于园林本身，还着眼于西北郊和三山五园全局。清漪园建成之后，构成了万寿山和西湖的南北中轴线。同时，清漪园的宫廷区又与静宜园的宫廷区及玉泉山主峰构成了一条东西向的中轴

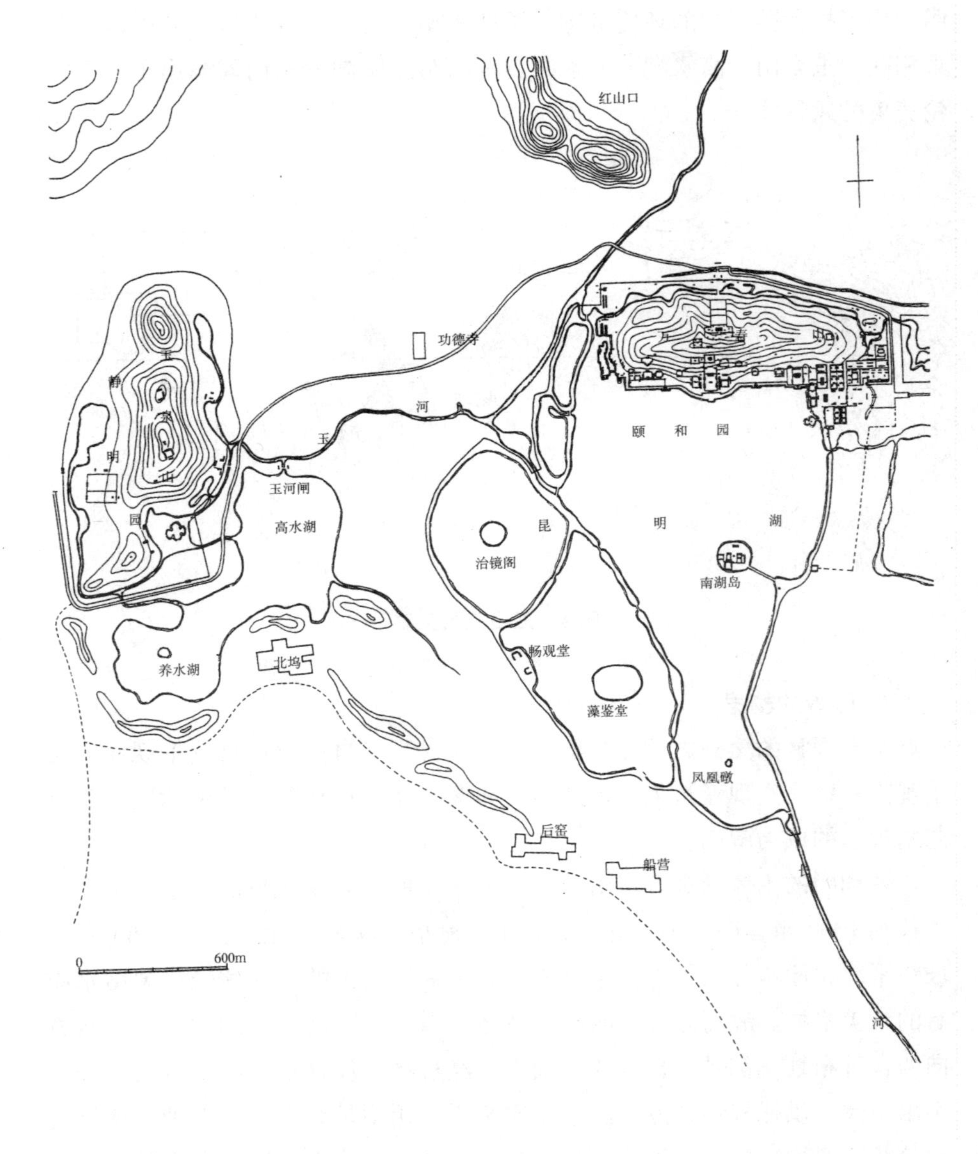

光绪时期颐和园、静明园总平面图

图 3　园区总平面图

线，这条中轴线再往东延伸，交汇于圆明园与畅春园之间的南北轴线的中心点。这个轴线系统把三山五园连缀成为一个园林集群整体。最晚建成的清漪园所处的枢纽地位十分明显，对这个庞大园林集群及环境起着关键作用。为了扩大昆明湖的环境范围，湖的东南西三面不设宫墙，园内园外美景相联，玉泉山、高水湖、养水湖、玉河与昆明湖万寿山勾画出了一条美轮美奂的风景线。

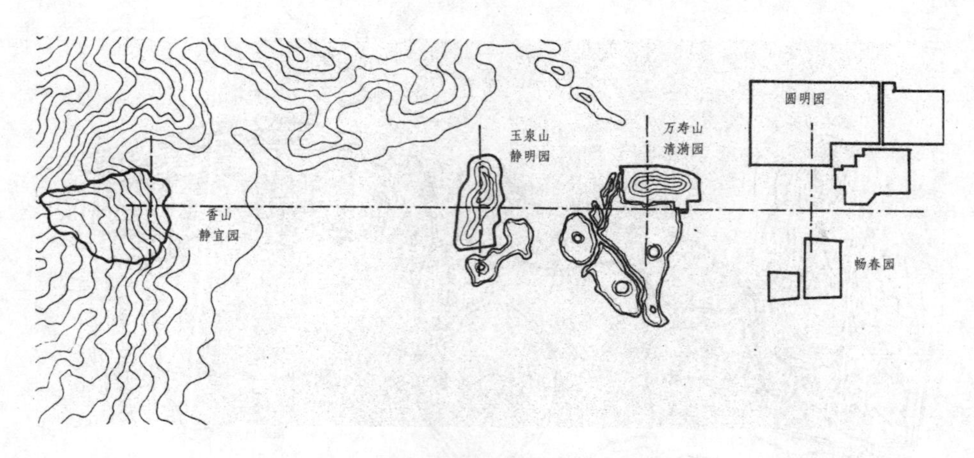

图4　三山五园关系

2. 巧妙的构思

中国园林的独到之处在其源于自然而又高于自然，集自然景观和人文景观为一体，实现建筑美与自然美的和谐一体，颐和园正是展示这一独特艺术理念的成功范例。

颐和园的主体景观万寿山是经过上亿年的地壳变化形成的小山岗，东西长约1000米，南北最宽处约500米，海拔109米（比湖面高出60米），坡势平缓，原本并无雄奇伟岸之姿，必须辅以人工的雕琢才能尽展山水应有的壮美格局。故而万寿山的山形体态、布局、平面分割的比例和垂直方向的各种布划，都是在自然的基础上，经过精心设计加工而形成的。如为突出主体，烘托气势，万寿山主体建筑群采用中轴线布置，中轴线两侧的建筑相互对称，建筑室外地平都处在相同的等高线上。即使离中轴线较远的一些景点建筑，为达到相互均衡的效果，也都取相近的室外地平标高，既依天然山势进行叠落组合，又按以上的布局要求构筑建筑基址，以取得理想的构图效果。所以，万寿山上高密度的建筑群组，不但利用了山形，而且改造了山形。

颐和园的水体根据视觉的特点，既有大小之分，又有动静之分，不但景致丰富多变，而且各具特色。前湖以辽阔见著，除满足各种实用功能外，造景的要求又成就了它具有寓意的平面构图，碧波万顷的湖水与绿意葱茏的万寿山相互映衬，构成了世间少见的园景。而后湖以幽深见长，两山夹一水的浓荫景致，展露了令人神往的江南风情。

在颐和园的园景中不但规划了优美的自然景观，同时也设计了丰富多样的人文景观，如寺庙、市镇、街巷、山居、水村、码头、别墅等，将建筑景观与自然景观完美地结合在一起。这些景观的选址和造型使它们大多成为一方景域的中心，赋予了所在环境以浓厚的生活内容和人文气息，使人们平添了无限的遐思。

3. 丰富的建筑形象

从康熙到乾隆，皇帝在郊外居住的时间愈来愈长，园居的活动内容愈来愈广泛，相应地就需要增加园内建筑的数量和类型。因此，乾嘉时期，皇家园林的建筑数量普遍增多。加之当时发达的宫廷艺术诸如绘画、书法、工艺美术，都逐渐形成了讲究技巧和形式美的风尚，对皇家园林产生了较大的影响。匠师们因势利导，利用园内建筑体量，有意识地突出建筑的形式美，表现园林的皇家气派，使园林建筑的审美价值达到了新的高度，建筑成为许多景域甚至是全园的构图中心。

建筑形象的造景作用，主要通过建筑的外观形体、平面和空间组合显示出来。因而，清代皇家园林建筑几乎包罗了宫殿、厅堂、楼阁、城阙、台观、亭榭、轩馆、桥梁、塔幢等中国古典建筑的全部类型，以及各种组合方式的建筑群体。某些形式为适应造景需要，创造了多种变体。建筑布局很重视选址相地，讲究隐与显、疏与密的安排，务求其构图与园林山水风景之美谐调、亲和，并充分发挥其“点景的作用”和“观景的效果”。凡属园内重要建筑群的平面和空间组合，一般均运用严整的轴线对位和几何关系，以此来强调皇家园林的肃穆气氛。其余地段的建筑群，依地貌做自由随意的布局，以不失园林应有的丰富与多彩。

借园外之景为园中之景，变有限空间为无限空间，是颐和园造园艺术的神来之笔。最著名的是远借玉泉山、西山之景，如西部的湖山真意远借玉泉山、西山，有诗云“竹里高楼翠色寒，西山隐隐见峰峦”。它如东部景福阁俯借圆明园、畅春园，后山的构虚轩、花承阁借圆明园到红山口的广阔平畴，前湖的畅观堂、藻鉴堂、治镜阁远借红山口、玉泉山、西山等等，不胜枚举。通过这些借景，园外的山水、田畴、村舍、寺观等诸景均被吸收为园中观赏的对象。而颐和园内的大多数景点通过匠心运筹也都可观赏到这些园外的借景，园外之景与园内之景交融为一体，天衣无缝，可谓构思高妙。

4. 精湛的技艺

我国江南的私家园林精湛的造园技巧、浓郁的诗情画意和工细雅致的艺术格调，成为我国封建社会后期园林史上的另一个高峰，也成为北方园林竞相摹仿的样本。这一风尚早在明代中叶已见端倪，但对江南园林艺术和技术更全面、更广泛的吸收则是乾隆时期。乾隆先后 6 次到江南巡行，主要目的是笼络江南士人、督察黄淮河务和浙江海塘工程。但同时乾隆也不失“艳羡江南，乘兴南游”的机会，顺便“眺览山川之佳秀，民物之丰美”，其足迹遍及扬州、无锡、苏州、杭州、海宁等地的私家园林。凡他中意的园林，即令随行画师摹绘成画本，“携图以归”，作为皇家建园的参考。

从乾隆三年（1738 年）至三十九年（1774 年）这 30 多年间，皇家的园林建设工程几乎没有间断过。新建、扩建的大小园林按面积总计有上千公顷之多，分布在北京皇城、宫城、近郊、远郊、畿辅以及承德等地。营建规模之大，是宋、元、明以来所未见的。乾隆传承了明代传统，把江南造园的设计、施工、管理经验加以总结提高，并成立了熟练的施工和工程管理班子，如内务府的样式房做规划设计，销算房做工料估算，内廷如意馆的画师可备咨询等。这样既保证园林工程的精良品质，又为皇家造园积累了经验。

由于乾隆对江南园林的钦羡和占有欲，客观上促成了皇家造园摹拟江南、效法江南的风尚。在皇家园林中引进江南园林的造园手法，把北方和南方、皇家与民间的造园艺术融会贯通，在保持北方建筑传统风格的基础上，大量使用游廊、水廊、爬山廊、拱桥、亭桥、平桥、舫、榭、粉墙、漏窗、洞门、花街、铺地等江南常见的园林建筑形式，以及某些小品、细部、装修，大量运用江南多种流派的堆叠假山的技法，但叠山材料则以北方盛产的青石和北太湖石为主。临水的码头、石矶、驳岸的处理，水体的开合变化，以平桥划分水面空间等也都借鉴于江南园林。此外，还引种南方的许多花木。所有这些，又并非简单的抄袭，而是结合北方的自然条件、使用北方的材料、适应北方的鉴赏习惯的一种艺术再创造。其结果，使宫廷园林得到民间养分的滋润，开拓了艺术创作的领域，在讲究工整格律、精致富丽的宫廷色彩中融入了江南文人园林的自然朴质、清新素雅的诗情画意，极大丰富了北方园林的内容，提高了宫廷造园的整体水平。

（三）摹写与象征

1. 象征与寓意

在中国古代，凡是与皇帝有直接关系的营建项目，如宫殿、坛庙、陵寝、园林乃至都城，都利用其形象和布局具有的象征意义，通过人们审美活动中的联想来表现天人感应和皇权至尊，这种情况随着封建制度的发展而日益成熟和严谨。

作为皇家建设的重点项目，皇家园林借助造景来表现天人感应、皇权至尊、纲常伦纪等的象征寓意，就比一般园林在范围上更广泛，在内容上更多样。园中的许多景观都是以建筑形象结合局部景区而构成五花八门的摹拟和象征，如蓬莱三岛、仙山琼阁、梵天乐土、文武辅弼、龙凤配列、男耕女织、银河天汉等等。此外，借景命名，用文字手段直接表达对帝王德行、哲人君子、太平盛世的歌颂赞扬也是不胜枚举，这种象征寓意甚至扩大到整个园林或者主要景区的规划布局。

在皇家园林内，大量建置寺观，尤以佛寺为多。几乎每一座大型的园林内都有不止一所佛寺，这也是象征性的造景手法，它寓意封建统治者试图以弘扬佛法来巩固自己的统治地位，与当时朝廷为团结、笼络信奉藏传佛教的蒙藏上层人士，确保边疆防务和多民族国家统一的愿望相互配合。诸如此类的象征寓意，大抵都伴随着一定的政治目的，并以此构成了皇家园林意境的核心，这也是封建统治阶级的政治理想和精神追求在造园艺术上的反映。

除建筑布局多有深刻的思想寓意之外，中国园林的植物配置，在讲究树木花卉的四时生态，以及与建筑山水环境的相互配合的同时，还赋予了其人文含义。万寿山上广植松柏，意寓“长寿永固’，其常绿色的基调与古建筑的红墙黄瓦掩映生辉，构成了极佳的景观效果。昆明湖边栽植柳树，湖面大量养植荷花，垂柳婀娜，荷花娇媚，与潋滟的水色相互映衬，再现了江南景色的秀丽多姿。庭院内种植四时花木，着重突出植物的寓意，烘托出浓郁的宫苑气氛。

2. 摹写与再现

颐和园中的许多景致，是江南园林的主题在北方园林中的再现，也可以说是江南名园在皇家御苑内的变体。颐和园的总体规划，以杭州的西湖作为蓝本。昆明湖的水域划分、万寿山与昆明湖的关系，包括湖堤在湖中的走向及周围的环境都很形似杭州西湖。乾隆尤其钟情杭州西湖的苏堤春晓、六桥烟柳的景色，因而当年在营建清漪园时，特在昆明湖西边又辟湖面，筑西堤，并于堤上建六桥。继而以江南著名园林作为蓝本，按其格局仿建于御苑之内，最出色的一例是原清漪园内的惠山园，即现在的谐趣园，完全是依照无锡惠山的秦园而建。康熙游幸该园后，赐匾额曰“寄畅”。乾隆十六年南巡，喜其幽雅，即命画家图画了下来，于乾隆十八年建于万寿山东麓，取名惠山园，为园中园之典范。此园不是单纯的模仿，用乾隆的话说，乃略师寄畅园的意蕴，就其自然之势，不舍己之所长，重在求其神似，而不拘泥于形似，是运用北方刚健之笔，抒写江南柔媚之情，是难能可贵的艺术再创造。乾隆时期，惠山园内的江南自然风物很多，乾隆分外喜爱此园，为惠山园先后作诗15次，达151首，是园林景物咏颂最多的。后来，嘉庆南巡时也住过寄畅园，并重修了惠山园，改园名为谐趣园。

一次，乾隆陪皇太后钮钴禄氏南游，在南京的织造机房看匠人纺织，皇太后回銮后不忘江南织机，于是命人在玉带桥西北建造了名为耕织图的一组建筑，其中有织染局、桑局、络丝局和桑户房等。耕织图左右廊壁上嵌有元代程启所绘耕织图石刻各24幅，每年由金陵、苏州、杭州三处织造选送技工来此生产丝绸，作贡品交内务府，并于桑芋桥旁种桑养蚕，建蚕神庙。

万寿山后山沿河邻近北门一带，建有模仿江南水乡闹市的买卖街。康熙南巡后曾在畅春园建苏州街，乾隆也仿苏州水乡建立宫市，所以，买卖街又叫苏州街。

当然，清漪园效仿的景色不仅限于江南，也有仿自其他地方的著名景物，如龙王庙岛上有望蟾阁，登楼遥望月宫中的蟾桂，此景即是仿武昌黄鹤楼建的；再如西提上的景明楼则是仿洞庭湖的岳阳楼而建的，乾隆曾得意地说“比拟岳阳应不让，春和因忆仲淹记”，其意是不忘《岳阳楼记》中范仲淹“先天下之忧而忧，后天下之乐而乐”的警寓。此外，大多建筑的名字也都源于名流雅士的诗词曲赋，如夕佳楼，是由陶渊明描写九江柴桑的诗句“山气日夕佳”而来；六兼斋源于王勃赞美南昌滕王阁“四美具，二难并”的词句，因名六兼。颐和园后山中轴线上的四大部洲、香岩宗印之阁等建筑，是仿西藏黄教寺庙而建，象征佛经中“四大部洲”。乾隆把全国优美景物仿建于一园之中，正是他“薄海之内，均予庭户”思想的写照。

第三节　人间天堂，梦中桃乡

颐和园景致优美，环境宜人，宛若佛家乐土，道家仙境。难怪慈禧一年中大部分时间住在这里，自光绪十八年（1887 年）至光绪三十四年（1908 年），慈禧从皇宫往来游娱长达 15 年，直到她死前的 26 天还在园中。

当年，慈禧从紫禁城到颐和园有水路和陆路两条路线。水路是自紫禁城先乘轿至西直门，然后在西直门外高梁桥畔的倚虹堂下轿登船，沿途在乐善园（今北京动物园）、万寿寺小憩，故而在这两处都设有行宫，乐善园后面建有西式楼房畅观楼，万寿寺的西厢建有西太后梳妆楼，游船可直抵颐和园乐寿堂前的水木自亲码头。陆路则从紫禁城至西直门或阜成门出城，至颐和园东宫门达仁寿殿。

慈禧每次来颐和园，内务府要先派人剪除湖内的水草，铺垫由紫禁城到颐和园的道路，并派出侍卫沿途警戒。从当时的备差“恩赏清单”看，为慈禧到颐和园沿路备差的人数多达 2 万余人，除御前大臣等高级官员外，还有“侍卫处”“銮仪卫”“上驷院”“武备院”“内务府护军营”“八旗两翼前锋护军营”“步军统领衙门”等部门。每次慈禧往返颐和园，成了这些部门和沿途百姓生活中的一件大事。

（一）“乐寿”观石，“玉澜”闻香——宫廷区

在皇家园林中，听政、居住和日常起居一般都占园林建筑较大的比重。为满足清廷在园期间的各项功能要求，在颐和园的东部偏南区域集中建置了宫廷的政治活动区和生活区，其中“外朝”部分主要有东宫门、仁寿殿，“内寝”部分主要有玉兰堂、乐寿堂、宜芸馆，此外还有附属娱乐和服务设施，如德和园、东八所、值奏事房等。这些建筑大多为院落式组合，它们相对独立，各具特色，其中居住部分采用灰砖布瓦，亲切宜人；宫殿区则金碧辉煌，气宇轩昂。在整体布局上，宫廷区相对规整严谨，与相隔咫尺的自然山水景区形成反衬与对比，各取其妙，相映成趣。

1. 东宫门

颐和园正门也叫东宫门，面阔五间，金碧彩绘。六扇朱红色的大门，每行排列着横竖皆为九行的镀金铜钉，大门的中间有三个门洞，清朝帝后们从中间的大门入园，其余人员分别从两边侧门进入。过去东宫门前架设着“挡众木”，每当帝王入园时，戒备森严，“逻骑林立，俨若临敌，百步之外，行人止足。”

东宫门大门的上方悬挂着由光绪皇帝所题的“颐和园”三字的大匾，匾上镌刻五方印章，分别是“光绪御笔之宝”“慈禧皇太后御览之宝”“数点梅花天地心”“和平仁厚与天地同意”和“丽日春长”。在台阶正中嵌砌的云龙石上，雕有双龙戏珠图案，工艺精美，系圆明园安佑宫的遗物。门前两侧，一对雌雄铜狮高踞于用汉白玉雕凿的须弥座上，分侍在大门的左右。这对铜狮子是清漪园的遗物，左边的雄狮右蹄踏着一球，俗称狮子滚绣球；右边的雌狮，左蹄踩着一只小狮，俗称“太师少师”。

东宫门外对称地排列着四座建筑。紧靠东宫门的两座是南北朝房，另外两座是大门侍卫和散秩大臣、乾清门侍卫值房。东宫门前约200米处，耸立着一座三门四柱七楼的牌楼，描金绘彩，雕龙画凤，一副皇家气派，是进入颐和园的第一道屏障。牌楼正面额上题“涵虚”，暗喻昆明湖碧波浩淼；背面写“庵秀”概指万寿山万木葱茏，为这座园林的山水特色进行了巧妙的铺垫。

2. 仁寿门与仁寿殿

进入东宫门，古柏夹道，迎面是金碧辉煌的仁寿门门楼，两侧为朝房，旧称南北九卿房，是军机阁部办公的地方。仁寿门内矗立着一块巨大的太湖石，原是从睿王园（现北京大学校内）移来的，置于门后，好似一道天然屏障。转过此石，即是宫廷区的中心仁寿殿。仁寿殿的门窗、柱子及墙壁皆用红色，屋面则用青灰瓦代替华丽的琉璃瓦，院内栽植常青树木，点缀山石，既有皇家园林威严的气氛，又与园林的整体环境相协调。

仁寿殿是慈禧、光绪坐朝听政的地方，殿宇轩昂，气派雍容。仁寿殿的前身本名勤政殿，按乾隆皇帝的规定，凡御苑中临朝的正殿都叫勤政殿，意为身在苑中不忘勤理政务。慈禧重建颐和园后，为与其喜寿的主旨相合，特取孔子《论语》中“仁者寿”一语，故改殿名为仁寿殿。

仁寿殿内正中是一座平台，称地平床，三面设有雕造精美的木栏台阶，中间设置宝座、御案、掌扇。宝座后的屏风上有200多个写法不同的寿字，宫殿内还有凤凰、鹤灯、鼎炉、龙抱柱等配套的景泰蓝制品。慈禧临朝听政时坐在正中的宝座上，光绪坐在她左边临时摆设的小宝座上；若逢在仁寿殿举办慈禧寿宴的时候，慈禧便独御宝座。殿内两侧设置有暖阁，原是慈禧、光绪朝会大臣时休息的地方，有时也在这里召见大臣。光绪皇帝曾在左首暖阁里召见过维新派人物康有为。慈禧和光绪曾在仁寿殿内多次接见外国使节及其眷属。

仁寿殿前设计有一座宽大的月台，月台上对称排列着铜龙、铜凤、铜缸和四个乾隆朝代的鼎炉，用来烘托皇帝普天之下唯我独尊的气势。院中的铜质异兽原是从圆明园废墟上搬来的，是传说中的瑞兽麒麟，其特征是龙头、狮尾、鹿角、牛蹄，遍身麟甲，造型别致。庭院中对称排列的四块石峰被称为“四季石”。石上镌刻乾隆五年题写的御制诗文，笔体古朴，内容有趣。殿北侧掘有一口水井，名延年井，凿于光绪二十九年（1903年），是帝后茶膳的专用水源。

3. 玉澜堂与宜芸馆

绕过仁寿殿西行即达玉澜堂，这是一组坐落在昆明湖畔的宅居建筑，曾是光绪皇帝的寝宫。

玉澜堂南临昆明湖，有着远眺燕京八景之一玉泉山的最佳角度，堂名引用诗人陆机“玉泉涌微澜”的诗句，与其所处环境位置和所观湖山精致十分贴切。在乾隆时期，此处曾是皇帝的书斋，亦是帝后游园休息之所。乾隆皇帝的御制诗中有“迤逦沿堤步辇行，书堂小坐俯昆明”，及“清漪园内殿堂多，来每斯堂所必憩，近邻勤政咨对便，远带六桥畅览遂”之句，说明了这处宅院的环境、功能和乾隆皇帝的偏爱。此前嘉庆皇帝也曾在这里办公、用膳，召见大臣。光绪十二年（1886年）这里成为清帝的寝宫，光绪皇帝在这中接见过外国来使和王公大臣。近代史上许多著名的人物，像翁同赫、康有为等，都曾在此地留下了痕迹。

在玉澜堂的中央布置有一套宝座御案，系紫檀木和沉香木镶嵌、拼贴、雕造而成，高雅端庄，其制作精美在颐和园的家具中首屈一指。

玉澜堂的历史价值主要在其与戊戌变法的关系，在1898－1908年这10年间，玉澜堂成了囚禁光绪皇帝的精致牢笼。1898年9月16日，光绪在玉澜堂内召见袁世凯，希望借助其军事力量，发动“戊戌变法”。但袁世凯阳奉阴违，随即告密。9月21日，慈禧发动政变，镇压了变法。戊戌政变后，慈禧居住紫禁城时，将光绪囚禁在南海的瀛台和北海的古柯庭；逢其驻跸颐和园期间，就将光绪带来关在玉澜堂。为严控光绪的活动，慈禧命人在正堂后墙及两厢均砌起砖墙，堵塞了原有的通道，出入只能走南门，由太监把守。慈禧还令人将香山的两块名曰“子母石”的石头运到玉澜堂院内，责骂光绪不及顽石，辜负了她的养育之恩。光绪皇帝在精神及生活上备受虐待和凌辱，于1908年11月14日去世，年仅38岁。

玉澜堂北有后门通往宜芸馆，这里是光绪皇后隆裕居住的一组四合院建筑，原与玉澜堂相连，戊戌政变后被隔断。“芸”，是一种散发特殊香味的植物，古人将其夹入书中用来驱虫，由此中国的古籍又有芸编之称。乾隆时期宜芸馆曾作为皇帝的藏书之地，院内南墙镶嵌有10块乾隆皇帝摹临历代著名书法家的名帖真迹。此名帖原藏于惠山园（今谐趣园）中，后移至此院。

玉澜堂至宜芸馆的庭院之间还有一座夕佳楼，原是供帝后登临欣赏湖山佳景的地方。院中湖石堆叠，有小狮子林的雅称。

从玉澜堂东配殿霞芬室出去，可至仁寿殿后门，这曾是光绪皇帝早朝必经之路。若由西配殿藕香榭穿出，即到达昆明湖岸边的码头，无论出行还是游湖均很便利。

4. 乐寿堂

乐寿堂是帝后生活居住的内廷中心，也是慈禧的寝宫。

过去慈禧常走水路来颐和园，由西直门外高梁桥畔的倚虹堂登船，顺长河至广源闸，换乘颐和园的轮船，入昆明湖南端的绣漪桥水津门，在南湖岛龙王庙码头下船，进龙王庙拈香，然后再上船，到昆明湖北岸的“水木自亲”码头。水木自亲，是前临码头的一座五间穿堂殿，也是乐寿堂慈禧寝宫的正门，穿过水木自亲，就进了乐寿堂院内。

乐寿堂平面呈十字形，前后都有抱厦，东西有配殿各五间，皆做穿堂式样。西配殿檐下悬“仁以山月”四字匾，穿过西配殿，正对长廊的入口“邀月门”。东配殿檐下悬“舒华布实”四字匾，穿过东配殿可由廊道到达德和园的颐乐殿和宜芸馆。

乐寿堂庭园内四季花木和陈设大多有象征寓意，所植玉兰、海棠、牡丹取意玉堂富，阶前对称陈列的铜鹿、铜鹤和大铜瓶，取鹿、鹤、瓶的谐音，寓意“六合太平”。庭中一块8米多长的巨石，状如莲花，温润可爱，名为青芝岫，寓意“寿比南山”。据说，此石原生成于北京房山峰壑中，300多年前被宦游四方的明太仆米万钟发现。为了将这块青芝岫运至勺园（现北京大学内），米万钟雇用了300名壮士和一辆40多匹马拉的重轮车，用了7天时间才把此石拉运出山，又走了5天，因财力竭尽，将其弃石于良乡道口。米万钟也因此耗尽家财，故后人称这块大石为“败家石”。此石后被乾隆所识，将其运至乐寿堂院中赏玩。

乐寿堂的内部陈列均按宫廷原状布置，中间为起居室，西套间为寝宫，东套间为更衣室，中间设紫檀雕造御案宝座，宝座后列一堂15折玻璃镜屏风，将室内映照得宽敞亮堂。孔雀羽毛掌扇插在宝座两侧，御案两端有两只直径一米，能装四五百只水果的青花大果盘，供慈禧闻香。在起居室的四角，有4只镀金九桃大铜炉，每炉由9只大小不等的桃子组成，配以枝叶，其间点缀着5只蝙蝠，用来熏点檀香以调节室内空气。在西套间寝室内，床上的帐、被、褥、枕等一应卧具还是当年原物，东套间里的雕龙大柜中存放着经常穿用的衣服与首饰。

慈禧常在乐寿堂内吃饭，餐桌由两张方桌和一张半桌摆成餐台。由于寿膳房离乐寿堂有100米，做好的饭菜提盒装好，传膳时由太监列队传递，并在乐寿堂阶前临时设置活动炉灶，在这里加工所谓的“上作菜”。据记载，为慈禧一人服务的厨师首领太监多达128人之多，按照定例每月的膳食开销为1800两白银。

在乐寿堂后院还建有慈禧存放衣物、珍宝、首饰用的罩殿。东侧的跨院名永寿斋，是太监李莲英的住所；西跨院则是一处袖珍式的小庭院，取名扬仁风，院内山石、水池、扇式殿、月亮门、曲栏均系江南园林手法。殿名源自《晋书·袁宏传》，书中记载，当年袁宏被派到某地去做官，临行的时候朋友谢安赠他一把扇子。袁宏明白谢安的用意，随即答曰：“我到任后，一定奉扬仁风，使那里的老百姓得到安慰。”

5. 德和园

自仁寿殿向北，即至德和园。德和园是一组专供看戏用的建筑群，体量庞大，特色鲜明，是中国现存最大的古戏楼。它与故宫的畅音阁、避暑山庄的清音阁合称中国古代三大戏台，享誉华夏。

德和园原本是在清漪园后春堂基址上修建的，自清光绪十六年（1890

年）十二月到光绪二十一年（1895 年），历时 4 年，耗用了 71 万两白银。该园有两进院落，占地 3000 平方米，主要由大戏楼、颐乐殿及戏廊组成。大戏楼共三层，高 21 米，底层舞台宽 17 米，与其毗连的是一座两层的扮戏楼，供后台化妆和存放戏装道具之用。戏楼翘角重檐，金描彩绘。这座大戏楼具有极高的建筑艺术价值，在我国戏曲史上举足轻重。代表我国近代戏曲艺术水平的京剧，就是在这个舞台上发展成熟和定型的，那些承前启后、开创流派、最负盛名的京剧表演艺术家都曾在这里登台献艺。

在慈禧生活中，看戏是一项重要活动。每当慈禧到颐和园，第二天必定看戏。当时除南府及太监演的“本家戏”外，多是外班戏，像四喜班、同春班、春福班、三庆班等。有许多著名的演员，如孙菊仙、杨月楼、陈德霖、谭鑫培等京剧名角作为“内廷供奉”，曾多次应召入园为慈禧演出。据当时史料记载，慈禧生日时曾连唱了九天的戏，从光绪二十一年九月初三日至光绪三十四年九月十九日，慈禧在德和园共观看了 200 多出戏。戏的内容多是根据历史故事和著名小说改编的，如《黄鹤楼》《群英会》《定军山》《失空斩》等等。戏本需在演戏前一日由南府总管商选后，再交大总管李莲英呈送慈禧御览。

这座戏楼在舞台布置和建筑构造方面都有所创新，以适应戏曲演出的需要。戏楼舞台分三层，均可演戏，各层有天井相通，底层台板采用组装结构，可以表演天上、地下、鬼神出没的戏。首层舞台的底部有五个方形水池和一口水井，在唱戏时可以起到共鸣的作用，同时可制造水法布景。据记载，当年有位名叫柯尔的美国女画家应邀为慈禧画像，一次在慈禧观戏的时候赏其在德和园一起看戏。据柯尔后来回忆，当时她与后妃们一同站在颐乐殿前廊上，舞台上正在表演舞龙，后妃们互相示意，悄悄地退进殿内，唯独她留在廊内。这时，龙嘴突然喷出水柱，溅了她一身，逗得后妃和侍女们嬉笑不已。

此外，还有一则关于用大戏楼水法为舞龙助兴的事情。光绪二十二年正月十六日，慈禧看完戏后在德和园举行了盛大的灯会，俗名“跳灯”。有万寿灯、朵云灯、福禄寿灯、花灯、龙灯等。龙灯各有两条，长约十米，灯前各有一演员手持大彩珠导引。龙灯由十多人持舞，随彩珠上下翻滚，最后双双舞于戏台上面，从龙口中喷出一道长长的水柱，极讨慈禧欢心。

大戏楼的对面是颐乐殿，是专供慈禧和帝后看戏修建的。殿内设金漆珐琅百鸟朝凤宝座，是慈禧观戏时的正座。她有时也坐到殿西侧窗下的炕床上隔窗观戏，这里正好面对舞台上演员出场的方向，演员一出台，她就能从最佳角度欣赏。光绪看戏在殿东侧廊里。戏楼两侧是被恩赏的王公大臣看戏的地方。当时能得到这种恩宠的也不过只有四五十人。王公大臣按照爵位辈分和官阶品级分列两厢，各自都有固定的位置。开戏之前，慈禧在颐乐殿就座后，王公大臣们行礼谢恩。宫监在戏台两个角柱之间，用黄布拉成八字形帐幔，使慈禧和王公大臣们的视线隔开。

德和园最后一进院落的主殿名庆善堂，当年美国女画家柯尔就是在这里为慈禧画像。据说慈禧虽想画像，只是没有耐心当模特，故而多由别人做替身。不过她对什么时间开笔和封笔倒是颇为在意，一定要选在吉日良辰，最后还是大太监李莲英出了个点子，让画家在慈禧画像的衣袍边留一块空白，调好颜色，待吉刻一到，一笔完成，成为后人的笑谈。

（二）翠兮万寿，伟哉佛香——前山景区

以佛香阁为中心的中央建筑群，倚山临湖，是前山、前湖景区最主要的观赏对象，它的设计与布局对园林的总体规划起着举足轻重的作用。

颐和园中央建筑群的中轴线突出而明确。中轴线两侧，有五方阁与清华轩、转轮藏与介寿堂构成两条次要轴线，这些建筑位置完全对称，形式则略有不同。在次要轴线外侧，又有寄澜亭与云松巢、秋水亭与写秋轩所形成的两条辅助轴线。在主轴线两侧，建筑物的密度由近及远逐渐减小，分量逐渐减轻。同时运用虚实相间的手法打破因左右均齐而产生的呆板；在形式上自中心而左右，采用退晕式的渐变手法，由严整到自由、从浓密而疏朗，不仅烘托中轴线的突出地位，而且在强调了建筑群的严谨性的同时，又不失丰富性和多样性。颐和园的前山正是运用了这五条轴线控制了整个建筑的布局，把散布在前山的所有建筑物统一成一个有机整体。

在中央建筑群的规划布局中，建筑的成景作用得到了最大限度的发挥，前山地段的观景条件也得到了充分的利用。佛香阁、五方阁、转轮藏、敷华亭、撷秀亭等建筑居高临下，视野开阔，都是观赏湖景绝好场所。而前山两侧的画中游、湖山真意、景福阁等景点则是观赏园外借景的

最佳地点。

1. 长 廊

由乐寿堂西行便进入了长廊，这是我国园林建筑中最长的一条游廊，东起邀月门，西至石丈亭，背依万寿山，前临昆明湖，共273间，长728米。为了使如此之长的游廊不至于单调，设计上在排云门两侧的中心段落，做出了曲直转折的变化，同时在长廊沿线上穿插了象征春夏秋冬的“留佳”“寄澜”“秋水”“清遥”四座八角重檐的亭子和两座水榭。东部

图5 长廊

的水榭对鸥舫与一段短廊相接伸向湖边，西边的鱼藻轩也是一座精美的临水建筑，宜于休憩赏景。这两座水榭既是长廊东西两段的构图中心，又是观赏湖景的绝佳地点。与鱼藻轩相连的是一座八面三层的建筑——山色湖光共一楼。登楼临风，万寿山的秀色、昆明湖的壮阔尽收眼底。在长廊西部终端石丈亭的院内有一块高丈余的巨型太湖石，玲珑古朴，传说是宋代米芾终日朝拜的“石丈人”。

长廊内的彩画以丰富精美著称，每根柱梁上都绘有“苏式彩画”，主要画面被画在梁枋上被称为“包袱”的半圆形画框中，彩画的数量多达14000余幅。彩画的题材可谓广泛，有山水、花鸟和人物故事，而大部分故事多出自中国古典文学名著《红楼梦》《西游记》《水浒传》《三国演义》《封神演义》《聊斋》，山水画则多为乾隆皇帝南巡时临摹的景色。中国古典建筑的彩画原出于木结构建筑的防腐需要，后成为传统建筑不可缺少的装饰手段，在木建筑上施以鲜明的色彩，使得整个建筑显得豪华富丽。从邀月门到石坊，长廊似为旖旎的万寿山风光镶上了一幅精致的画框，同时还将众多的景区、景点串联一线，构成一个完整的画面，使湖山之间的景色更为壮丽。沿途山水夹侍，花木掩映，步移景异，皆成画境。游人漫步廊中，既无需顾忌雨天衣衫，也不必担心酷日灼面，乘性而行，优哉游哉。

在长廊沿线上，人们还可以看到许多精美的亭台轩阁。譬如东部的养云轩原为后妃的休息之所，是园中现存不多的乾隆时期的建筑，钟形的大门，门前有白石小桥架于葫芦形的河上，极为别致。与养云轩相邻的是无尽意轩，轩为独立院落，前临荷池，绕以曲垣，是一区极为幽静的去处。在长廊西部，听鹂馆掩映于茂密的修竹之中，这里原是清代帝后欣赏戏曲和音乐的地方。馆西庭院名西四所，原是清代妃嫔在园内的住所。长廊的中部与前山中轴路一组建筑连为一体，该处建筑以佛香阁为中心，金碧辉煌，气势磅礴，是整座园林的建筑精华所在。

1860年，长廊惨遭英法联军焚毁，仅剩下11间半。1886年慈禧修复颐和园时复建了长廊，并重新绘制了廊中的彩画。1990年长廊以其长度和丰富的彩画被收入《吉尼斯世界纪录大全》。

2. 排云殿

沿长廊行至排云门，门前有一对铜狮子和12块象征属相的湖石，它们都是畅春园的遗物。在排云门的对面，临湖矗立着一座称作“云辉玉宇”的高大牌楼，从牌楼构成的画框中可以远眺隐约于湖光中的龙王庙，好似海市蜃楼。

进排云门跨入第一进院落，院中有白石小桥飞驾于方型荷池之上，院东有敷华殿，西有云锦殿，这里的功能类似外朝房，是举行万寿庆典时王公大臣休息的地方。在这两座配殿后面还有两排灰瓦顶房屋，俗称东西十三间，是参加庆典活动中级别较低的官员休息的地方。过桥北行入二宫

图6　德辉殿

门，门上悬挂着“万寿无疆”匾额，园中正殿名排云殿，重檐歇山，朱柱黄瓦，金碧辉煌，气势宏大。殿前有高大的汉白玉石月台，正中的台阶安置汉白玉石雕凤纹云龙玉辇。院东有芳辉殿，西为紫霄殿，是参加庆典的亲王、元老、重臣的休息处。在排云殿后面还有一进院落，院中的主殿名德辉殿，高居石台之上，原为慈禧到佛香阁拈香礼佛时更衣的地方。

排云殿这组建筑依山就势，前后三进院落层层抬起，气宇轩昂，所有建筑之间均以游廊和爬山廊相联通，交通亦十分便利。在排云殿主院落两侧还布置了两组附属院落，名为介寿堂和清华轩，这两组建筑呈典型的四合院住宅格局，庭院中繁花似锦，浓荫蔽日，气氛安谧平和，与主院的庄重、热烈形成了有趣的对比。

排云殿建筑群的前身，是乾隆皇帝为给母亲祝寿而修建的大型佛寺“大报恩延寿寺”，1860 年被英法联军烧毁。光绪十二年慈禧修建颐和园时本想把这里作为寝宫，但殿宇还未建成，她就得了一场大病，慈禧以为冲犯了神佛，于是把寝宫改在了乐寿堂，在这里修建了以排云殿为中心的一组专供祝寿用的宏大建筑。建筑群的构思与布局体现了“仙山琼阁”的神仙意境和“君权神授”的统治思想。

排云殿的殿名，源自晋代诗人郭璞的“神仙排云出，但见金银台”的诗句。乾隆时曾规定，在御苑中，佛寺神庙用琉璃瓦，其他离宫别苑一律不得使用琉璃瓦。但慈禧建造这座大殿时，为了增加喜庆气氛，完全违背乾隆时立下的规矩，采用了黄琉璃瓦屋面，在蓝天白云的映照下熠熠生光，佛香阁高居在这组建筑物之上，带有高耸云端的神秘仙境氛围。

颐和园中一项重要活动是举行庆典，每当阴历十月初七慈禧生日这天，慈禧端坐在排云殿内的九龙宝座上，四旁香烟缭绕，园中铜鼓齐鸣，仪仗威严。光绪在二宫门的门洞里向着排云殿行三跪九叩首大礼，王公大臣们按辈分和官阶跪在排云门内，三品以下的官员则被安排在排云门外行礼。光绪除叩头以外，还要由内阁大学士代读一篇寿词，由总管首领太监领着登上排云殿递上寿词，奉上如意，慈禧再向光绪赐如意。然后皇帝退出，皇后重复皇帝礼节，行“六肃三跪三叩首”礼。

排云殿内许多珍奇陈列都是王公大臣们在慈禧 70 岁生日时所献的寿礼。在殿前的月台上成对布置了铜龙、铜凤、铜鼎，台下左右各摆放着两口大铜缸，古称“门海”，寓意防避雷火逢凶化吉，故而又取名吉祥缸，缸沿下铭刻着“天地一家春”五个大字。这是光绪十二年（1886 年）慈禧因眷恋昔日居住在圆明园“天地一家春”时的生活情景，特命内务府铸造的 10 口大铜缸。另外 6 口铜缸分别摆在乐寿堂、仁寿殿和庆善堂前。

沿排云殿两侧的爬山廊可通往德辉殿，穿过德辉殿，再沿着八字形台阶登达前山的中心建筑佛香阁。

3. 佛香阁、智慧海

佛香阁是万寿山上最高的建筑，也是中轴线上体量最大的建筑物，由此形成了全园的景观构图中心。佛香阁的平面为八角形，三层四重檐，石台基高 20 米，把佛香阁高高托举在山岗之上，对全园的景观起到联络呼应的作用，无论春夏秋冬、阴晴雨雪、清晨黄昏，随处都能见到它雄伟的姿影。据记载，乾隆原在此建造了一座九层宝塔，建到八层时，发现工程出现质量问题，此时已花费了 464000 多两白银，但不得已还是命人把即将建成的宝塔拆去，改成了八角三层四檐的楼阁。1860 年佛香阁被八国联军烧毁，现在的佛香阁是 1891 年（光绪二十年）按原样重建的。

图 7 佛香阁远眺前湖

佛香阁的石台的周边环绕有回廊，在廊下东、西、北三面均顺应山势叠掇山石，叠石围绕高大的石台，形成质感和尺度上的强烈对比。以前者的细致、繁密烘托出后者的雄伟、端庄。石台北面用山石做成盘桓的石蹬，这与石台南面规整的八字形大台阶形成了有趣的对比。精心堆叠的假山内设计了蜿蜒曲折的山洞，将佛香阁与宝云阁、转轮藏等建筑组群联通起来，作为内部人员往来的通道。此处的叠石技法也被认为是清初北方皇家园林叠山艺术的代表作之一。

佛香阁是佛教场所，阁内原供佛像，一层供奉1989年由古刹弥陀寺移来的千手千眼观世音菩萨站像。造像高5米，头面分4层，每层3面，每面3眼，共12面，36眼，24臂，银胎鎏金，十分精致，明万历二年（1574年）三月铸成。塑像下面的莲花宝座叠分为9层，计有999个花瓣，也是十分华美。

万寿山峰势舒缓，为突出山体宏伟雄丽的效果，设计上采用层层殿堂楼阁将山坡完全覆盖的手法，将建筑与山体融为一体。用在这组庞大的建筑组群中，佛香阁则起到了画龙点睛的作用。水光潋滟的昆明湖又恰到好处地把这个画面倒映出来，山色葱茏，水光潋滟，令人心旷神怡。

登阁远眺，可谓八面来风。南俯前山前湖，金光闪闪的琉璃屋顶和错综密布的大小院落尽收眼底，烟波浩森的湖面上一纵一横地平卧着南湖岛、十七孔桥和西堤。远景则是田畴平野和遥远的天际，构成一幅壮丽锦绣的江山画卷。东望园外田畴、湖泊、村庄星罗棋布；西览玉泉山、西山与园内之景层叠布陈，浑然一体。

前山中轴建筑群好似一首乐章，排云门为前奏，佛香阁是高潮，尾声是佛香阁后面的五彩琉璃牌坊与五彩琉璃佛殿智慧海。牌坊的正面石额、背面名额和智慧海前后依次题写众香界、祇树林、智慧海、吉祥云，巧妙地形成一首三字偈语。智慧海的内部用纵横相错的拱券支撑顶部，不用枋梁承重，称为无梁殿。殿内供奉清漪园时期的观世音菩萨及文殊、普贤像。殿外壁用黄、绿两色琉璃装饰，嵌镶1000多尊琉璃无量寿佛。智慧海顶部间以紫、蓝诸色，建筑色彩富丽、典雅、和谐，具有浓郁的宗教氛围。佛香阁东西二侧假山上各建有一精致小亭，东“敷华”，西“撷秀”，亭下各有石洞，东通转轮藏，西达宝云阁。

4. 转轮藏、宝云阁

转轮藏位于佛香阁的东侧，是一组宗教建筑。中间正殿为两层三重檐，形制是仿宋代杭州法云寺的藏经阁修建的，阁的第二层安置了木制彩油八方塔一座，供奉擦擦佛六百九十六尊。屋顶形式尤为别致，为三个勾连搭攒尖顶，覆盖绿琉璃瓦。阁的两翼以飞廊连接配亭，配亭分两层，内有木塔贯穿，并可以旋转。转轮藏的做法，源自西藏喇嘛教，喇嘛在诵经时，把经文放入特制的转经桶，转动经桶，就算把经文念诵了，故转轮带有诵经的意思。木塔内能贮存经书，塔下有地道进入，皇帝和太后来拜佛时，只用手扶一扶塔身，钻入地道的太监便转动木塔，帝后们就算念过经了。在藏经阁的正前方矗立着一块巨大的石碑，为乾隆十六年（1751 年）建，碑高 9.87 米，碑座、碑身、碑帽都是用整块巨石雕造的。此碑的形制仿河南嵩山嵩阳观唐代“大唐嵩阳观圣德感应颂碑”的样式，造型端庄，比例匀称。碑的正面是乾隆皇帝御笔“万寿山昆明湖”，两侧为乾隆御制昆明湖诗，背面有御制万寿山昆明湖记，记叙了当年开挖昆明湖、调剂北京水利的情况。这块石碑是颐和园中最大的一块御碑，有很高的文物价值。

转轮藏下面一组庭院名介寿堂，是光绪年间在大报恩延寿寺慈福楼的基址上改建的。介寿一词出自《诗经·幽风·七月》“以介眉寿”之句，有祝寿之意。

在佛香阁西侧高大台基上建有另一组精美的建筑，名五方阁，与佛香阁东侧的转轮藏遥相呼应。五方阁由五座建筑组成，平面呈田字形，位于中央的铜制建筑名宝云阁，即闻名于世的“铜亭”。

宝云阁高耸于洁白的汉白玉须弥座台基上，是一座铜铸的殿式建筑，阁高 7.55 米，重 207 吨，歇山重檐，四面菱花隔扇，它的柱、梁、斗拱、椽、瓦、宝塔以及九龙匾额、对联等都惟妙惟肖地仿自木结构。阁体呈古铜色，造型精美，工艺复杂，是罕见的珍品。这座铜亭铸于 1755 年，使用中国传统的拨蜡法和其他传统工艺铸造。拨蜡法是中国铸造业一种古老方法，经过造芯、制模、造型、出蜡、焙烧、浇铸以及对毛坯的清理、加工等工序而制出成品。这种工艺在中国铸造史上占有重要地位，现代工业上应用广泛的焙模精密铸造，就是从拨蜡法等传统焙模发展的。据史料记载，铜亭铸造完成后，为了磨光表面，被锉落的铜屑，就达 5000 斤。制造如此精美的铜殿要求必须是技艺高超、经验丰富的工匠，朝廷因此特许将铸匠、凿匠、拔蜡匠、木匠的名字刻在亭内，故铜殿南坎墙内镌刻有监工和工匠的姓名。

五方阁及宝云阁都是佛教建筑，平面布置是佛教密宗“曼荼罗”的象征，“曼荼罗”在佛经中为众神聚集的坛城。五方阁的正殿、配殿、配亭，分别表示佛所在的东南西北中五个方位，代表佛、菩萨所居的位置。当年，殿中曾供奉有五方佛，院内北面六丈多高的峭壁上仿藏传佛教的晾佛台悬挂巨幅佛像。每逢冬至，穿着红色袈裟的喇嘛绕殿诵经为帝后祈福。

20 世纪初，宝云阁的 10 扇铜窗流失海外，1992 年在法国巴黎被发现，后由美国一家公司出资收购，归还给颐和园，从而恢复了宝云阁的完整。

五方阁下方有清华轩，原为一座佛寺，仿自杭州云林、净慈寺修建，名五百罗汉堂。1860 年被英法联军焚毁，光绪时改建为双进四合院。院子的垂花门十分精致，两侧院墙镶有形态各异的什锦花窗，表现出浓重的宫廷气息。院中的圆形水池和白石拱桥是乾隆时期的原物，院中保留有一块巨型卧碑，记录了 500 罗汉堂的形制和乾隆平定准噶尔叛乱碑记，具有重要的历史价值。

5. 画中游、景福阁

万寿山前山上著名建筑还有许多，位于西部的有山腰中的画中游、湖山真意、云松巢、邵窝等，位于山脚下的有听鹂馆、贵寿无极、山色湖光共一楼等，其中以画中游最具代表性。建筑物的组合方式以外敞空间为主，内聚空间为辅，充分利用地形的变化。每座建筑既是重要的景观要素，又是绝好的观景地点。整个建筑群主要有四部分建筑组成，主阁“画中游”位于最南端，八角重檐，伫立于山石错落的山坡上，是整个建筑群的主体和重点；阁的左右有爬山廊，依山势蜿蜒盘桓，与位于东、西两侧的“爱山”“借秋”二楼相连；在建筑组团的北端是正殿“澄辉阁”。在两阁之间，有一道小巧的牌坊将二者划归为两个空间，而在爬山廊中又有两座八角小亭穿插于其中，对主阁起到陪衬和烘托作用。画中游的建筑选址恰当，互不遮挡，左右均衡，前后衬托，楼阁亭台高下起伏，回廊曲径婉转通幽。同时又以大量的叠石和浓密的松柏来营造山地园林的环境，充分表现了这个山地小园林的皇家特色和仙山琼阁的诗画意境。无论是登楼观赏山湖风景，还是沿廊游览，无不愧若置身画中。画中游东北隅有垂花门一座，门外有一座敞轩，名“湖山真意”。从轩中西眺，玉泉山山峦叠翠，塔影凌空，宛若图画。由画中游的东坡道下行，即可到云松巢和邵窝殿。云松巢取自李白诗句“吾将此地巢云松”，建筑东接绿畦亭，相邻邵窝殿，此乃援引北宋儒士邵雍隐居时的“安乐窝”命名的，是一组清雅的点景建筑。

万寿山东部的建筑规模相对较小，其中有一组较大的建筑名“景福阁”，位于东部的山脊上，景福二字意为洪福齐天。此处地势高敞，四周古树参天，浓荫密覆，每当皓月当空，雨雪飘落之日，四处景色在清旷朦胧中别有一种意趣。当年慈禧游山逛景多在此欣赏雨雪或赏月，在沉沉暮霭或阴霾雨雾中，景福阁四周廊下缀满宫灯，犹如繁星在空。每年七月初七在此祭牛郎织女，八月中秋在此赏月，九月初九在此登高，吃福（雉鸡）禄（鹿肉）寿（羊肉）。慈禧还喜欢在这里和后妃、宫女们玩牌，称“过阴天儿”。

景福阁三卷形的宫殿，连接着一个宽大的敞厅，它高敞的地势很适合纵览景色。故阁中楹联云：“密荫千章此地真疑黄山近，祥雯五色其光上与紫霄齐。”1948 年北京解放前夕，曾在此阁内进行过和平解放北平的谈判。景福阁东坡下的益寿堂是一所清雅的庭院，1949 年毛泽东在这里接见民主爱国人士，在《和柳亚子先生》中写下了“莫道昆明池水浅，观鱼胜过富春江”的著名诗句。益寿堂东侧是如意庄，石板为瓦，不施彩画。当年慈禧在八国联军入侵北京时，逃往西安避难，回京后建造了这座建筑。据说是模仿逃亡路上第一夜的住所而建，中间五间名乐农轩，左右各为平安室和永寿斋。从这里东行下山，即是著名的园中之园谐趣园了。

以中轴建筑群为界，万寿山东部的景点较西部更为集中。在紧邻中轴建筑群东侧，有写秋轩。乾隆时，这里遍植揪树、菊花。写秋轩的东面有圆朗斋、瞰碧台，是一处开朗的小园林环境。写秋轩之东的山坡上有敞轩，名“意迟云在”，取自杜甫“水流心不竞，云在意俱迟”的诗句，游山可在此小憩，有归隐山林的意境。由写秋轩往北，沿蹬道可上千峰彩翠。这是一座城关建筑，它居高临下，前山前湖的景色几乎都在其视线之内。千峰彩翠西南有“重翠亭”，亭名出自王勃《滕王阁序》“层峦耸翠，上出重霄”的诗意。由千峰彩翠往东南行，可到达福荫轩，轩为卷书形式，殿中陈设也皆为卷书状，古朴有趣。福荫轩西有一巨石，刻有乾隆御题燕台大观。福荫轩往东有六角重檐的含新亭，亭立绿树丛中，四围布满了各式奇石，石上题有“小有趣”“翠岣”及御制诗句，是前山富有雅趣的景区。

（三）碧波万顷，水色天光——前湖景区

颐和园是以湖光山色著称的大型山水园林。昆明湖的水景，构成了颐和园景观的精华部分。开阔的湖面达 120 多公顷，占全园面积四分之三。一池碧波映着天光云影，原来的园名清漪园即是以此命名的。

早春时分，湖堤上嫩柳青青，桃红艳艳，碧波潋滟；至若仲夏之日，绿荫环匝，湖面如镜，荷锦如浪；每逢深秋时节，湖畔荻花飞舞，如雪如絮；待到隆冬季节，冰雪满湖，玉树银花，大自然神奇的风韵与万寿山金碧辉煌的宫阙交相辉映，展现了帝王苑囿雍容磅礴的气势与蓬岛瑶台的仙境。难怪乾隆皇帝御笔题诗：“何处燕山最畅情，无双风月属昆明。”

昆明湖广阔的水面由西堤和支堤划分为三个水域，每一水域点缀着一座湖心岛，即南湖岛、团城岛和藻鉴堂，象征着海上仙山：蓬莱、方丈、瀛州。这种三岛鼎立的布局，表现了皇家园林“一池三山”的传统模式。远在公元前 2 世纪的汉代建章宫，就出现“一地三山”的造园布局，把虚幻的仙境巧妙地展现在现实的琼楼玉宇和山水之间，此后这种象征手法及其造园构思，成为皇家园林沿用了两千多年的造景惯例。

主水域的南湖岛以十七孔桥连接东岸，桥东建有大型八角单檐亭——廓如亭，岛、桥、亭的完美组合，使颐和园前湖景观增加了丰富性和游览兴致。在每座岛屿上设计有不同规模和造型的建筑，南湖岛上为龙王庙“广润祠”，西堤以西的两个水域中，靠南的岛屿上建有藻鉴堂，靠北的岛屿上建有两层圆形城堡，其上建二层高的治镜阁，形制尤为别致。

昆明湖的景观格局原本摹拟杭州的西湖，漫长的西堤自北而南纵贯，堤上建六座造型各异的桥梁亦仿自杭州西湖的苏堤六桥。在昆明湖东岸，十七孔桥以北镇水的“铜牛”与湖西岸的耕织图成隔水相对之势，再现了牵牛织女隔湖相望以象天汉的寓意。东岸边小岛上建有知春亭，与岸上的城关文昌阁、夕佳楼都是东岸北段的重要点景建筑，也是观赏湖景、山景以及玉泉山、西山的最佳场所。昆明湖南岸建置有船坞，停泊着当年乾隆训练健锐营大习水战的船队。临水的小台地上为畅观堂一组小园林建筑

群，从这里可放眼观赏湖景、山景以及平畴田野，四面八方，远山近水，得景俱佳。

颐和园摹拟杭州西湖，不仅表现在园林的山水地形的整治上，还表现在前湖景区景点建筑的总体布局和设计上。摹拟并非简单地抄袭，用乾隆的话来说乃是“略临其意，不舍己之所长，贵在神似，而不拘泥于形似”的艺术再创造。贵在能够结合本身环境、地貌和皇家宫苑的要求，做出卓越的创新。譬如，西湖景观之精华在于环湖一周的建筑点染，犹如舒展开来的一幅烟水迷离的风景长卷；颐和园前湖的规划亦略师其意，着重在环湖景点的布局：从湖中的南湖岛起，经过十七孔桥，经东堤北段折而西，经万寿山前山，再转南，循西堤而结束于湖南端的绣绮桥，形成一个漫长的螺旋形景点环带。环带上的景点建筑或疏朗、或密集，倚山面水，犹如连续展开的山水画，重点突出、疏密有致、层次分明，呈现出抑扬顿挫、起伏跌宕的韵律。

1. 文昌阁与知春亭

在清漪园时期，文昌阁是宫墙东端的起始点，是从东南方向入园的一座重要门户，故取城关建筑的形式。“文昌”即文昌帝君，为道教神名，在这里供奉文昌帝君，有文武辅政和文运昌盛的寓意。

文昌阁是园内六座城关（宿云檐、文昌阁、千峰彩翠、寅辉、紫气东来、通云）中最大的一座，方整、敦实、高大的城关作为建筑的基座，其上的文昌阁平面为十字形，中央用歇山顶，南北卷棚勾连搭。另在城关上的四个角位建四座小亭作为主阁的陪衬，类似“曼荼罗”的布局。此阁原为三层楼阁，光绪时改为一层。

在文昌阁西北，靠近前湖东北岸的水面上平铺着两个小岛，两岛之间有小桥相连，并有石板平桥与东岸连接。在主岛的中央建造有一座重檐四方亭，名知春亭。它与文昌阁相互呼应，对昆明湖东岸的轮廓线和景观起到了丰富的作用。知春亭始建于清朝乾隆年间，四面临水，四角重檐，亭畔点缀着山石，并杂植垂柳和桃树。冬去春来之际，此处冰雪先融，春意勃发，是颐和园内赏春的好地方。阳春三月，昆明湖碧水盈盈，桃花绽开，柳条含绿，于知春亭中坐望湖光水色，可以饱览湖区、前山和园外西山的景色。

知春亭东侧有耶律楚材祠，该祠是颐和园中一处最古老的遗迹。祠中有殿房三间，殿后是元代的开国元勋耶律楚材的墓地，院中有乾隆皇帝题写的御碑。耶律楚材曾做过元朝宰相，是著名的政治家，1244 年 6 月 20 日病逝，按其遗愿迁葬在他生前喜爱的玉泉山下瓮山泊东岸。1261 年元世祖忽必烈为褒缅其功业，为其重修陵墓，建置祠宇，并为其立石像于祠中，供后人祭祀追崇。乾隆皇帝修造清漪园时，又重为他建祠，塑造金身。1998 年在耶律楚材墓的东南又挖掘出耶律楚材次子耶律铸及其妻妾的墓葬，从而确定了此处为耶律楚材家族的墓地。

2. 南湖岛和龙王庙

南湖岛位于昆明湖南部，面积一公顷多，环岛以整齐的巨石砌成泊岸，并用青白石雕栏围护。岛上绿树成荫，南半部以建筑为主。北半部以山林为主。岛的北部堆土较高，形成起伏的山岗，塑造出湖中有山的形貌。主体建筑涵虚堂耸立在北岸山石叠起的高台上，左右设计有配楼“云香阁”和“月波楼”，三座建筑呈鼎足而立的态势，与万寿山上的佛香阁遥相辉映，互为对景。乾隆年间，此处曾仿武昌黄鹤楼建有一座望蟾阁，意为月宫仙境。每当夕阳西下，登阁眺望西山，暮霭中浮现出一座金色的蟾蜍峰，景象颇为壮观，望蟾由此而名。

龙王庙是南湖岛上重要的建筑，位于岛上南部偏东位置，始建于明代，是帝王为了祈求风调雨顺而建。其位置原在瓮山泊东岸，乾隆拓展昆明湖时，将龙王庙周围的土地保留下来，形成今日的南湖岛。据说龙王庙自建成后就一直香火不断，因昆明湖原有西湖之称，所以这里的龙王属西海龙王，而西海龙王名广润，因此龙王庙门额上刻着“广润灵雨祠”，是乾隆皇帝的儿子嘉庆写的。传说当年北京大旱，昆明湖干涸，嘉庆皇帝到龙王庙拈香祈祷求雨，待其返回圆明园后，尚未坐定就听雷声隆隆，眼见大雨倾盆，嘉庆随即题写了这个庙额。在龙王庙前设计有三座牌楼和一对旗杆，这在所有的龙王庙中属最高规格。

南湖岛东部岗阜高隆，山上密植林木，构成局部的“障景”效果；在岛的西部则相反，因为这里直接面对西堤、前湖和西山美景，故而采用了开敞式的布局，林木亦疏朗散置，便于游人观赏湖山景色。在偏西部位有四合院式的建筑“澹会轩”，在这里可以近凭南湖，远眺西山。

3. 十七孔桥。廓如亭和铜牛

在南湖岛与昆明湖的东岸之间横跨着一座巨大的石桥，这就是著名的十七孔桥。桥由 17 个券洞连续而成，长 150 米，宽 8 米，在桥正中的额栏上，北面写着“灵鼍偃月”，南面写着“修蝀凌波”。桥栏的柱头上共雕有 544 只大小不等、形态各异的石狮，桥的两头还有 4 只石刻异兽，形象威猛异常，极为生动。这座桥的外形和柱头的石狮，据说是模仿卢沟桥建造的，其尺度则完全是根据景观需要而设计的。无论是漫步堤边，还是泛舟湖上，放眼望去，十七孔桥恰如长虹卧波，气势雄壮，不愧为昆明湖上第一桥，在中国古代桥梁史中也占有重要的地位。

图 8　十七孔桥

在十七孔桥东端，有一座八角重檐尖顶的大亭子，名廓如亭，面积 130 多平方米，由 24 根圆柱和 16 根方柱分内外三圈支承，造型舒展而稳重，气势雄浑，是我国现存同类建筑中最大的一座。乾隆年间建亭时，昆明湖无东墙，亭背后是一望无际的水稻田，视野开阔，在亭中可远眺四方。乾隆经常率群臣在这里饮宴赋诗，亭中悬挂的诗匾为乾隆御笔。

由南岸远眺昆明湖，湖面略呈桃形，东西两岸长堤逶迤，湖水倒映着堤花、岸柳，湖中的高阁、长桥、伟亭连成东西一线，漂浮于波光潋滟的水面上，构成一幅清新优美的图景。

在昆明湖东岸，离十七孔桥不远处有一只铜牛，是昆明瑚东岸景观的一个重要组成部分。这只铜牛塑造手法写实，如真牛一般，卧在青白石雕造的海浪纹基座上，双角高耸，两耳竖立，目光炯炯，栩栩如生。面对碧波荡漾的昆明湖水注视谛听，警觉神态更是惟妙惟肖。民间对铜牛有许多传说，有把牛郎织女的故事联在一起的，把铜牛比做牛郎，昆明湖拟作银河，一湖之隔的耕织图、络丝房一组建筑比为织女。两百多年过去了，铜牛依然目不转睛地注视着一池清波，默默地守候在昆明湖边。传说古代大禹治水时，曾将铁牛沉在江湖水底，以镇水患。在唐代人们将铁牛放置在岸边，以求吉利。这只铜牛沿用旧例，牛背上铸刻了《金牛铭》，叙述了铸造的用意。

在铜牛旁还有一块昆仑石碑，上镌乾隆皇帝的御制诗句："西堤此日是东堤，名象何曾定可稽。展拓湖光千顷碧，卫临墙影一痕齐。刺波生意出新芷，踏浪忘机起野鹭。堤与墙间惜弃地，引流种稻看连畦。"记述的是东堤形成的历史。原来，此处本是畅春园西部的湖堤，1750 年，乾隆皇帝修建清漪园，开挖昆明湖，在湖的西部修造了一条新的西堤，把这条堤改建成湖的东堤，由此有了"西堤此日是东堤"之说。

4. 藻鉴堂与凤凰墩

藻鉴堂岛在昆明湖西湖的南半部，岛上的藻鉴堂原是一座二层的楼阁，是皇帝御临时品茶观景之处，乾隆常坐船到此赏景品茗。1860 年英法联军劫掠颐和园时将岛上的藻鉴堂毁于一炬。

藻鉴堂西北的湖岸上有畅观堂和临湖的景点睇佳榭，据说后者是仿杭州西湖的蕉石鸣琴而建造的。当年这里无园墙，凭高远望，可畅观风景。

在藻鉴堂岛之东、南湖岛之南还有一座仿无锡运河中黄埠墩而建的小岛——凤凰墩。据记载，当年乾隆奉母下江南，路至黄埠墩时，因其母偶感小痒，停留憩息，其间有当地寺庙里的僧人供奉斋饭，祈祷平安。回京后，乾隆即在昆明湖中仿建了这座小岛，取名"凤凰墩"，以示怀念之情。凤凰墩的面积仅百余平方米，青石泊岸，石造雕栏，环岛四周各建一座码头。岛上有一道曲廊连接着东南西北四座配殿，精致的凤凰楼伫立在中间。凤凰楼又名汇波楼，上下两层，内置佛堂，供奉佛像。楼顶为重檐花亭式，内栖一只展翅欲飞的金色凤凰。垂脊、戗脊上饰以精致的小凤凰，取代了传统建筑上的吻兽。这座楼阁可谓风格独特，金漆彩绘的窗棂、五色琉璃屋面、汉白玉的台基栏杆，宛若一只美丽的彩凤，翱翔于昆明湖的绿波之上。与南湖岛上的龙王庙形成了一南一北，一大一小互为对景，并寓意“帝后并配”“龙凤呈祥”。据说凤凰楼上置有一件铜制的凤式风旗，高三尺有余，风旗下有转枢，向风若翔。其设置形式与制作工艺，均与《汉书》上记载的建章宫上的风旗相似。乾隆建园时，考虑到凤凰墩地处红山、万寿山口，视野空旷，四面环水，安置风旗不仅可以作为凤凰楼的装饰，又可用来测试风向，这在颐和园中是独出心裁的构思。道光年间，因公主多于皇子，龙为帝王之相，而凤乃后妃之兆，故疑其有碍风水，遂将楼拆除，现岛上单檐八角形亭是解放后重建的。

5. 西堤和西堤六桥

西堤位于南湖西侧，是仿杭州西湖苏堤而构筑在昆明湖上的长堤，与前山浓艳的建筑形成了强烈的对比，呈现着一派山野自然景色。

西堤平出湖上，堤上点缀的小桥、楼阁，以及婀娜多姿的垂柳，这些景物增加了湖面的景观层次，使景色更加深远。从万寿山及东堤一带眺望，园外玉泉山美丽的山形和玉峰塔影成为完整的借景，西山群峰与玉泉塔影倒映湖中，园外借景与园内景观浑然一体，构图完整、剪裁得宜，是一幅绝妙的山水图画。

借景是中国园林艺术的一种创作手法，它将园外的景物组织到园内的立面构图中，突破院墙的界限，用扩大空间的手法来丰富景观层次。中国园林中这种“借景”的手法，在颐和园中得到了最佳的展现和运用。

西堤上的玉带桥是西堤六桥中唯一的拱桥，也是昆明湖中最美丽的桥。玉带桥拱高而薄，形如玉带，弧形的线条十分流畅。桥体通体用白石雕造，洁白的桥栏望柱头上雕有飞翔的仙鹤，雕工精细，形象生动。半圆的桥洞与水中的倒影，构成一轮透明的圆月，两侧桥栏望柱倒影参差，在绸缎般的水面上浮动荡漾。西堤仿佛一条绿色的项链，而玉带桥则好似镶嵌在这条玉带上的一颗耀眼的明珠。玉带桥圆形的高拱下可行船，这里是清朝帝后乘船由昆明湖通往玉泉山的水路通道。此外，桥洞还起着排泄湖水、稳固长堤的作用。

除玉带桥外，西堤上还有镜桥、练桥、柳桥、豳风桥和界湖桥。镜桥东临昆明湖，西濒小西湖，桥名取自李白诗“两水夹明镜，双桥落彩虹”的意境；练桥取自南朝诗人谢朓的诗句“澄江静如练”，“练”是白色绸缎的意思，这座桥恰似白色绸缎一样架设在水面上；柳桥，桥名出自唐朝诗人杜甫“柳桥晴有絮”的诗句，因为堤上遍植垂柳，桥身隐现在溟濛的烟柳之中，风韵无穷；豳风桥有重檐长方的桥亭，原名桑宁，后因避讳咸丰皇帝奕仁的名字而改用《诗经》中《伯风·七月》的诗句为桥名；界湖桥位于昆明湖和后湖的转折处，以分界湖水得名。西提六桥除玉带桥外，其余的五座都建有五彩缤纷的桥亭，有的长方重檐，有的八角攒尖，各具形态，互有特色。

西堤和六桥丰富了昆明湖的景观层次，使湖外有湖，景中有景。六桥本身也构成了一条别致的观赏线，从西堤东望：湖面开阔，长桥卧波，水边宫阙错落，壮丽空明；自西堤西眺：幽幽的湖水映着团城岛和藻鉴堂，西山、峰塔倒映在湖中，优美恬静。放目长堤，绿柳溟濛，加之西北的水网地带广种桑树，水面丛植芦苇，水鸟成群出没于天光云影中，更增加了天然野趣的水乡情调。六座园桥好像六位艳丽的仙女，轻挽着西堤这条绿色的飘带，引得乾隆吟咏道："千重云树绿才吐，一带霞桃红欲燃。"游人漫步长堤，湖风扑面，杨柳拂衣，飞浪拍石，微波触岸，有来兮自然、归兮自然的情趣。

在西堤的南段，柳桥和练桥之间，还建有一座景明楼，是乾隆年间仿湖南洞庭湖畔的岳阳楼修建的，其名出自宋代范仲淹《岳阳楼记》"春和景明，波澜不惊，上下天光，一碧万顷"之句。乾隆自诩做皇帝应该把范仲淹《岳阳楼记》的名句"先天下之忧而忧，后天下之乐而乐"切记于心。1860 年景明楼被英法联军焚毁，现存景观是 1992 年在原基址上复建的。

6. 石舫、小西泠与耕织图

石舫是昆明湖上又一著名的建筑。作为建筑形式，"舫"是从临水的厅堂发展而来的。在私家园林中，开挖有限面积的水池构成水景，因不可能在池内泛舟，就构筑一座临水的船形厅堂来弥补这一缺憾。建在水中的船形建筑被称为"不系舟"或"石舫"。

颐和园的石舫始建于 1755 年，长 36 米，船体用巨大的石块雕造，舫楼仿造外国游艇，建有两层船舱。乾隆曾写过一篇《石舫记》，叙述建造石舫的原委，并援引唐代著名宰相魏征谏唐太宗李世民所用的比喻：水能载舟，亦能覆舟。意思是说，船是由水浮起来航行的，但是使船翻沉覆没的也是水。魏征所说的水指老百姓，船指封建王朝。乾隆建造石舫除了观赏昆明湖景色外，还用它来象征清王朝如"磐石"般巩固。然而，乾隆时建造的石舫已毁于1860年，现在的石舫是1894年重建的，慈禧将它改名为“清晏舫”，寓意“河清海晏”，也是天下太平的意思。

石舫北面，即万寿山西麓的一带水域，是前湖和后湖之间的衔接处，河道中有一长岛名小西泠，是一处水上园林。临水处设有三处码头，南北两端分别以荇桥与九曲木桥连接于东岸。小西泠的东侧航道称万字河，沿万字河的地段当年是颐和园内一处模仿江南集市的买卖街，称西所买卖街。沿街的店铺呈前街后河的布局，街上开设有天章号、六合号、鸣佩楼、集锦楼、兰意轩等各座铺面，并有一家名为裕丰号的当铺，慈禧重修颐和园时没有恢复这里的建筑。现西所买卖街的东侧傍山有两层的延清赏楼和一层的斜门殿、穿堂殿，其总体景观的构思得自于扬州瘦西湖的河街景致。小西泠西侧的河道相对宽阔，景观也较疏朗，航道西侧是西堤的自然风光，江南水廓乡村的情调与东岸喧哗的街肆形成有趣的对比。

欣赏西堤的乡村田园景色，自然当往耕织图一观。当年乾隆南巡时和皇太后钮钴禄氏在南京去织造机房看匠人纺织，此后皇太后不忘江南织机，于是在玉带桥西北建耕织图一组建筑，内有蚕局、络丝局、染局、蚕户房等，在建筑的廊壁上嵌有元代程启所画耕织图石刻各二十四幅。当年由金陵、苏州、杭州三处选送技工来此生产丝绸，作贡品交内务府，并于桑苎桥旁种桑养蚕，又建蚕神庙。乾隆《耕织图口占》赋诗云：“玉带桥西耕织图，织云耕雨学东吴。”因为是郊野水乡，于是乾隆又在耕织图附近添建了延赏斋、水村居。乾隆称延赏斋：“溪上几间屋，近临耕织图。可知延赏处，不为恣情娱。”自夸是为了下察民情，而不是为了欢娱。水村居的建筑则是茅屋竹篱，更像水村的民居：“几家连廓外，一水到门前。左右鸡豚社，高低黍稻田。可因验民计，益切祝十年。”这里幽静野寂，鸥鸟出没，一片江南水乡耕织情调，是皇帝读书、散步、垂钓的地方。

（四）幽径逶迤，曲水萦长——后山后湖景区

在园林布局中，颐和园运用较多的艺术手法是对比。这种手法在前山和后山的景观塑造上巧妙地显示出来，前山建筑密集，湖面坦荡，烟波浩淼；后山绿茵幽闭，溪水蜿蜒。前山视野开阔，画面完整；后山则土山逶迤，步移景异。

后湖是万寿山北麓与北宫墙之间的一条河道，清流蜿蜒，时宽时窄，

时直时曲。后湖两岸的垂柳以及应时应节、自开自谢的山花和后山坡上掩映于绿荫中小园林，静静地俯视这一条溪河清波。这个景区的自然环境幽闭多于开朗，故景观亦以幽寂为基调。在后湖的中端，北宫门东西两侧辟有著名的买卖街，为后湖的重要景观。

后山即万寿山的北坡，这里山势起伏较大，位于后山中央部位的建筑规模与前山一样雄伟壮丽。横贯山坡南北的一条山道称为中御路，建置有大型佛寺须弥灵境。这组建筑群坐南朝北，与跨越后湖中段的三孔石桥、北宫门构成一条纵贯景区南北的中轴线。北半部为汉式建筑，共三层台地，寺前有广场、配殿和大雄宝殿。南半部为藏汉混合式建筑，倚陡峭山坡叠建在高约十米的大红台上，包括居中的香岩宗印之阁，以及环列其周围的四大部洲殿、八小部洲殿、日殿、月殿、四色塔，是摹仿西藏扎囊县的著名古寺桑耶寺而建的。在须弥灵境东西两侧还建有善现寺和云会寺两座小寺院，与须弥灵境成拱卫之势。

后山的景色与前山风光迥异，建筑大都隐于苍松翠柏之中，偶尔露出飞檐一角。在后山东西两端分别建置两座城关——赤城霞起和宿云檐，作为入山的隘口。景物在中御路两侧展升，几乎都是自成一体，布局严谨，风格多样。后山的西路，道边遍植丁香，人称丁香路，老干新枝在道路上交结连理，阳光从绿叶的空隙中投下稀疏的光斑，在路面上微微晃动。待到花开时节，清香四溢，沁人肺腑，路旁的小院悦欣庄也因之被称为丁香院。

丁香路的南侧，有一株形若卧龙的古松，它所依赖的颓垣，便是园中园清可轩、赅春园遗址。丁香院北面为构虚轩，原是一座三层的高阁，建在小山岗上。此外尚有倚山临水的倚望轩、绘芳堂。倚望轩的对面有景点“看云起时”，这两组建筑夹峙在后溪河的南北两岸，互为对景。倚望轩西面的宿云檐是万寿山西麓的尽头，城关上供奉关帝，与万寿山东麓的文昌阁互为对景，寓意文武辅政。从宿云檐城关穿过，再过一座白石雕栏的半壁桥，即是颐和园的西宫门如意门。

后山的东半部景点，主要有倚山而建的花承阁和临水而建的澹宁堂。由澹宁堂往西，拾级向上，迎面可见半圆形的城墙，城上高耸一座多宝琉璃塔，塔畔残存着砖墙、石雕、假山，这里即是花承阁的遗址。花承阁原为一组佛殿，1860 年被英法联军烧毁，除基址外，仅遗存一座八面七级、高约16米的多宝琉璃塔。塔身镶嵌着596个彩色琉璃砖佛像浮雕，白色的须弥座，镀金的宝顶，极为绚丽。塔前一石碑上用满、蒙、汉、藏四种文字篆刻乾隆皇帝御制的《万寿山多宝佛塔颂》，记述了塔的形制。

漫步后山，秀丽的塔影时时会穿花透树，闪现在你的眼前，尤其在朝晖暮霭下，溢彩流光的宝塔与周围的绿树交相辉映，形成后山独具魅力的一景。在多宝塔的西北，曲折盘旋的山路上，一座城关突兀而立，城关东边石额上刻“寅辉”，西边是“挹爽”，左控山谷，右临后湖，关前石桥横跨深涧，俨然雄关要塞镇守路中。此外，后山尚有、亭、榭等单体建筑，体量大都很小，多数自成一体，点缀一隅环境。位于后山东麓平坦地段的谐趣园和霁清轩，则是两座典型的园中之园。在后湖尽头的北侧，建有一座眺远斋，是光绪年间专为慈禧观看每年的阳历四月，民间至妙峰山进香的香会而建造的。

1. 须弥灵境与四大部洲

须弥灵境与四大部洲是万寿山后山的主要景观，独特的平面布局，奇异的建筑形式，强烈的宗教色彩，使这座寺庙建筑群充满神秘色彩。须弥灵境占地约两万平方米，巍峨的殿宇在万寿山的北坡呈三阶梯状，自山顶逶迤而至山麓，形成一条长达200米的后山中轴线，其中计有19座古刹、碉房、尖塔、平台，错落有致，色彩绚丽。这组融合了汉藏民族风格的特殊建筑，在乾隆时期被统称为“后大庙”，又俗称小“布达拉宫”。

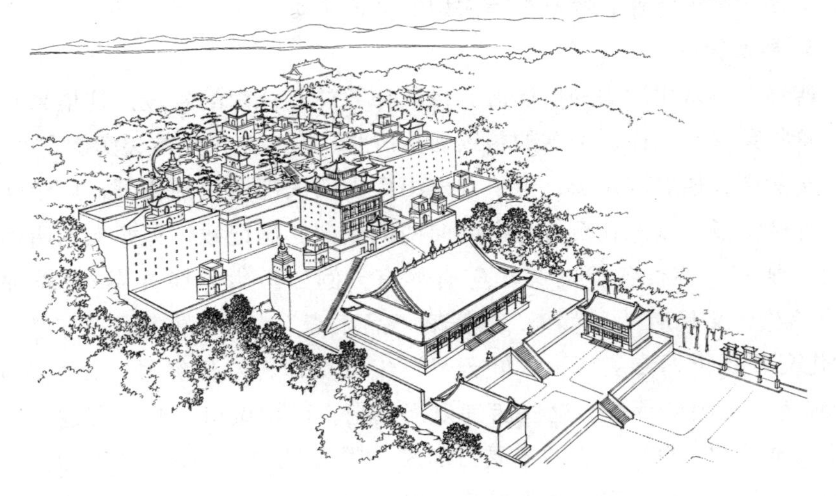

图9　须弥灵境复原鸟瞰

须弥灵境由南北两部分组成。北半部分是中国传统的“汉式”建筑，它的殿堂布置仿照“七堂伽兰”的传统规制，但由于地形的限制，省去了山门、钟鼓楼和天王殿，仅有正殿和东西配殿。正殿须弥灵境高居于第三层台地上，面阔九间，进深六间，重檐歇山顶，黄琉璃瓦屋面。殿内面北有石造神台，其上安木胎金背光莲花座，上供镌胎三世佛三尊，菩萨二尊。大殿东西分侍配殿宝华楼、法藏楼，均为面阔五间、高两层的楼阁，位置在正殿下面一个台地，十分庄严。南半部属典型的“藏式”佛教建筑。这组建筑以香岩宗印之阁为中心，以四大部洲为平面布局，布置在山坡的台地上，十分壮观。据佛经描述：在佛所居的须弥山周围是鹹海，海上有四大部洲——北俱卢洲，南赡部洲，东胜身洲，西牛贺洲，形状依次为方形、三角形、半月形、圆形。这组藏式建筑正是这种宇宙世界的现实形象，高二层的香岩宗印之阁象征须弥山，阁的前、后、左、右环建着四大部洲，每一大部洲旁分建二个小部洲。在阁后东西两侧还布置有日台、月台，此外阁的周围还建有黑、绿、红、白四座不同颜色的梵塔。

1860 年，四大部洲建筑毁于英法联军之火，光绪时将香岩宗印之阁改建成一层的佛殿，殿内供从大报恩延寿寺遗址上移来的三世佛和十八罗汉，南赡部洲改建成山门殿，内塑哼哈二将，其他建筑未能恢复。今日所见庞大的寺庙群是 1984 年按原样恢复的。

香岩宗印之阁东西两侧的善观现寺和云会寺均为喇嘛庙宇，当年这里僧人众多，香火旺盛，经常举行大型的宗教活动。

2. 买卖街

蜿蜒于万寿山后山的后溪河，自然朴素饶有江南的景趣。这里景致丰富，景物繁多，然而最著名的精致则是仿照江南水乡兴建的买卖街。

买卖街，俗名苏州街，位于万寿山后山四大部洲中轴线下，后溪河的中心部位，以一座三孔石桥为中心向两侧展开。据记载，买卖街的店面多达两百余间，各行各业的买卖应有尽有，例如鞋店“履祥泰”，香烛店“细香铺”，文具店“云翰斋”，茶馆“品泉斋”；“帖古斋”是古玩店，“妙化斋”是供器专卖店，“吐云号”专卖烟草，“经纬号”专卖绸布，“芳雅斋”是酒楼等等。这些店铺以河当街，以岸做市，非常有趣。这条苏州街全长约三百米，它的布局仿浙东一带常见的“一水两街”的形式，但牌楼、牌坊、拍子等为北方风格，以用北方富丽、浓艳的色彩渲染点缀于江南清秀妩媚的水乡之中，营造出皇家园林特殊的宫市氛围。这里原不具备商业的功能，只是供帝后消闲的场所。每当帝后游幸，由太监和宫女装扮成顾客和商人，往来交易，体现繁华的街市场景，以博得久居深宫的帝后们的欢心。

1860 年，这条水街被英法联军焚毁，光绪时未能恢复。现在街市是 1987 到 1991 年根据史料复建完成的，街中酒楼、茶馆、当铺、钱庄、药铺、染房、书局、糕点铺、小吃店等一应俱全，店铺的招幌、牌匾皆为旧时模样，街内使用清代铜钱进行交易。除众多的店铺外，街内两岸还有绘芳堂、嘉荫轩等著名的景观建筑。北山坡上一间小小的花神庙，聚集了花神、土地和山神，极为有趣。将中国西部西藏式样的寺庙同东南水乡的临水街市浓缩在一个风景区里，安排在一条中轴线上，堪称匠心独运。

（五）画中有画，回味环梁——园中园

园中有园是中国皇家园林中丰富景物的一种重要手法，颐和园中的谐趣园便是一例。游人从后山来到这里，进入园内便感到耳目一新，好像又到了一处新的园林。园内的建筑风格、风景画面，新颖别致，自成格局。这种园中之园的设计布局增加了园林的变化，丰富了园林的内容。

1. 谐趣园与霁清轩

沿万寿山东麓往后山，穿过“赤城霞起，紫气东来”的城关，便来到谐趣园。谐趣园原名惠山园，乾隆十六年（1751 年）乾隆第一次南巡，对无锡惠山的寄畅园非常欣赏，命随行画师将此园景摹绘成图，带回京城。三年后于万寿山之东麓建成惠山园，乾隆亲自题署惠山园八景，并多次赋写《惠山园八景诗》。

惠山园的建造首先得益于万寿山东麓的地貌、环境均与寄畅园有相似的建筑基址。这里地势低洼，从后湖引来的一股活水有近两米的落差，经穿山疏导汇入园内水池。池北岸的假山与园西侧的万寿山气脉相连，因而更增加了前者的神韵，颇似寄畅园借景锡山。

惠山园的环境幽静深邃，富于山林野趣，与宫廷区相距不远，又邻后湖水道的尽端，水陆交通便捷。从原清漪园的总体规划看来，这个小园林既是前山前湖景区向东北方向的延伸，又是后山后湖景区的结束。

惠山园的设计以寄畅园为蓝本，入口选择在园林的西南角位置，与园

外的山道、水路取得衔接，同时这个斜向的观景角度使透视效果被充分利用，扩大了园林的景深，增加了园林内部的空间层次。

进惠山园，眼前即是数亩荷池，池东为载时堂，是个背山面水的建筑，是惠山园的主体建筑；正面隔水借景万寿山山脊的昙花阁，透过浓密的松林依稀可见。其余的建筑物主要集中在水池南岸，并以曲廊与池东、池西的建筑相连，形成北以山池林泉取胜，南以建筑为主景的对比态势。载时堂北为三开间的墨妙轩，藏有三希堂续摹石刻，池西边是就云楼，每当朝暮晦明，水面山腰云气蓬勃，顷刻百变，所以叫就云楼。稍南为澹碧斋、是闲馆，池南折而东为水乐亭。东边接着狭窄、低平、贴近水面的长桥，桥下一群群金色鲤鱼来回穿行戏水。坐在不高不低的石造桥栏上，看到桥下出水的游鱼，不免想起《庄子》中庄子和惠施的辩论。两人在水边观鱼，庄子说：游鱼真快乐。惠施反驳；你不是鱼，怎么知道鱼快乐。庄子援用对手的逻辑方法反击：你不是我，怎么知道我不知道鱼快乐。乾隆皇帝围绕着知不知鱼快乐的命题，抒写了知鱼桥的桥坊和对联。就云楼东边为寻诗径，其侧有类似寄畅园八音洞的逐层跌落的流泉玉琴峡。池北岸的青石叠山，其形象宛若窈窕神仙府，钦崎灵准峰，堆叠技法属于平岗小坂，是北京园林叠山的精品。其侧为涵光洞，多奇石垒成，好像杭州灵赞峰飞来。建筑物疏朗地点缀在临池的山石林木间，数量少而尺度小。

嘉靖十六年（1811 年），该园改造为“谐趣园”，园内所有亭、台、堂、谢都围绕中央水池分布，并用三步一折、五步一回的百间游廊相互联通，小巧玲珑，结构精致，有“到门唯见水，入室尽疑舟”之誉。水池四周用太湖石砌成泊岸，沿岸植柳，池中栽莲，莲绿花红，清香袭人。

谐趣园水池北岸有正殿涵远堂，原为慈禧游园时休息的便殿。殿内装饰的木雕精美雅致，是颐和园里的上乘之作。池南岸的水榭，名为饮绿，是慈禧钓鱼的地方。据说，太后钓鱼，事前由太监潜入水中，将备好的活鱼挂在她下的钩上，使她提竿便有。

环池的百间游廊是一条曲折变化的游览路线，随着它的弯转起伏，变幻着游人的视线角度，每一转折，必有新景在你眼前出现。廊的两侧，一边是山石、绿树或翠竹，一边是清波、微澜或潺潺流水。循廊东行可至东岸的知春堂，咸丰皇帝曾在此处召见军机大臣。堂东北角的假山背后有酪膳房，以专门做满族最珍贵的宴席——奶子席而知名，当时圆明园、畅春园、静明园和静宜园的奶子席均由此供给。池北游廊间连着一座“兰亭”，亭内有古朴的石碑一通，上题刻乾隆御制“寻诗径”诗句，描写了此地的环境和身临其间的感受。兰亭北侧的湛清轩原为清漪园时期的墨妙轩，轩内壁间有续三希堂法帖石刻，乾隆曾在此捶拓馈赠亲贵大臣。沿廊行至园内西北角，有激流沿山涧飞溅而下，从廊下桥洞泻过，洞旁横卧一块巨石，上刻“玉琴峡”三字。玉琴峡是一处以山水之音表现音乐的小峡谷，是乾隆年间仿无锡寄畅园中的“八音涧”修建的。峡谷利用后湖与谐趣园地形的落差，人工开凿而成，宽仅1.2米，长20余米。后湖之水沿峡谷流下，声如琴韵，峡由此而名。漫步峡边，奇石嶙峋，古木蓊然，有天然林泉之趣。

谐趣园的建筑物数量虽多，却不散乱。两条对景轴线把它们有秩序地统一为一个有机的整体，一条纵贯南北，自涵远堂至饮绿亭的主轴线朝北延伸到小园林“霁清轩”，另一条是入口宫门与洗秋轩对景的次轴线。有了这两条对景的轴线，其余建筑物都因地制宜灵活安排。作为观景与点景的建筑，特别注意位置的选择，饮绿亭和洗秋轩就恰如其分地置于水池的拐角处，也是两条轴线的交汇点上，俯首池水清澈荡漾，游鱼穿梭荷藻间，举目则可观北岸、西岸的松林烟霞。若从池的东、北、西岸观赏，它们又都处在突出的中景位置，比例、尺度也很得体。瞩新楼巧妙地利用地形的高差，从园外看是单层的敞轩，从园内看却是二层楼房。

谐趣园的外围山坡上丛植参天的青松翠柏，形成绿色屏障，其下衬以碧桃和野生花草，富有浓郁的山野气氛。

2. 赅春园与澹宁堂

乾隆南游镇江金山寺时，见殿堂层层密密，只见庙宇不见山，又耳闻“焦山山里寺，金山寺里山”的说法，对此留下了深刻的印象。回京后，乾隆在颐和园后山西面山谷间建造了一座别致的山地小园林，取名赅春园。园内有清可轩、香岩室、留云室等建筑，这里轩室、岩石交错，真山、假山相融，其构思立意便是由焦山的山里寺、金山的寺里山而来。乾隆在其《清可轩》中就曾这样写道：“金山屋包山，焦山山包屋。包屋未免险，包山未免俗。昆明湖映带，万寿山阴麓。恰当建三楹，石壁在其腹。山包屋亦包，丰啬适兼足。”

赅春园乃利用天然岩石沟壑，因地制宜建造的一组精巧别致的园中之园。院内依山筑室，基址步步升高，风格清新，景色秀丽，尤以满壁的岩石镌刻著名。乾隆皇帝非常喜爱这座园林，以其御制诗中“春意此间赅”的诗意命名该园。园址占地五百余平方米，园门南向，嵌有花瓦的白色墙垣在绿荫掩映下循山势蜿蜒曲折，向上延伸与山顶处巨大的岩石相连。

图10　赅春园、味闲斋复原图

步入园内，迎面是一座三米多高、搭砌精巧的叠落山石，上面依山建有一座“蕴真赏惬”大殿，过去曾是乾隆皇帝游园憩息的地方。大殿东有游廊通往一座二间的敞厅，厅内陈设皆为竹制，是园中避暑观景的场所。敞厅东面，一道飞廊扒山而上。顺其攀登，景随步移，可见石山、石洞、石瀑、石墙、石刻。高大的山崖尽处，一块突悬的巨石包藏着一座华美的宫殿，这就是赅春园中堪称岩壁宫殿的“清可轩”。此轩以自然岩石为墙，轩顶的后檐梁枋搭嵌在自然的岩石墙壁中，俨然是一座天然洞府。这座建筑构思之巧、布局之妙，在颐和园中堪称一绝。

石洞里清凉可心，所以命名“清可轩”。轩内岩壁上镌刻着乾隆皇帝御题的“清可轩”轩额。山洞里冬暖夏凉，安放树根制成的书案和宝座。这里是乾隆最喜爱的处所之一，每来必入内小憩，自称“借以澄清虑”，为其题诗就达48首，是单体建筑题诗中最多的，从现存遗址上还可看到岩上的镌刻。

沿清可轩西游廊而上，是一座天然筑就的岩洞，名“香岩室”。洞壁上刻满了乾隆皇帝的御制诗文。香岩室的西侧，是一座仿金陵永济寺修造的悬阁，阁一半嵌入岩腹，一半凌驾悬壁，飞檐凌室，与山峰融为一体，名“留云”。阁内壁上雕凿一尊释迦牟尼像，结跏端坐，四周围雕十八罗汉群像，各具神态，是清漪园中的石雕珍品。乾隆《题留云阁》诗：“昔游金陵永济寺，爱彼临江之悬阁。”

赅春园整组建筑灵巧秀雅，既有皇家园林的富丽气息，又有山林间的隐逸野趣，是万寿山后山一处匠心独运的杰作。

1860 年，这座著名的园中之园遭到英法联军焚毁。光绪时期，慈禧重建颐和园时迫于财力、物力未能恢复这组精美的景观。现赅春园仅存宫门、墙垣、建筑基址及石刻遗迹。1998 年，这里被辟为遗址展览区和爱国主义教育基地。

澹宁堂，又称云绘轩，是后湖水路游览线上的一个重要的景点。“澹宁”取意于“浩泊宁静”。乾隆十二岁时跟随祖父康熙在畅春园居住，康熙皇帝赐给他一处书屋名“澹宁居”，而万寿山后山的澹宁堂即是乾隆为感念祖父教诲，仿澹宁居修建的一处书房。

这组建筑很有特色，它南接山路，北连水路。两进院落，南北落差四米多。堂南距中御路不足三十米。堂北抱厦，突出于后溪河水面。澹宁堂兼顾肃穆稳重，亮丽清灵的山水两种不同的外部环境，整组院落进深长且封闭，宁静安详以对应山的性格。北院三面是两层楼阁，一面是叠落廊和敞厅，高低错落，富于变化以对应水的环境。穿行其中，忽上忽下，忽明忽暗，趣味无穷。

澹宁堂原建筑毁于 1860 年英法联军之火，现在建筑为 1996 年根据档案在原址复建的。堂间有陈设文物的展厅，现与苏州街联体开放。